U0223913

普通高等教育“十一五”国家级规划教材
高等学校环境艺术设计专业教学丛书暨高级培训教材

室内人体工程学

(第四版)

张　月　编著

清华大学美术学院环境艺术设计系

中国建筑工业出版社

图书在版编目(CIP)数据

室内人体工程学 / 张月编著. — 4 版. — 北京 ：
中国建筑工业出版社，2021.8 (2023.12 重印)
普通高等教育"十一五"国家级规划教材　高等学校
环境艺术设计专业教学丛书暨高级培训教材
ISBN 978-7-112-26423-0

Ⅰ. ①室…　Ⅱ. ①张…　Ⅲ. ①室内装饰设计-工效学
-高等学校-教材　Ⅳ. ①TU238

中国版本图书馆 CIP 数据核字(2021)第 150799 号

本书共 7 章，分别是：概论；人体尺寸与室内环境；人体活动与室内环境；人体感觉与室内环境；家具设计中的人体因素；心理、行为与空间环境；室内环境与环境评价等内容。本书是在第三版的基础上进行的修订，本书修订内容及时跟进时代的变化及专业发展的新需求，在原有已经被验证比较成功的教材内容基础上，对原有的一些内容根据专业学术发展的现状进行了部分的修改、调整。

本书可作为高等院校环境艺术设计专业的教学丛书，同时也面向各类成人教育专业培训班的教学，也可以作为专业设计师和专业从业人员提高专业水平的参考书。

为了便于本课程教学与学习，作者自制课堂资源，可加《室内人体工程学》交流 QQ 群 482620749 索取。

本书配套视频资源扫码上面二维码观看

*　　*　　*

责任编辑：胡明安
责任校对：焦　乐

普通高等教育"十一五"国家级规划教材
高等学校环境艺术设计专业教学丛书暨高级培训教材
室内人体工程学
(第四版)
张　月　编著
清华大学美术学院环境艺术设计系
*
中国建筑工业出版社出版、发行(北京海淀三里河路 9 号)
各地新华书店、建筑书店经销
北京鸿文瀚海文化传媒有限公司制版
北京圣夫亚美印刷有限公司印刷
*
开本：880 毫米×1230 毫米　1/16　印张：10½　字数：260 千字
2021 年 9 月第四版　2023 年 12 月第四次印刷
定价：**38.00** 元 (赠教师课件)
ISBN 978-7-112-26423-0
(37648)

版权所有　翻印必究
如有印装质量问题，可寄本社图书出版中心退换
(邮政编码 100037)

第四版编者的话

作为设计学科重点的环境设计专业源于20世纪50年代中央工艺美术学院室内装饰系。在历史中，它虽数异名称（室内装饰、建筑装饰、建筑美术、室内设计、环境艺术设计等），但初心不改，一直是中国设计界中聚焦空间设计的专业学科。经历几十年发展，环境设计专业的学术建构逐渐积累：1500余所院校开设环境设计专业，每年近3万名本科生或研究生毕业，从事环境设计专业的师生每年在国内外期刊发表相关论文近千篇；环境设计专业共同体（专业从业者）也从初创时期不足千人迅速成长为拥有千万人从业，每年为国家贡献产值近万亿元的庞大群体。

一个专业学科的生存与成长，有两个制约因素：一是在学术体系中独特且不可被替代的知识架构；二是国家对这一专业学科的不断社会需求，两者缺一不可，如同具备独特基因的植物种子，也须在合适的土壤与温度下才能生根发芽。1957年，中央工艺美术学院室内装饰系的成立，是这一专业学科的独特性被国家学术机构承认，并在“十大建筑”建设中辉煌表现的“亮相”时期；在之后的中国改革开放时期，环境设计专业再一次呈现巨大能量，在近40年间，为中国发展建设做出了令世人瞩目的贡献。21世纪伊始，国家发展目标有了调整和转变，环境设计专业也需重新设计方案，以适应新时期国家与社会的新要求。

设计学是介于艺术与科学之间的学科，跨学科或多学科交融交互是设计学核心本质与原始特征。环境设计在设计学科中自诩为学科中的“导演”，所以，其更加依赖跨学科，只是，环境设计专业在设计学科中的“导演”是指在设计学科内的“小跨”（工业设计、染织服装、陶瓷、工艺美术、雕塑、绘画、公共艺术等之间的跨学科）。而从设计学科向建筑学、风景园林学、社会学之外的跨学科可以称之为“大跨”。环境设计专业是学科“小跨”与“大跨”的结合体或“共舞者”。基于设计学科的环境设计专业还有一个基因：跨物理空间和虚拟空间。设计学科的一个共通理念是将虚拟的设计图纸（平面图、立面图、效果图等）转化为物理世界的真实呈现，无论是工业设计、服装设计、平面设计、工艺美术等大都如此。环境设计专业是聚焦空间设计的专业，是将空间设计的虚拟方案落实为物理空间真实呈现的专业，物理空间设计和虚拟空间设计都是环境设计的专业范围。

2020年，清华大学美术学院（原中央工艺美术学院）环境艺术设计系举行了数次教师专题讨论会，就环境设计专业在新时期的定位、教学、实践以及学术发展进行研讨辩论。今年，借中国建筑工业出版社对“高等学校环境艺术设计专业教学丛书暨高级培训教材”进行全面修订时机，清华大学美术学院环境艺术设计系部分骨干教师将新的教学思路与理念汇编进该套教材中，并新添加了数本新书。我们希望通过此次教材修订，梳理新时期的教育教学思路；探索环境设计专业新理念，希望引起学术界与专业共同体关注并参与讨论，以期为环境设计专业在新世纪的发展凝聚内力、拓展外延，使这一承载时代责任的新兴专业在健康大路上行稳走远。

清华大学美术学院环境艺术设计系

2021年3月17日

第三版编者的话

中国建筑工业出版社1999年6月出版的“高等学校环境艺术设计专业教学丛书暨高级培训教材”发行至今已有12年。2005年修订后又以“国家十一五规划教材”的面貌问世，时间又过去5年。2011年，也就是国家“十二五”规划实施的第一年，这套教材的第三版付梓。

环境艺术设计专业在中国高等学校发展的22年，无论是行业还是教育都发生了令人炫目的狂飙式的突飞猛进。教材的编写和人才的培养似乎总是赶不上时代的步伐。今年高等学校艺术学升级为学科门类，设计学以涵盖艺术学与工学的概念进入视野，环境艺术设计专业得以按照新的建构向学科建设的纵深扩展。

设计学是一门多学科交叉的、实用的综合性边缘学科，其内涵是按照文化艺术与科学技术相结合的规律，为人类生活而创造物质产品和精神产品的一门科学。设计学涉及的范围宽广，内容丰富，是功能效用与审美意识的统一，是现代社会物质生活和精神生活必不可少的组成部分，直接与人们的衣、食、住、行、用等各方面密切相关，可以说是直接左右着人们的生活方式和生活质量。

设计专业的诞生与社会生产力的发展有着直接的关系。现代设计的社会运行，呈现一种艺术与科学、精神与物质、审美与实用相融合的社会分工形态。以建筑为主体向内外空间延伸面向城乡建设的环境设计，以产品原创为基础面向制造业的工业设计，以视觉传达为主导面向全行业的平面设计，按照时间与空间维度分类的方式建构，成为当代设计学专业的主体。

正因为如此，环境艺术设计成为设计学中，人文社会科学与自然科学双重属性体现最为明显的学科专业。设计学对于产业的发展具备战略指导的作用，直接影响到经济与社会的运行。在这样的背景下本套教材第三版面世，也就具有了特殊的意义。

清华大学美术学院环境艺术设计系

2011年6月

第二版编者的话

艺术，在人类文明的知识体系中与科学并驾齐驱。艺术，具有不可替代完全独立的学科系统。

国家与社会对精神文明和物质文明的需求，日益倚重于艺术与科学的研究成果。以科学发展观为指导构建和谐社会的理念，在这里绝不是空洞的概念，完全能够在艺术与科学的研究中得到正确的诠释。

艺术与科学的理论研究是以艺术理论为基础向科学领域扩展的交融；艺术与科学的理论研究成果则通过设计与创作的实践活动得以体现。

设计艺术学科是横跨于艺术与科学之间的综合性边缘性学科。艺术设计专业产生于工业文明高度发展的20世纪。具有独立知识产权的各类设计产品，以其艺术与科学的内涵成为艺术设计成果的象征。设计艺术学科的每个专业方向在国民经济中都对应着一个庞大的产业，如建筑室内装饰行业、服装行业、广告与包装行业等。每个专业方向在自己的发展过程中无不形成极强的个性，并通过这种个性的创造以产品的形式实现其自身的社会价值。

正是因为这样的社会需求，近年来艺术设计教育在中国以几何级数率飞速发展，而在所有开设艺术设计专业的高等学校中，选择环境艺术设计专业方向的又占到相当高的比例。在这套教材首版的1999年，可能还是环境艺术设计专业教材领域为数不多的一两套之列。短短的五六年间，各种类型不同版本的专业教材相继面世。编写这套教材的中央工艺美术学院环境艺术设计系，也在国家高校管理机制改革中迅即转换成为清华大学的下属院系。研究型大学的定位和争创世界一流大学的目标，使环境艺术设计系在教学与科研并行的轨道上，以快马加鞭的运行状态不断地调整着自身的位置，以适应形势发展的需求，这套教材就是在这样的背景下修订再版的，并新出版了《装修构造与施工图设计》，以期更能适应专业新的形势的需要。

高等教育的脊梁是教师，教师赖以教学的灵魂是教材。优秀的教材只有通过教师的口传身授，才能发挥最大的效益，从而结出累累的教学成果。教师教材之于教学成果的关系是不言而喻的。然而长期以来艺术高等教育由于自身的特殊性，往往采取一种单线师承制，很难有统一的教材。这种方法对于音乐、戏剧、美术等纯艺术专业来讲是可取的。但是作为科学与艺术相结合的高等艺术设计专业教育而言则很难采用。一方面需要保持艺术教育的特色；另一方面则需要借鉴理工类专业教学的经验，建立起符合艺术设计教育特点的教材体系。

环境艺术设计教育在国内的历史相对较短。由于自身的特殊性，其教学模式和教学方法与其他的高等教育相比有着很大的差异。尤其是艺术设计教育完全是工业化之后的产物，是介于艺术与科学之间边缘性极强的专业教育。这样的教育背景，同时又是专业性很强的高校教材，在统一与个性的权衡下，显然两者都是需要的。我们这样大的一个国家，市场需求如此之大，现在的教材不是太多，而是太少，尤其是适用的太少。不能用同一种模式和同一种定位来编写，这是摆在所有高等艺术设计教育工作者面前的重要课题。

今日的世界是一个以多样化为主流的世界。在全球经济一体化的大背景下，艺术设计领域反而需要更多地强调个性，统一的艺术设计教育模式无论如何也不是我们的需要。只有在多元的撞击下才能产生新的火花。作为不同地区和不同类型的学校，没有必要按照统一的模式来选定自己的教材体系。环境艺术设计教育自身的规律，不同层次专业人才培养的模式，以及不同的市场定位需求，应该成为不同类型学校制定各自教学大纲选定合适教材的基础。

环境艺术设计学科发展前景光明，从宏观角度来讲，环境的改善和提高是一个重要课题。从微观的层次来说中国城乡环境的设计现状之落后为学科的发展提供了广大的舞台，环境艺术设计课程建设因此处于极为有利的位置。因为，环境艺术设计是人类步入后工业文明信息时代诞生的绿色设计系统，是艺术与艺术设计行业的主导设计体系，是一门具有全新概念而又刚刚起步的艺术设计新兴专业。

清华大学美术学院环境艺术设计系

2005 年 5 月

第一版编者的话

自从1988年国家教育委员会决定在我国高等院校设立环境艺术设计专业以来，这个介于科学和艺术边缘的综合性新兴学科已经走过了十年的历程。

尽管在去年新颁布的国家高等院校专业目录中，环境艺术设计专业成为艺术设计学科之下的专业方向，不再名列于二级专业学科，但这并不意味环境艺术设计专业发展的停滞。

从某种意义上来讲也许是环境艺术设计概念的提出相对于我们的国情过于超前，虽然十年间发展迅猛，在全国数百所各类学校中设立，但相应的理论研究滞后，专业师资与教材奇缺，社会舆论宣传力度不够，导致决策层对环境艺术设计专业缺乏了解，造成了目前这样一种局面。

以积极的态度来对待国家高等院校专业目录的调整，是我们在新形势下所应采取的惟一策略。只要我们切实做好基础理论建设，把握机遇，勇于进取，在艺术设计专业的领域中同样能够使环境艺术设计在拓宽专业面与融汇相关学科内容的条件下得到长足的进步。

我们的这一套教材正是在这样的形势下出版的。

环境艺术设计是一门新兴的建立在现代环境科学研究基础之上的边缘性学科。环境艺术设计是时间与空间艺术的综合，设计的对象涉及自然生态环境与人文社会环境的各个领域。显然这是一个与可持续发展战略有着密切关系的专业。研究环境艺术设计的问题必将对可持续发展战略产生重大的影响。

就环境艺术设计本身而言，这里所说的环境，是包括自然环境、人工环境、社会环境在内的全部环境概念。这里所说的艺术，则是指狭义的美学意义上的艺术。这里所说的设计，当然是指建立在现代艺术设计概念基础之上的设计。

"环境艺术"是以人的主观意识为出发点，建立在自然环境美之外，为人对美的精神需求所引导，而进行的艺术环境创造。如大地艺术、人体行为艺术由观者直接参与，通过视觉、听觉、触觉、嗅觉的综合感受，造成一种身临其境的艺术空间，这种艺术创造既不同于传统的雕塑，也不同于建筑，它更多地强调空间氛围的艺术感受。它不同于我们今天所说的环境艺术，我们所研究的环境艺术是人为的艺术环境创造，可以自在于自然界美的环境之外，但是它又不可能脱离自然环境本体，它必需植根于特定的环境，成为融汇其中与之有机共生的艺术。可以这样说，环境艺术是人类生存环境的美的创造。

"环境设计"是建立在客观物质基础上，以现代环境科学研究成果为指导，创造生态系统良性循环的人类理想环境，这样的环境体现于：社会制度的文明进步，自然资源的合理配置，生存空间的科学建设。这中间包含了自然科学和社会科学涉及的所有研究领域。因此环境设计是一项巨大的系统工程，属于多元的综合性边缘学科。

环境设计以原在的自然环境为出发点，以科学与艺术的手段协调自然、人工、社会三类环境之间的关系，使其达到一种最佳的运行状态。环境设计具有相当广的涵义，它不仅包括空间环境中诸要素形态的布局营造，而且更重视人在时间状态下的行为环境的调节控制。

环境设计比之环境艺术具有更为完整的意义。环境艺术应该是从属于环境设计的子系统。

环境艺术品也可称为环境陈设艺术品，它的创作是有别于艺术品创作的。环境艺术品的概念源于环境艺术设计，几乎所有的艺术与工艺美术门类，以及它们的产品都可以列入环境艺术品的范围。但只要加上环境二字，它的创作就将受到环境的限定和制约，以达到与所处环境的和谐统一。

为了不使公众对环境设计概念的理解产生偏差，我们仍然对环境设计冠以“环境艺术设计”的全称，以满足目前社会文化层次认识水平的需要。显然这个词组包括了环境艺术与设计的全部概念。

中央工艺美术学院环境艺术设计专业是从室内设计专业发展变化而来的。从五六十年代的室内装饰、建筑装饰到七八十年代的工业美术、室内设计再到八九十年代的环境艺术设计，时间跨越四十余年，专业名称几经变化，但设计的对象始终没有离开人工环境的主体——建筑。名称的改变反映了时代的发展和认识水平的进步。以人的物质与精神需求为目的，装饰的概念从平面走向建筑空间，再从建筑空间走向人类的生存环境。

从世界范围来看，室内装饰、室内设计、环境艺术、环境设计的专业设置与发展也是不平衡的，认识也是不一致的。面临信息与智能时代的来临，我们正处在一个多元的变革时期，许多没有定论的问题还有待于时间和实践的检验。但是我们也不能因此而裹足不前，以我们今天对环境艺术设计的理解来界定自身的专业范围和发展方向，应该是符合专业高等教育工作者的责任和义务的。

按照我们今天的理解，从广义上讲，环境艺术设计如同一把大伞，涵盖了当代几乎所有的艺术与设计，是一个艺术设计的综合系统。从狭义上讲，环境艺术设计的专业内容是以建筑的内外空间环境来界定的，其中以室内、家具、陈设诸要素进行的空间组合设计，称之为内部环境艺术设计；以建筑、雕塑、绿化诸要素进行的空间组合设计，称为外部环境艺术设计。前者冠以室内设计的专业名称，后者冠以景观设计的专业名称，成为当代环境艺术设计发展最为迅速的两翼。

广义的环境艺术设计目前尚停留在理论探讨阶段，具体的实施还有待于社会环境的进步与改善，同时也要依赖于环境科学技术新的发展成果。因此我们在这里所讲的环境艺术设计主要是指狭义的环境艺术设计。

室内设计和景观设计虽同为环境艺术设计的子系统，但从发展来看，室内设计相对成熟。从20世纪60年代以来室内设计逐渐脱离建筑设计，成为一个相对独立的专业体系。基础理论建设渐成系统，社会技术实践成果日见丰厚。而景观设计的发展则相对落后，在理论上还有不少界定含混的概念，就其对“景观”一词的理解和景观设计涵盖的内容尚有争议，它与城市规划、建筑、园林专业的关系如何也有待规范。建筑体以外的公共环境设施设计是环境设计的一个重要部分，但不一定形成景观，归类于景观设计中也不完全合适，所以对景观设计而言还有很长一段路要走。因此我们这套教材的主要内容还是侧重于室内设计专业。

不管怎么说中央工艺美术学院环境艺术设计系毕竟走过了四十余年的教学历程，经过几代人的努力，依靠相对雄厚的师资力量，建立起完备的教学体系。作为国内一流高等艺术设计院校的重点专业，在环境艺术设计高等教育领域无疑承担着学术带头的重任。基于这样的考虑，尽管深知艺术类教学强调个性的特点，忌专业教材与教学方法的绝对统一，我们还是决定出版这样一套专业教材，一方面作为过去教学经验的总结；另一方面是希望通过这套书的出版，促进环境艺术设计高等教育更快更好地发展，因为我们深信21世纪必将是世界范围的环境设计的新世纪。

中央工艺美术学院环境艺术设计系

1999年3月

目　　录

第1章　概论

第2章　人体尺寸与室内环境

第3章 人体活动与室内环境

第4章 人体感觉与室内环境

第5章 家具设计中的人体因素

第6章 心理、行为与空间环境

第7章 室内环境与环境评价

第1章 概论

建筑的内部空间主要为人所使用，它的几乎所有的使用功能都与人类的活动有关。在现代主义以功能为主导的设计思潮流行之前，建筑和室内设计师在设计时都是参考前人的经验来解决设计问题。然而，在进入现代工业文明之后，这样的设计方法已经不能适应人类的需求。英国心理学家D·肯特（D·Canter）说过：“以前很多设计上的缺陷，追根溯源都是来自那些对人类行为的错误假设所造成的清规戒律。更充分、更清楚、更科学地了解人可以帮助摆脱这些羁绊，以创造出既使用户更加满意，又是更伟大的建筑艺术作品。”随着社会生活水平的提高和科学技术的进步，人们对生活环境在舒适、效率和安全方便等方面有了更高的要求。技术和科学的进步也要求建筑与室内设计对解决这一系列问题有更严谨和科学的方法。这就要求建筑与室内设计师对“人”有一个科学的了解，人体工程学正是这样的一门关于“人”的学科。

其实，与人体工程学相关的现象和问题对于普通人来说并不陌生，日常生活中我们就经常会碰到很多例子。比如使用不方便的产品、不够流畅的活动过程等，或多或少的都是源于设计中没有考虑人体工程学的相关问题。甚至一些重大的社会突发或灾难事件也经常是源于类似的问题。因此，在今天社会生活和环境都日趋复杂的情景下，对人的因素可能产生之后果的了解成为设计师的必修技能。

1.1 人体工程学概述

人体工程学是一门研究人与机器及环境的关系的学科。是20世纪40年代后期发展起来的，它是以人—机关系为研究对象，以实测、统计、分析为基本研究方法，应用多种学科（包括生理学、心理学、医学、卫生学、人体测量学、系统工程学、社会学和管理学等）的原理、方法发展起来的一门边缘学科。在其产生之后已经成为设计和工程领域重要的基础学科之一，对包括所有人类使用的产品和工程设施的设计方法产生了重要的影响。

1.1.1 人体工程学名称

作为边缘学科，人体工程学具有所有边缘学科共有的特点：学科命名多样化、学科定义不统一、学科边界模糊、学科内容综合性强、学科应用范围广泛。一直以来该学科的名称在国内外随着学科的发展有很多不同的称谓，在国外由于研究的方向不同，产生了很多不同或意义相近的名称。如美国开始称为“应用试验心理学”（Applied Exerimental Psychology）或“工程心理学”（Engineering Psychology）。后来又称为“人体工程学”（Human Engineering）和人因工学（Human Factors）。而欧洲则用“工效学”（Ergonomics）、“生物力学”（Biomechanics）、“生命科学工程”（Life-Sciences-Engineering）、“人体状态学”（Human Conditioning）、“人—机系统”（Man-Machine System）等。

在国际上，为便于各国语言翻译上的统一，又能够比较全面地反映本学科的本质，Ergonomic（源于希腊文，汉译“工效学”）被较多的国家选用为本国该学科的称谓。在国内一般比较通行的是汉语称谓“人体工程学”，此外还有“人机工程学”“人类工程学”“工效学”“工程心理学”等。

1.1.2 人体工程学的起源和发展

实际上自从人类文明的诞生，人们就

一直在不断地改进自己的生活质量和生产的效能。尽管上古时代不可能产生今天这样的科学研究方法，但在人们的创造与劳动中已经潜在的存在人体工程学的萌芽，这些可以从石器时代的文物中看出。例如：旧石器时代制造的石器多为粗糙的打制石器，造型也多为自然形，不太适于人的使用；而新石器时代的石器多为磨制石器，造型也更适于人的使用（图1-1）。因此，可以说人体工程学的宗旨自有人类以来就存在，从某种意义上说人类技术发展的历史也就是人体工程学发展的历史。应该说是人类社会的发展促成了这门学科的产生。

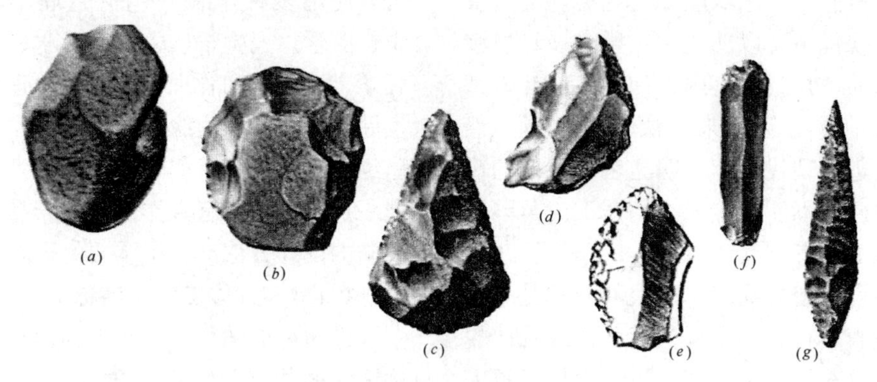

图1-1　早期人类创造的石器工具

随着现代工业的发展，人类制造了许多先进的工具和设施，工具发展的高速度和人类体能发展的缓慢使两者之间产生了巨大的鸿沟。人们过去曾经认为人体本身会随着机器文明的发展同时进化。然而事实证明，飞快发展的只有人类创造的工具和技术，人类的肉体从古至今并没有什么明显的本质变化。我们可以对比一下百年来人类体能的变化和机器能力的发展，我们用速度的变化作为例子来对比一下：

A：人类

1890年奥林匹克运动会男子100m跑：冠军，欧文：12s；

1984年洛杉矶奥运会运动会男子100m跑：冠军，刘易斯：9.83s。

近百年的变化只是几秒的差距。

B：机器

1769年法国汽车：3.6km/h；现代汽车：328km/h；

1825年英国火车：24km/h；现代高速列车：378km/h；

1903年美国飞机：48km/h，现代的RS-71：3508km/h。

人类所创造的机器在同一时期则是巨大的飞跃。

这些例子说明了人类与机器之间迅速扩大的鸿沟是无法靠自然进化来弥合的。由于这种人类与机器发展的不同步产生了许多复杂问题。如反应速度：人类的反应速度是一定的，但现代的机器的速度越来越快，如高速运动的飞机和高速运动的列车等，使人类的神经反应速度不能适应。人接受外界信号至肌肉反应的时间为100～500ms，完成反馈动作需要的时间0.3～0.5s，如果是1800km/h的飞机0.6s可飞行300m，在这样巨大的速度下，零点几秒的时间误差就会产生严重的后果，使人不能安全的使用。

人体工程学的发端是始自20世纪30年代的第二次世界大战时期。当时的各国军方为了取得战争的胜利，发展和投入了大量的威力强大的高性能武器，期望以技术的优势来决定战争的胜败。然而由于过分的注重武器的性能和威力，忽略了使用者的能力与极限，导致了像飞机驾驶员误读高度表意外失事[1]（图 1-2）。其他如座舱位置安排不当、战斗中操纵不灵活、命中率降低等类似的意外事故接二连三地发生。经过调查才发现，这些事故主要是控制设备配置不当导致操作失误所致。在当时还有许多类似的问题人们是无法回答的。例如：一个人从荧光屏上能接受多少信息？人在冰冻的水中能坚持多久[2]？在飞机中出现的血液重力问题[3]，人能否承受 12 倍的重力加速度？人在突然失去压力的情况下会发生什么？诸如此类的问题，一般的工程人员是无法解决的，以往的任何科学也无法有效的回答这些问题。

图 1-2　飞机高度表

同样的问题也存在于工业生产中。自从英国工业革命以来，由于制造业的工业化，工业生产向机器化和自动化发展。流水线生产系统的发展、新式生产机器和新的生产技术的使用，使工业生产量增加。但是，由于高度的机械化、自动化与手工业时代个人惯用工具、技术个人性、工作个人性的生产方式有很大的不同。生产线的作业模式为单调、反复性的工作，人与机器间存在着生理与心理摩擦，直接或间接地影响了工作效率与正确性，从而产生了很多不利的后果。

工业化社会的发展还带来了许多人与环境的协调问题。一方面技术的发展使人们能够达到许多原来不能去的环境，如极地、太空、海洋、高山等；另一方面人类的各种生产和生活活动也产生了各种环境问题——环境改变和环境污染。这些新面临的环境问题，同样需要了解人类身体所能承受的各种环境压力的生理极限。

由于这些问题，使人们感到对人与机器之间关系的研究非常重要。于是有一些科学家转向了人与复杂工作系统之间协调问题的研究，这些人包括了行为学家、心理学家、生理学家、人类学家和医生。他们建立了研究机构，对有关人类的心理学、生理学、社会学、物理学及其他应用科学进行了研究。把人的生理及心理因素与物理原则结合起来，再应用到兵器的设计中，用来解决各种武器如何便于操作，如何提高命中率和安全可靠等问题。从而成为一门新的科学——人体工程学。

第二次世界大战结束后，人体工程学迅速渗透到空间技术、工业生产、建筑设计以及生活用品等领域，专家们将人体工程学的理论体系及各项研究成果广泛地应

---

① 战争期间，美国飞机频繁发生事故。经过调查发现飞机高度表的设计存在很大问题，高度表对飞机非常重要，但当时的高度表将三个指针放在同一刻度盘上，这样要迅速地读出准确值非常困难，因为人脑并不具备在瞬间同时读三个数值并判断每个数值的含义的能力，所以很难说这种仪表在关键时刻能发生作用。后来把它改成了一个指针，消除了因高度表发生的事故隐患。这个简单的故事告诉人们，设计任何机构都不能仅着眼于机器和设施本身，同时要充分的了解人使用时的方便与否，以便使人能安全地、自由地、正确地使用。

② 第二次世界大战时期，在德国的集中营里曾经发生过用战俘和犹太人做冰冻试验的惨剧，把人放在室外的冰水中做冷冻试验，研究人能够经受住寒冷的极限，为德国营救落入大西洋的飞行员或水兵提供依据。

③ 飞机血液重力问题，每个人都有关于离心力的体验，如汽车拐弯时的外离心力，而飞机在高速转弯时过载力要大很多，大到人的血液会向身体的一侧流动，造成人体局部的失血，如果失血的部位是大脑就很危险。

用到产业界，追求人与机器间的合理化。从人体工程学的观点来看，机器为人服务，应该是机器适应人的要求。如果不能解决这个问题，那么机器文明的飞快发展对人并不意味进步。过去是先设计机器，后训练人来操纵。现在是先了解人，然后根据对人的了解来设计。因此过去的基点是机器，现在的基点是人。

人体工程学是在人与机器、人与环境不协调，甚至存在严重矛盾这样一个历史条件下逐步形成并建立起来的，它本身今天仍在不断发展。由于不同时代技术的主角及特性不同，因而产生的问题也不同，对人和机器的关系的研究也在不断地发展。工业化初期的机器化时代，人体尺寸、施力、人对物理环境的适应能力等成为问题突出的主角，因此成为早期的研究内容。电子化时代，大量的需要复杂操纵技能的设备，对人的操作技能及控制能力提出要求，人的技能与学习的能力成为重点。信息化时代的到来，人们主要的工作方式由原来的大量的体力与技能行为转换为信息交互，人的信息接受与处理能力成为新的热点。

1.1.3　人体工程学的定义

任何一门学科都要针对一定范围内的问题展开研究，建立理论体系，这就是一门学科的科学性。同样，任何一门学科都要运用其理论体系，提出解决某类问题的方法，这就是该门学科的技术性，我们从这两个方面，即从科学性和技术性两个方面给人体工程学下定义：

人体工程学是研究“人—机—环境”系统中人、机、环境三大要素之间的关系，为解决该系统中人的效能、健康问题提供理论与方法的科学。

为了进一步说明定义，需要对定义中提到的几个概念作以下几点解释：

（1）“人”在人体工程学研究的并不是一般意义上的人的概念，它是指针对具体的人机系统中的作业者或使用者，同时包括了人的心理特征、生理特征以及人适应机器和环境的能力，都是重要的研究课题。

（2）“机”是指机器，但较一般技术术语的意义要广得多，包括人操作和使用的一切产品和工程系统。怎样才能设计出满足人的要求、符合人的特点的产品，是人体工程学探讨的重要问题。

（3）“环境”是指人们工作和生活时接触的环境，更准确地说是由人和机器构成的系统依托的具体环境。包括物理、化学、生物等环境因素，环境对人的日常活动有重要的影响，是研究的主要对象。

（4）“系统”即由相互作用和相互依赖的若干组成部分结合成的具有特定功能的有机整体。“系统”是人体工程学最重要的概念和思想。人体工程学不是孤立地看待和研究人、机、环境这三个要素，而是将它们看成是一个相互作用，相互依存的系统。从系统的总体高度来看待、评价各个要素。例如“人机系统”，它由人和机两个组成部分，它们通过显示器、控制器，以及人的感知系统和运动系统相互作用、相互依赖，从而完成某一个特定的过程。人体工程学不仅从系统的高度研究人、机、环境三个要素之间的关系，也从系统的角度研究各个要素。

（5）“人的效能”主要是指人的作业效能，即人按照一定要求完成某项作业时所表现出的效率和成绩。工人的作业效能由其工作效率和产量来测量。一个人的效能决定于工作性质、人的能力、工具和工作方法，决定于人、机、环境三个要素之间的关系是否得到妥善处理。

（6）“人的健康”，包括身心健康和安全。近几十年来，人的心理健康受到广泛重视。心理因素能直接影响生理健康和作业效能，因此，人体工程学不仅要研究某些因素对人的生理的损害，例如强噪声对听觉系统的直接损伤，而且要研究这些因素对人心理的损害，例如有的噪声虽不会直接伤害人的听觉，却造成心理干扰，引起人的应激反应。健康的问题也包括安全问题，安全是与事故密切相关的概念。事故一般是指发生概率较小的事件。研究事故主要是分析造成事故的原因。人体工程学着重研究造成事故的人为因素。了解了上述几个基本概念以后，就能更好地理解关于人体工程学的定义。

1.1.4 人体工程学研究的内容

人体工程学是一门技术科学。技术科学是介于基础科学和工程技术之间的一大类科学。强调理论与实践的结合，重视科学与技术的全面发展。它从基础科学、技术科学、工程技术这三个层次来进行纵向探讨。与人体工程学有关的基础科学知识主要包括：心理学、生理学、解剖学、系统工程学等。在工程技术方面，人体工程学广泛涉及军事、制造业、农业、交通运输业、建筑业、企业管理、安全管理、航天等行业。从各门学科之间的横向关系看，人体工程学的最大特点是联系了关于人和物的两类科学，力图解决人与机器、人与环境之间不和谐的矛盾。人体工程学研究的主要内容大致分为三方面：

（1）“人”的因素

“人”指工作系统中的人，在人机系统中人是关键的要素，人的心理、生理特性和能力限度是“人—机—环境”系统最优化的基础。作为研究主体的人，既是自然的人又是社会的人，对于自然的人研究有：人体形态特征、人的感知特性、人的反应特性等。对于社会的人研究有：人在生活中的社会行为、价值观念、人文环境等。常见的研究内容如下：

人体尺寸；

信息的感受和处理能力；

运动的能力；

学习的能力；

生理及心理需求；

对物理环境的感受性；

对社会环境的感受性；

知觉与感觉的能力；

个人之差别；

环境对人体能的影响；

人的长期、短期能力的限度及快适点；

人的反射及反应形态；

人的习惯与差异（民族、性别等）；

错误形成的研究。

（2）“机”的因素

“机”的因素指作业系统中直接由人使用的机器部分及其如何适应人的使用。不同的行业涉及的对象和因素各不相同，因此“机”的因素研究范围很广。主要分为三大类：

显示器：显示器是指通过一定的媒介与方式，显示或传达信息的器物，包括各种仪表、信号、显示屏，有动态的和静态的。

操纵器：各种人类使用工具的操纵部分，用于控制工具。包括各种通过手足操纵的杆、钮、盘、轮、踏板等。还有很多间接的控制器。

器具：家具、简单的手动工具等。

（3）“环境”因素

“环境”因素主要包括两类环境：

1）普通环境：包括日常生活中的建筑与室内空间环境的照明、温度、湿度控制等。

2）特殊环境：如冶金、化工、采矿、航空、宇航和极地探险等行业遇到特殊的环境，如高温、高压、振动、噪声、辐射和污染等。

“环境”因素的研究意图通过环境监测、环境控制，解决如何使环境适应于人的使用。

虽然人体工程学的内容和应用的范围很广，但研究的方向重点在“人—机—环境”之间的关系规律上。

1.1.5 人体工程学的研究方法

人体工程学作为一门边缘学科，在其发展过程中借鉴了人体科学、生物科学和心理科学等相关科学的研究方法，采用系统工程、控制理论、信息科学、统计学等其他学科的研究方法，并利用本学科的特点，逐步建立了一套独特的研究方法。目前在人体工程学中产用的方法有以下几种：观察法、实测法、实验法、系统分析法等。而作为基础数据获得的一个重要手段是实测法，实测法中重要的研究部分就是人体测量。

（1）人体测量

在进行人体工程学研究时、为了便于进行科学的定性定量分析，首先遇到的第一个问题就是获得有关人体的心理特征和生理特征的数据。所有这些数据都要在人体上测量而得，人体测量的内容以人体测量学和与它密切相关的生物力学、实验心理学为主，它综合了多学科的研究成果，它主要包括以下几方面：

形态测量：长度尺寸、体形（胖瘦）、体积、体表面积等。

运动测量：测定关节的活动范围和肢体的活动空间，如：动作范围、动作过程、形体变化、皮肤变化。

生理测量：测定生理现象，如疲劳测定、触觉测定、出力范围大小测定等。

人体测量的数据被广泛用于许多的领域，如建筑业、制造业、航空业、宇航业等，用以改进设备适用性，提高人为环境质量。我们生活和工作使用的各种设施及器具，大到整个生活环境、小到一个开关，与我们身体的基本特征有着密切的联系。他们如何适应于人的使用，舒适程度如何，是否有利于提高效率，是否有利于健康，都涉及人体的测量数据。人体测量的目的就是为研究和设计者提供依据。

（2）研究时遵循的原则

物理的原则：如杠杆、惯性定律、重心原理，在人体工程学中也适用。但在处理问题时应以人为主来进行，而在机器效率上要遵从物理原则，两者之间的调和法则是既要保持人道而又不违反自然规律。

生理、心理兼顾原则：人体工程学必须了解人的结构，既要了解生理结构、又要了解心理因素，人是具有心理活动的，人的心理在时间和空间上是自由和开放的，它会受到人的经历和社会传统、文化的影响。亦即人的活动无论在何时何地都可受到这些因素的影响，因此，人体工程学也必须对这些影响心理的因素进行研究。

环境的因素：人—机关系并不是单独存在的，它存在于具体的环境中，单独的研究人、研究机器、研究环境，再把它们合起来，不是在研究人体工程学。因为它们是存在于人—机—环境的相互依存关系中，绝不可分开讨论。

1.2　人体工程学与室内设计

人类的生活中总是在使用着某些物质设施，这些物质设施构成了人类生活工作的工具和空间环境。从人体工程学的角度来看，人们生活的质量和工作的效能在很大程度上取决于这些设施是否适合人类的行为习惯和身体方面的各种特征。人体工程学虽然发展的历史不长，但是在短短的几十年中已经得到了飞速的发展。随着以人为本的设计思想的深入人心，设计师们已经认识到要使设计能更好地为人服务，就必须掌握人体工程学等有关人的知识。

1.2.1　人体工程学与室内设计

人体工程学是建筑与室内设计不可缺少的基础之一。室内设计（不论是生产型的室内环境或是日常生活的室内环境）质量的好坏不是单纯的空间组合或是设计人员主观臆测的结果，而是人体工程学这门学科是否纳入室内设计领域的问题。人们生活的质量和工作的效能在很大程度上取决于这些建筑与室内的环境与设施是否适合人类的行为习惯和身体方面的各种特征。

从室内设计的角度来说，人体工程学的主要功用在于通过对生理和心理的正确认识。根据人的体能结构、心理形态和活动需要等综合因素，充分运用科学的方法，通过合理的室内空间和设施的设计，使室内环境因素适应人类生活活动的需要。进而达到提高室内环境质量，使人在室内的活动高效、安全和舒适的目的（图 1-3）。

1.2.2　人体工程学在室内设计中的效用

（1）为确定空间范围提供依据

影响空间范围的因素相当多，但是最

主要的因素还是人体尺寸、人体的活动范围以及家具设备的数量和尺寸。因此，在确定空间范围时，首先要准确测定出人在立、坐、卧时的平均尺寸，其次要测定出人们在使用各种家具、设备和从事各种活动时所需空间范围的面积、体积与高度，再次必须搞清使用这个空间的人数，这样一旦确定了空间内的总人数就能定出空间的面积与高度（图 1-4）。

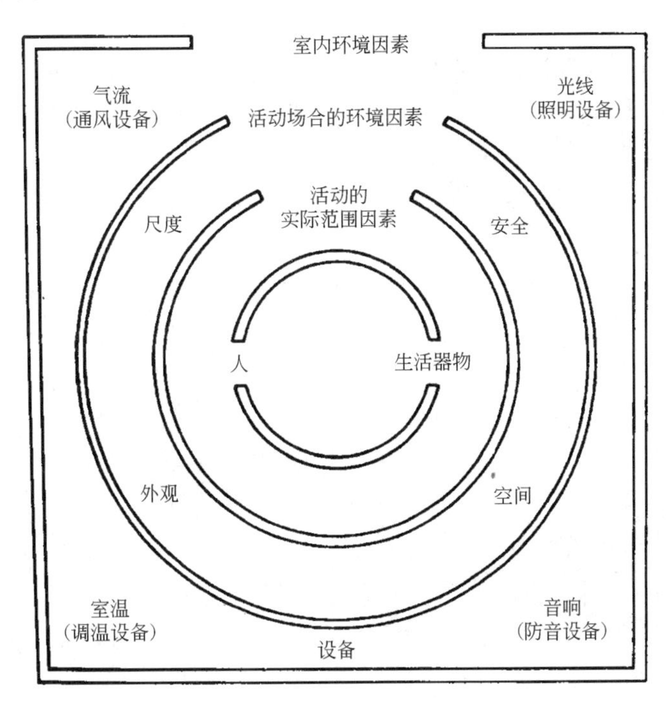

图 1-3　各种情况下人体工学问题

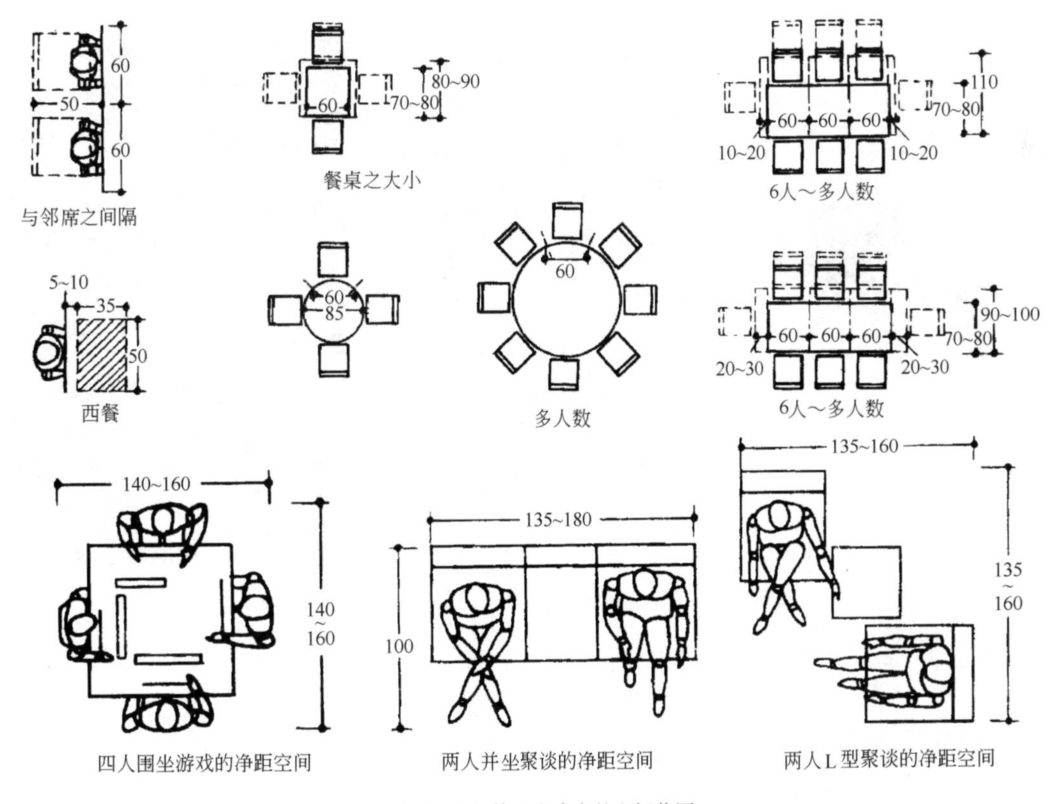

图 1-4　由人体尺度决定的空间范围

(2) 为设计家具提供依据

家具的主要功能是实用，因此，无论是人体家具还是贮存家具都要满足使用要求。属于人体家具的椅、床等，要让人坐着舒适，书写方便，睡得香甜，安全可靠，减少疲劳感。属于贮藏家具的柜、橱、架等，要有适合贮存各种衣物的空间，并且便于人们存取。为满足上述要求，设计家具时必须以人体工程学作为指导，使家具符合人体的基本尺寸和从事各种活动需要的尺寸（图 1-5）。

(3) 为确定环境感受条件提供依据

人的感觉器官在什么情况下能够感觉到刺激物，什么样的刺激物是可以接受的，什么样的刺激物是不能接受的，是人体工程学需要研究的另一个课题。感觉器官包括视觉、听觉、触觉等与环境相关的知觉类型。研究这些问题，找出其中的规律，对于确定室内环境的各种条件如色彩配置、景物布局、温度、湿度、声学要求等都是必需的（图 1-6）。

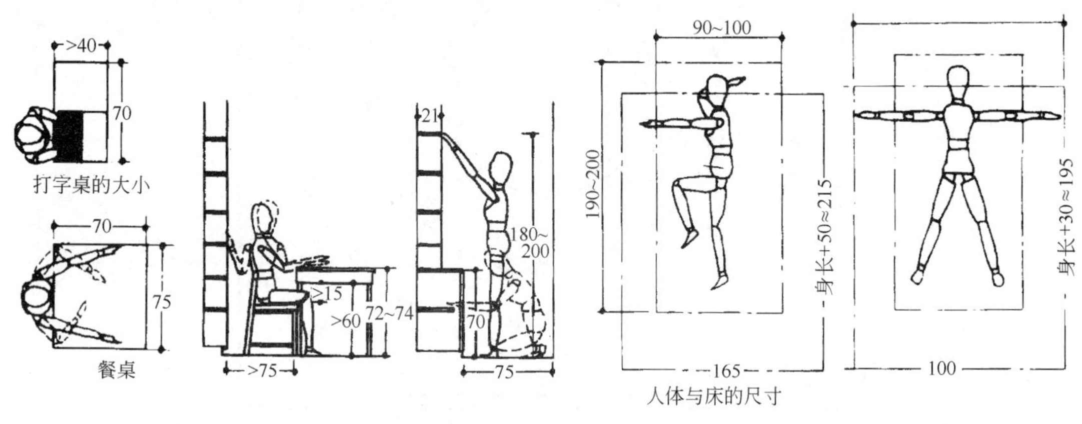

图 1-5　家具中的人体尺度

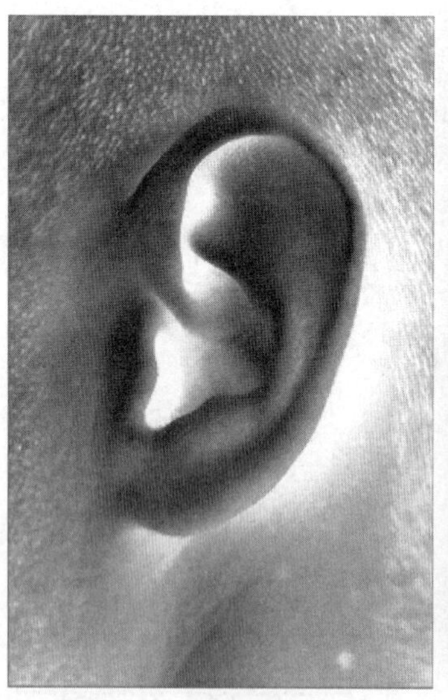
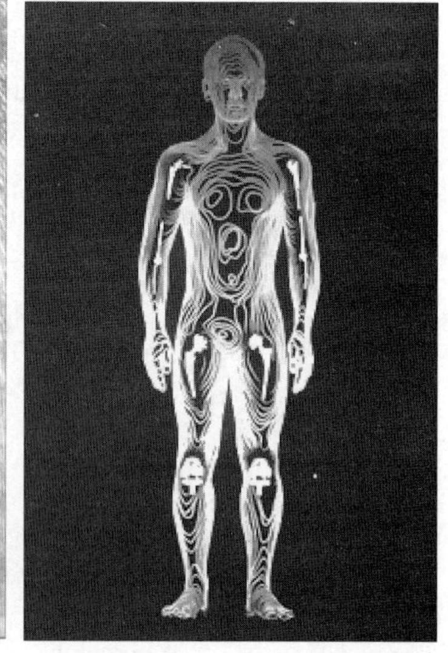

图 1-6　人体感觉器官

1.2.3　与室内设计相关的人体工程学内容

人体非常复杂，从室内人类活动的角度来看，人体的运动器官和感觉器官与室内空间的关系最密切。运动器官方面，人的身体有一定的尺度，活动能力有一定的限度，无论是采取何种姿态进行活动，皆有一定的距离和方式，因而与活动有关的空间和家具器物的设计必须考虑**人体尺度**为主的体形特征、**人体活动**相关动作特性和体能极限等人体因素。

感觉器官方面，人的知觉与感觉与室内环境之间存在着极为密切的关系。诸如室内的温度、湿度、光线、声音等环境因素皆直接和强烈地影响着人的知觉和感觉，并进而影响人的活动效果。因而了解人的**视觉、听觉、触觉**为主的知觉和感觉特性，可以为室内设计建立环境条件的标准。

空间除了与人体的生理特性关联，还与人的心理活动有密切的关系，人的**心理特性**也是室内设计关注的问题。另外，室内作为空间环境中的微观层面，与人体的直接关系最为密切，其中也包括很多家具的要素。因此，**家具设计**中的很多与人体特性相关的问题也是室内设计关注的。

本章小结

本章对什么是人体工程学、人体工程学产生的历史和人体工程学的定义进行了阐述，并介绍了人体工程学研究的内容及方法，对人体工程学与室内设计的关系做了说明。

本章关键概念：

人体工程学，人、机、环境三要素，系统，人的健康、效能。

第2章　人体尺寸与室内环境

我们在生活和工作中使用的各种环境设施与我们身体的基本特征和尺度有关，如椅子、桌子、办公桌和工作场所的大小、形状等。我们根据一般的经验知道：人的舒适、身体的健康和工作效能在很大程度上都与这些设施和人体的配合得好不好有关。室内环境在空间度量上涉及人的问题主要有两个：人体尺寸和人体活动空间。而这些问题的研究主要依靠人体测量学。

2.1　人体测量

人体测量的资料在现代工业化生产中是一切产品的基础，它与工作人员的健康、安全和效率等方面有关。其原因是现代化的工业生产方式与手工业生产时代不同，在手工业时代，生产者和使用者个人之间直接接触一般是可能的，生产者可以通过这种接触了解使用者个人的需求。但是今天，制造者与使用者是互不相识的。因此有必要收集各种不同代表性的使用者的信息，对包括身体尺寸等信息，按年龄、性别以及其他特征进行分类和整理，以作为设计产品的依据。

2.1.1　人体与人体测量学

人体测量学是通过测量各个部分的尺寸来确定个人之间和群体之间在尺寸上的差别的学科，他是一门历史不长的学科，而又具有古老的渊源。人们开始对人体感兴趣并发现人体各部分相互之关系可追溯到两千年前。公元前1世纪，罗马建筑师维特鲁威（Vitruvian）就从建筑学的角度对人体尺寸进行了较完整的论述。在提到希腊神庙的设计时指出："他收集了人体各部位的比例尺度，这些尺寸是建筑设计所必需的，如手指、手掌、足、肘部的尺寸"。他不仅考虑了人体各部尺度的描述，得出了计量上的结论，并且发现一个男人挺直身体、两手侧向平伸的长度恰好就是其高度，双足和双手的指尖正好在以肚脐为中心的圆周上。按照维特鲁威的描述，文艺复兴时期的达·芬奇（Da-Vinci）创作了著名的人体比例图（图2-1）。

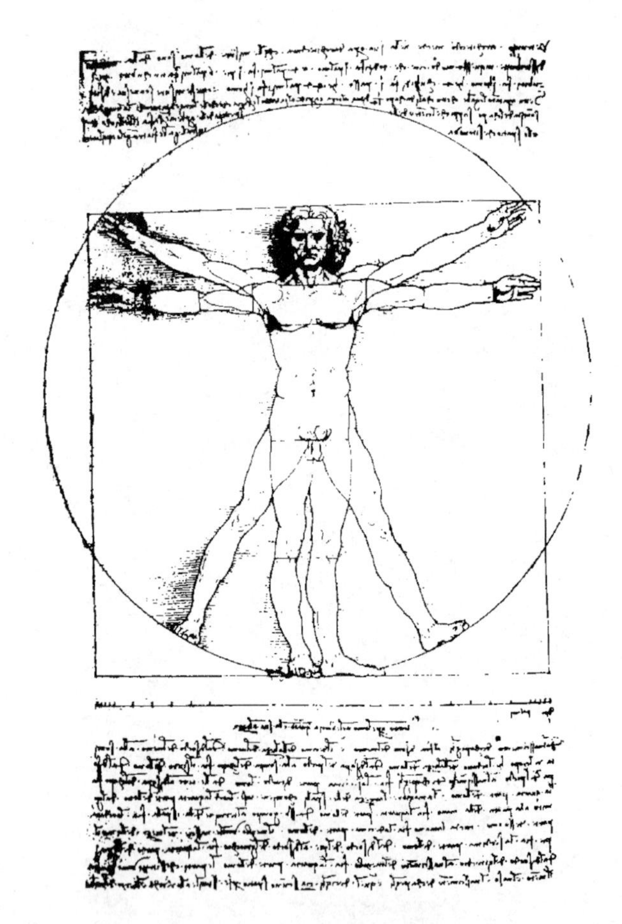

图2-1　人体比例图

在历史上，还有许多的哲学家、数学家、艺术家对人体的研究断断续续进行了许多世纪，他们大多是从美学的角度研究人体比例关系（图2-2），在漫长的进程中积累了大量的数据。而最早给这个学科命

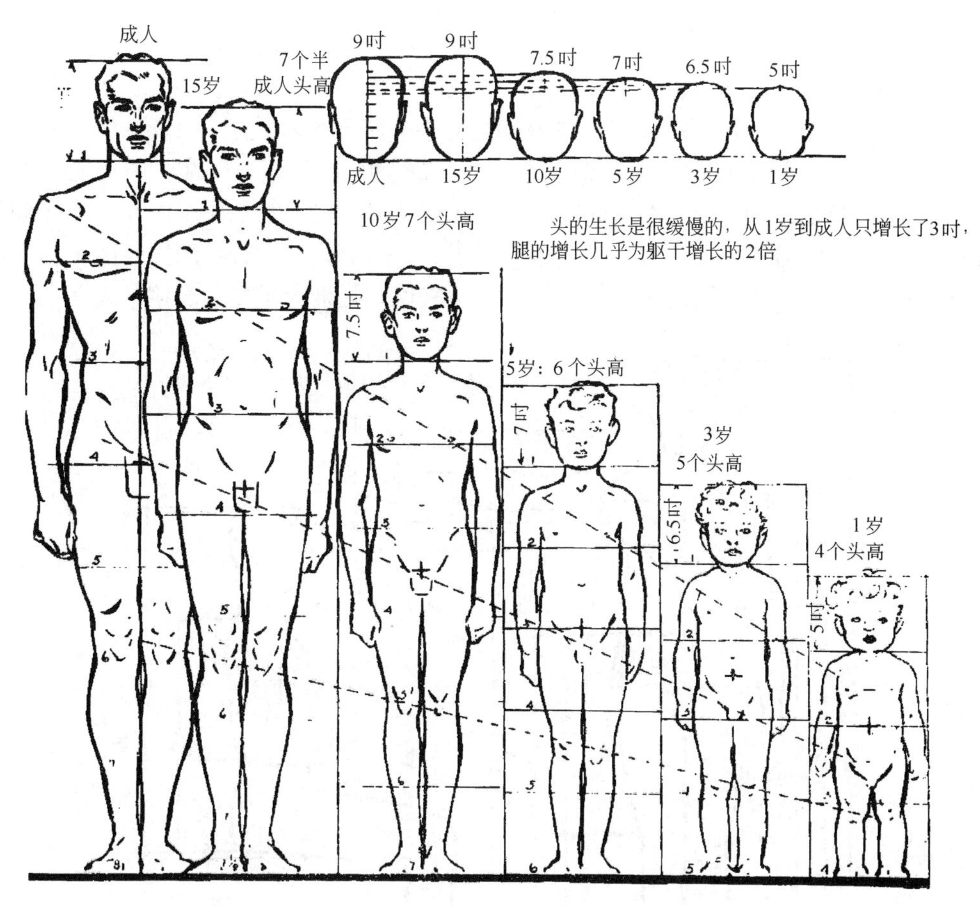

图 2-2 人的身高与头长的关系

名的是比利时的数学家奎特里特（Quit-let），他于 1870 年编写了《人体测量学》一书，创建了这一学科。但他的这些研究也大多不是为了设计而进行的，主要是为人类学分类的目的，为美学和生理学研究使用的。

直到 1930 年前后，为了适应工业化社会的发展的需要，人们迫切需要人体测量学知识及其数据，使人们对人体尺寸测量有了新的认识，这门学科才开始从理论学科进入到应用学科。第二次世界大战的爆发更推动了它在军事工业上的应用。战后建筑师和室内设计师意识到了人体测量学在建筑和室内设计中的重要性，将它应用到整个建筑室内外环境设计中去，以提高人工环境的质量。

2.1.2 数据的来源

人体测量学创立后积累了大量的数据，但这些资料无法被设计者使用，因为他们的资料是以美为目的的。是典型化的、抽象的。而设计需要的是具体的代表某个人或某个群体（国家、民族、职业）的准确数据。要得到这些数据，就要进行大量的调查，要对不同背景的个体和群体进行细致的测量和分析，以得到他们的特征尺寸、人体差异和尺寸分布的规律。由于测量要有一定的穿戴条件，又因缺乏经过技术培训的技术人员和统一的测量设备，进行这样的大量的工作是非常困难的。尤其是想要得到代表一个国家和地区的普遍资料非常困难（图 2-3）。大多数已有的资料来源于军事部门，因为他们可以集中进行调查。但这种测量工作存在一些缺点，他们常常代表不了普通人状况。因为军人的身体素质水平高于一般人，年龄和性别也有局限性。

早期工业化的国家人体测量进行得比较早，早在 1919 年，美国就对 10 万退役军人进行了测量，这是美国第一次进行除身高体重外还包括多项人体尺寸的测量工作，目的是为军队做服装提供参考依据。美国卫生、教育和福利部门还在市民中进行全国范围的测量，包括 18～79 岁不同的年龄、不同职业的人，人数超过 7500 人。在我国，由于幅员辽阔，人口众多，人体尺寸随年龄、性别、地区的不同而各不相同，同时，随着时代的发展，人们生活水平的逐渐提高，人体的尺度也在发生变化，因此，要有一个全国范围内的人体各部位尺寸的平均测定值是一项繁重而细致的工作。1984 年我国正式决定对人体尺寸进行测量和统计，1987 年，第一次大规模测量了我国人的人体尺寸，2009 年我国又进行了第二次全国性的人体测量工作。这对建立适合我国国情的人体工程学来说，是极为重要的决策（表 2-1）。

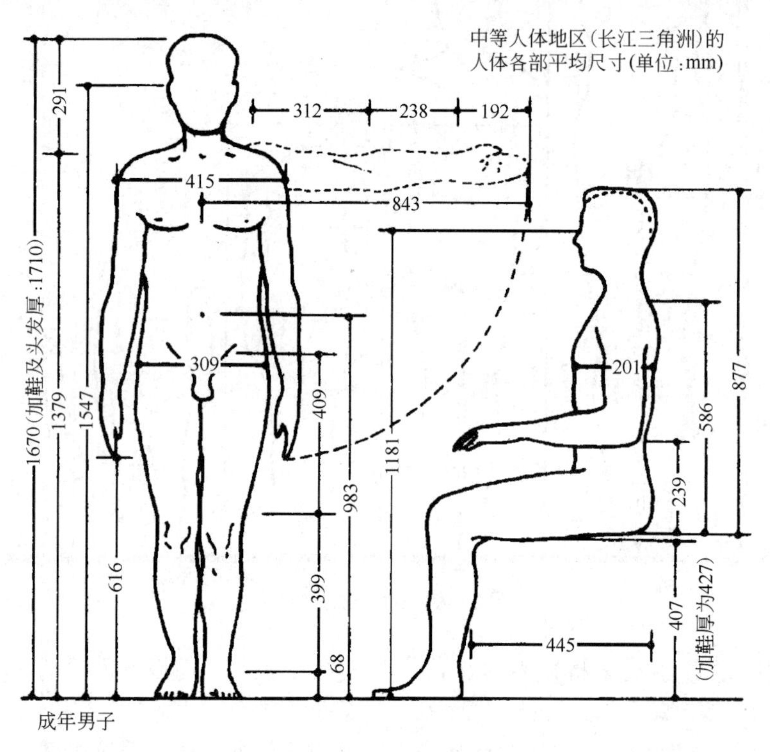

图 2-3　人体基本尺寸（男）

不同地区人体各部平均尺寸（mm）　　**表 2-1**

编号	部位	较高人体地区（冀、鲁、辽）		中等人体地区（长江三角洲）		较低人体地区（四川）	
		男	女	男	女	男	女
A	人体高度	1690	1580	1670	1560	1630	1530
B	肩宽度	420	387	415	397	414	386
C	肩峰至头顶高度	293	285	291	282	285	269
D	正立时眼的高度	1573	1474	1547	1443	1512	1420
E	正坐时眼的高度	1203	1140	1181	1110	1144	1078
F	胸廓前后径	200	200	201	203	205	220
G	上臂长度	308	291	310	293	307	289
H	前臂长度	238	220	238	220	245	220
I	手长度	196	184	192	178	190	178
J	肩峰高度	1397	1295	1379	1278	1345	1261
K	$\frac{1}{2}$(上肢展开全长)	867	705	843	787	848	791

续表

编号	部位	较高人体地区（冀、鲁、辽）		中等人体地区（长江三角洲）		较低人体地区（四川）	
		男	女	男	女	男	女
L	上身高度	600	561	586	546	565	524
M	臀部宽度	307	307	309	319	311	320
N	肚脐高度	992	948	983	925	980	920
O	指尖至地面高度	633	612	616	590	606	575
P	上腿长度	415	395	409	379	403	378
Q	下腿长度	397	373	392	369	301	365
R	脚高度	68	63	68	67	67	65
S	坐高、头顶高	893	846	877	825	850	793
T	腓骨头的高度	414	390	409	382	402	382
U	大腿水平长度	450	435	445	425	443	422
V	肘下尺寸	243	240	239	230	220	216

2.2 人体尺寸

人体尺寸是所有涉及与人有关的设计门类共同遇到的首要的问题，也是最基础的问题，人体尺寸依照使用的目的及测量方式的不同，可分为两类，即构造尺寸和功能尺寸。

2.2.1 构造尺寸

人体构造尺寸往往是指静态的人体尺寸，它是人体处于固定的标准状态下测量的(图 2-4)。可以测量许多不同的标准状态和不同部位，如手臂长度、腿长度、座高等。结构尺寸较为简单，它对与人体接触密切的物体有较大关系，如家具、服装和手动工具等。主要为各种装具设备提供数据。

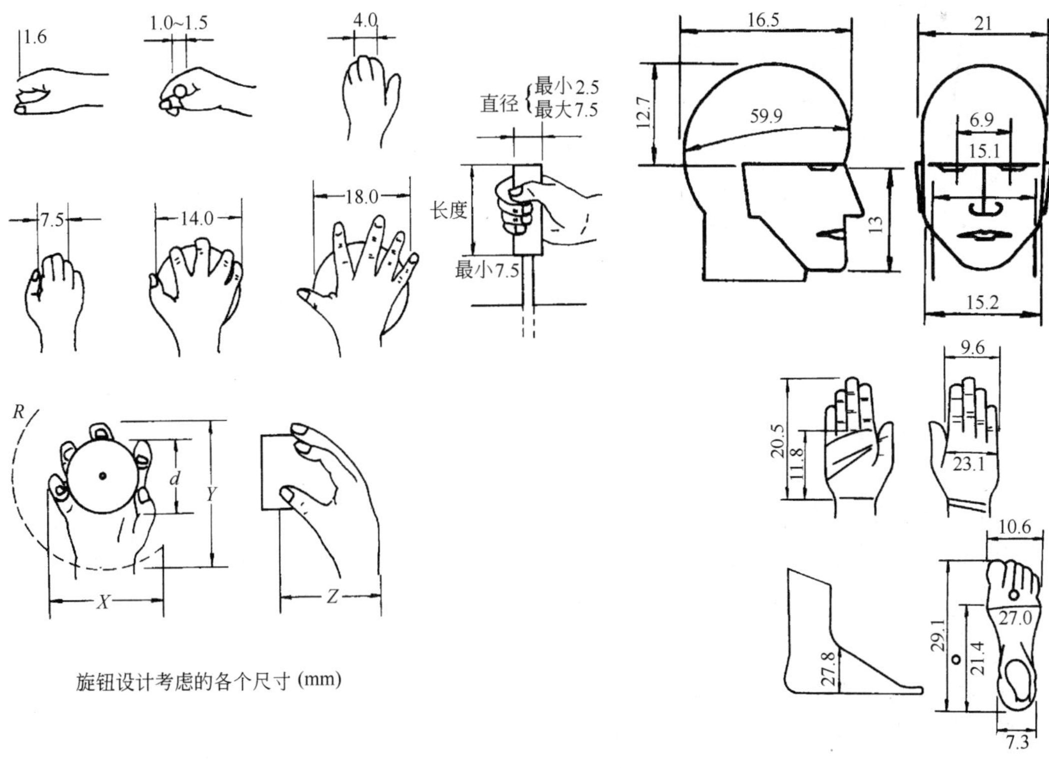

图 2-4 构造尺寸举例

2.2.2 功能尺寸

功能尺寸是指动态的人体尺寸，包括在工作状态或运动中的尺寸，是指人在进行某种功能活动时肢体所能达到的空间范围，它是动态的人体状态下测得。它是由关节的活动、转动所产生的角度与肢体的长度协调产生的范围尺寸，功能尺寸比较复杂。它对于解决许多带有空间范围、位置的问题很有用。

构造尺寸和功能尺寸是不同的（图 2-5），虽然结构尺寸对某些设计很有用处，但对于大多数的设计问题，功能尺寸在建筑与室内等空间环境设计领域可能有更广泛的用途，因为人总是在运动着，人体结构是一个活动可变而不是保持僵死不动的。在使用功能尺寸时，强调的是在完成人体的活动时人体各个部分是不可分的协调动作的。例如手所能达到的距离限度并不是手臂尺寸的唯一结果，它部分的也受到肩的运动和躯体的旋转、背的弯曲等的影响。而功能是由手来完成的。再如人所能通过的最小通道并不等于肩宽，因为人在向前运动中必须依赖肢体的运动。有一种翻墙的军事训练，2m 高的墙站在地面上是很难翻过去的，但是如果借助于助跑、跳跃就可轻易做到。根据日本的资料，人跳高的能力 18 岁为 55cm。从这里可以看出人可以通过运动能力扩大自己的活动范围。因此在考虑人体尺寸时只参照人的结构尺寸是不行的，有必要把人的运动能力也考虑进去。企图根据人体结构去解决一切有关空间和尺寸的问题至少是考虑不足的。

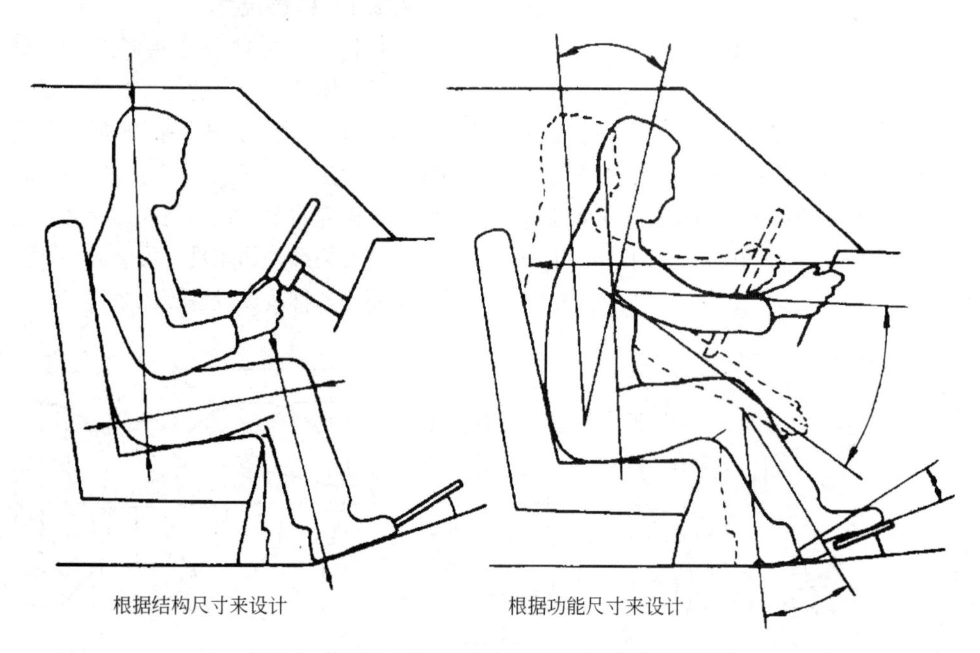

图 2-5　构造尺寸和功能尺寸在确定手臂距离时的区别

2.3　影响人体尺寸的因素

由于很多复杂的因素都在影响着人体尺寸，所以个人与个人之间，群体与群体之间，在人体尺寸上存在很多差异，不了解这些就不可能合理的使用人体尺寸的数据，也就达不到预期的目的。差异的存在主要在以下几方面：

2.3.1 种族差异

不同的国家，不同的种族，因地理环境、生活习惯、遗传特质的不同，人体尺寸的差异是十分明显的，不论是从尺寸绝对值上还是身材的体形特征、比例关系。如绝对值以身高为例，从越南人的 160.5cm 到比利时人的 179.9cm，高差幅竟达 19.4cm。另外，身材比例关系即使是在相近的民族之间也存在着差异（表 2-2）。

所以不同地区或民族的身体数据并不能毫无限制的作为替代使用。

各国及地区人体尺寸对照表（cm）

表 2-2

人体尺寸（均值）	德国	法国	英国	美国	瑞士	亚洲
身高	172	170	171	173	169	168
身高(坐姿)	90	88	85	86	—	—
肘高	106	105	107	106	104	104
膝高	55	54	—	55	52	—
肩宽	45	—	46	45	44	44
臀宽	35	35	—	35	34	—

2.3.2 世代差异

社会因素对人体尺度有明显的影响，家庭收入较高，营养良好有助于生长。可以说生活水平不同所造成的身高上的差异是与家庭收入成正比的。我们在过去一百年中观察到的生长加快（加速度）是一个特别的问题。子女们一般比父母长得高，这个问题在总人口的身高平均值上也可以得到证实。欧洲的居民预计每 10 年身高增加 10～14mm。因此，若使用 30～40 年前的数据会导致相应的错误。美国的军事部门每 10 年测量一次入伍新兵的身体尺寸，以观察身体的变化，第二次世界大战入伍的人的身体尺寸超过了第一次世界大战。美国卫生福利和教育部门在 1971～1974 年所做的研究表明：大多数女性和男性的身高比 1960～1962 年国家健康调查的结果要高。最近的调查表明 51％的男性身高高于或等于 175.3cm，而 1960～1962 年只有 38％的男性身高达到这个高度。

1987 年，我国第一次大规模测量了我国人的人体尺寸，当时我国成年男子的身高 90％是处于 1.58～1.77m 之间，成年女子的身高是在 1.48～1.66m 之间。从 1987 年到现在，三十多年间中国社会发生了很大的变化，而中国人的身高体重等肯定也发生了很大的变化，但究竟如何，却一直再没有详尽的测量提供准确的数据，这在现实生活中也带来很多的不便。2009 年我国又进行了第二次全国性的人体测量工作。由科技部立项、中国标准化研究院承担的中国人体尺寸测量项目启动，测量项目包括身高、体重、腰围、臂长等 170 多项，其中还将首次建立“国家级未成年人人体尺寸基础数据库”。这对建立适合我国国情的人体工程学来说，是极为重要的决策。

2.3.3 年龄的差异

年龄造成的差异也应注意，体形随着年龄变化最为明显的时期是青少年期。人体尺寸的增长过程，妇女在 18 岁结束，男子在 20 岁结束，男子到 30 岁才最终停止生长（图 2-6）。此后，人体尺寸随年龄的增加而缩减，而体重、宽度及围长的尺

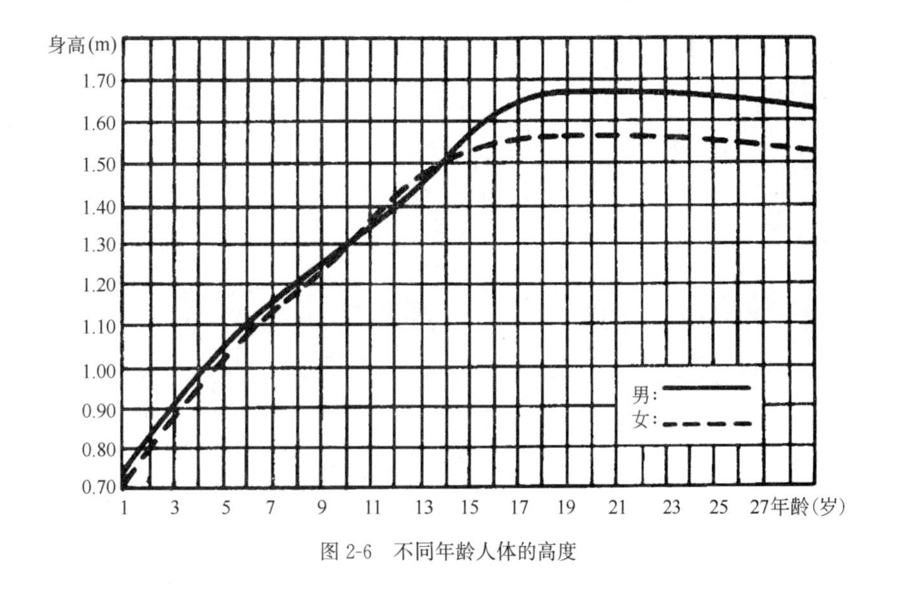

图 2-6 不同年龄人体的高度

寸却随年龄的增长而增加。一般来说青年人比老年人身高高一些，老年人比青年人体重大一些。在进行某项设计时必须经常判断与年龄的关系、相关数据是否适用于不同的年龄。对工作空间的设计应尽量使其适应于 20～65 岁的人。对美国人的研究发现，45～65 岁的人与 20 岁的人相比时：身高减 4cm、体重加 6kg（男）～10kg（女）。

有关年龄差异的两个重要的问题是关于未成年人和老年人。未成年人的问题是他们处于年龄与身体尺寸的快速变化期，对尺寸比较敏感。研究儿童的身体尺寸，是因为这些数值对于住宅、学校、娱乐和运动都有关系。历来关于儿童的人体尺寸是相对很少的，而这些资料对于设计儿童用具、设计幼儿园、学校是非常重要的，考虑到安全和舒适的因素则更是如此。儿童意外伤亡与设计不当有很大的关系。例如，儿童好动而又缺少危险意识，在公共空间的防护就是问题。一般来说只要头部能钻过的间隔，身体就可以过去，猫、狗是如此，儿童的头部比较大，所以也是如此。按此考虑，防护栏杆的间距应必须阻止儿童头部的钻过，以 5 岁幼儿头部的最小尺寸为例，它约为 14cm，如果以它为平均值，为了使大部分儿童的头部不能钻过，多少要窄一些，最多不超过 11cm（图 2-7）。

我国自中华人民共和国成立以来一直没有开展全国性的未成年人人体尺寸测量，长期缺乏准确的未成年人人体尺寸数据，导致未成年人用品的满意度远低于成年人，甚至影响青少年的健康和安全。近些年来，中国标准化研究院在科技部国家基础条件平台重点工作项目《人类工效学国家基础数据及服装号型标准研究》的支持下，采用国际上先进的非接触式人体测量技术，完成了中华人民共和国成立以来第一次全国未成年人人体尺寸测量调查工作，在此基础上建立了中国未成年人人体尺寸数据库（图 2-8）。

图 2-7　根据儿童尺寸确定的栏杆间距

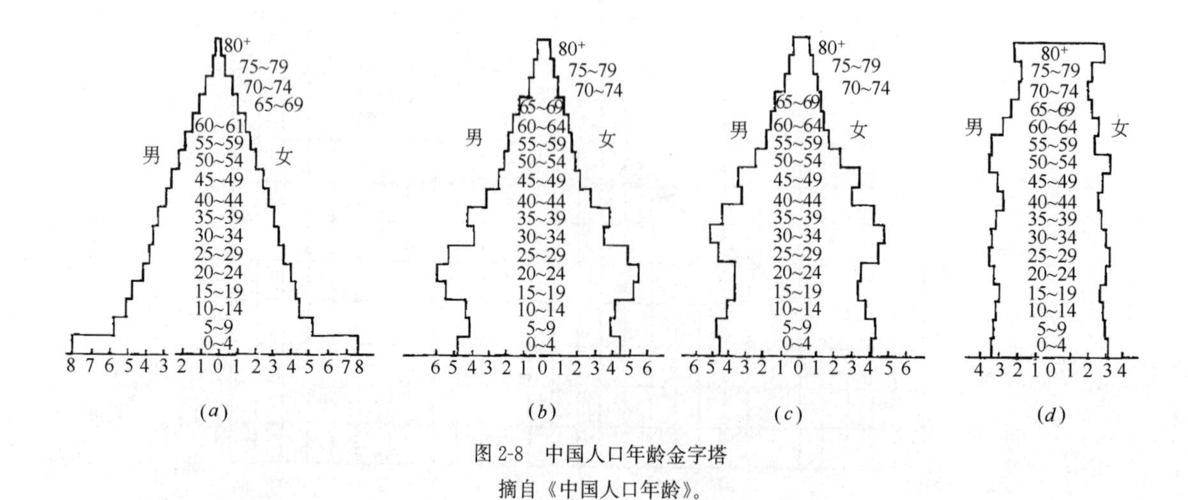

图 2-8　中国人口年龄金字塔

摘自《中国人口年龄》。

（*a*）1953 年人口年龄金字塔；（*b*）1990 年人口年龄金字塔；（*c*）2000 年人口年龄金字塔；（*d*）2050 年人口年龄金字塔

另一方面针对老年人的尺寸数据资料也相对较少。由于人类社会生活条件的改善，人的寿命增加，现在世界上进入人口老龄化的国家越来越多。如美国的 65 岁以上的人口有 2000 多万人，接近总人口的十分之一，而且每年都在增加。所以设计中涉及老年人的各种问题不能不引起我们的重视。应该有针对老年人的功能尺寸，那种把老年人与一般成年人同等对待的想法是不科学的。在没有老年人资料的情况下，至少有两个问题应引起我们的注意：

(1) 无论男女，上年纪后身高均比年轻时矮；而身体的围度却会比一般的成年人大。需要更宽松的空间范围。

(2) 由于肌肉力量的退化，伸手够东西的能力不如年轻人。因此手脚所能触及的空间范围要比一般成年人小（图 2-9）。

设计人员在考虑老年人的使用功能时，务必对上述特征给予充分的考虑。家庭用具的设计，首先应当考虑老年人的要求。因为家庭用具一般不必讲究工作效率，而首先需要考虑的是使用方便。在使用方便方面年轻人可以迁就老年人，所以家庭用具，尤其是厨房用具、柜橱和卫生设备的设计照顾老年人的使用是很重要的。在老年人中，老年妇女尤其需要照顾，她们使用合适了，其他人的使用一般不致发生困难（虽然也许并不十分舒适）。反之，倘若只考虑年轻人使用方便舒适，则老年妇女有时使用起来会有相当大的困难。图 2-10 列出了这方面有关建议和数据，可供参考。

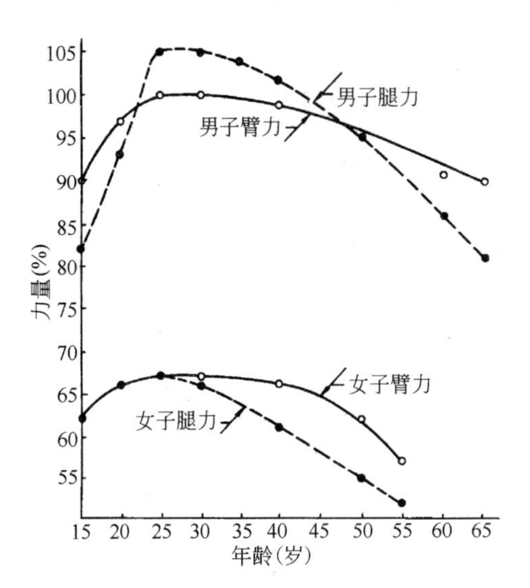

图 2-9　人的臂力和腿力随年龄的变化

老年妇女站立时手所能及的高度 (cm)

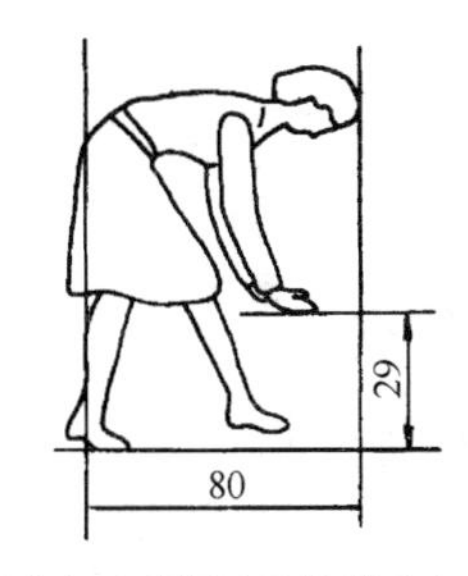

老年妇女弯腰能及的范围 (cm)

图 2-10　老年妇女活动尺寸

2.3.4　性别差异

3～10 岁这一年龄阶段男女的差别极小，同一数值对两性均适用，两性身体尺寸的明显差别从 10 岁开始。一般妇女的身高比男子低 10cm 左右，但不能像以往做的那样，把女子按较矮的男子来处理。调查表明，妇女与身高相同的男子相比身体比例是不同的，妇女臀部较宽、肩窄，躯干较男子为长，四肢较短。在设计中应注意这种差别。根据经验，在腿的长度起作用的地方，考虑妇女的尺寸非常重要（图 2-11）。

2.3.5　人体比例

一般来说成年人的人体尺寸之间存在一定的比例关系，对比例关系的研究，可以简化人体测量的复杂过程，只要量出身高，就可大致推算出其他的尺寸（图 2-12）。但这种方法有一定的局限性，在那些对尺寸要求比较精确的专业不太适用，因为不同身高的人的身材比例可能是不一样的。而且不同种族、不同地区的人由于遗传、环境等因素的影响，身体比例关系不同。白种人、黑种人、黄种人这三大人种的身体比例就明显不同。黑种人的四肢比较长，躯干比较短；黄

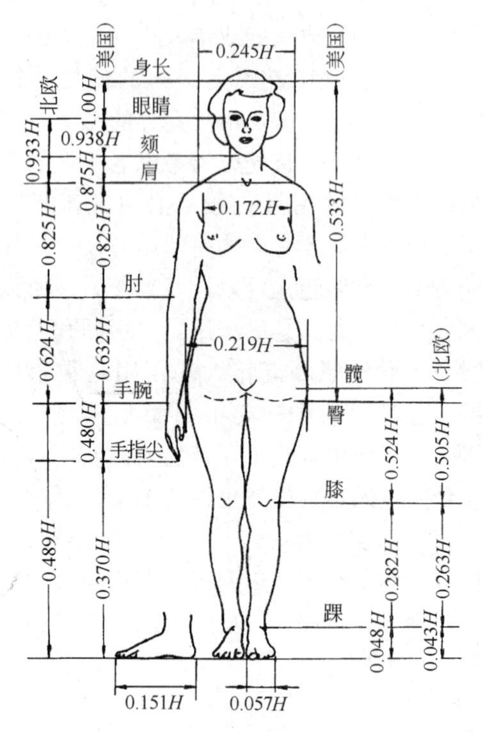

图 2-11　美国、北欧及地中海国家女性的身高尺寸比例

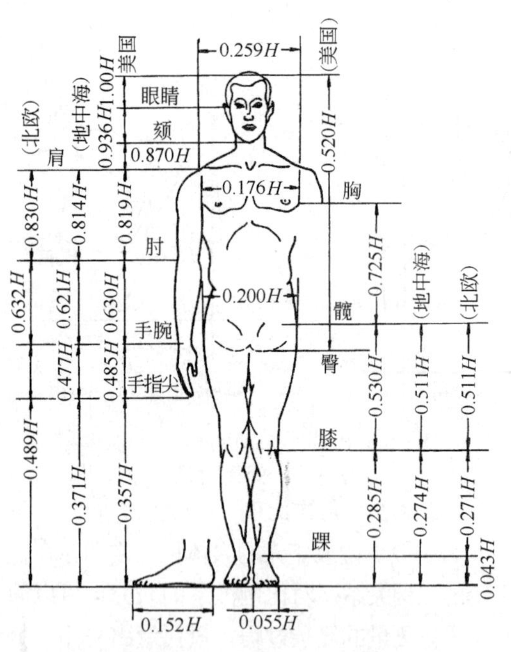

图 2-12　美国、北欧以及地中海国家男性的身体尺寸比例

种人的四肢相对较短、躯干较长；白种人则躯干与四肢的比例处于中间状态。这种差别在体育运动项目中对不同人种的优势项目的影响非常明显（图 2-13）。

此外还有许多其他的差异，像地域性的差异，如寒冷地区的人平均身高均高于热带地区，平原地区的平均身高高于山区。再有职业差异，如职业运动员与普通人的差别；社会的发达程度也是一种重要的差别，发达程度高，营养好，平均身高就高。了解这些差异，在设计中就应充分注意它对设计中的各种问题的影响及影响的程度，并且要注意手中数据的特点，在设计中加以修正，不可盲目的采用未经细致分析的数据。

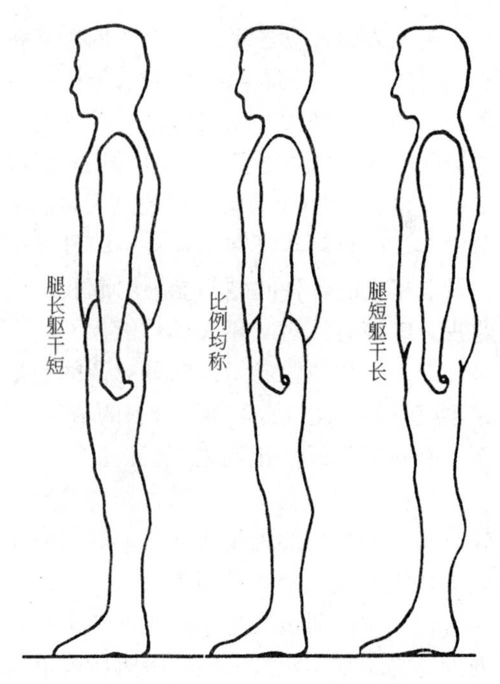

图 2-13　腿长与躯干长比例不匀称和腿长与躯干长比例匀称（中间）的人

2.3.6　重心问题

在设计中许多尺寸考虑的因素还有重心的问题，例如栏杆的设计，简单地说栏杆的高度应该高于人的重心，重心是考虑全部重量集中作用的点。当考虑人的重量时，就可以用这个点来代替人体重量之所在，所以如果栏杆低于这一点，人体一旦失去稳定，就可能越过栏杆而坠落。而重心一般在人的肚脐后，所以当人们站在栏杆附近，如果发现栏杆比自己的肚脐还低，就会产生恐惧感。理论上的人体重心高度如果身高为 100cm，重心则为 56cm。如平均身高为 163cm，重心高度为 92cm。这是平均值，修正一下取 110cm 较好。

一般来说每个人的重心位置不同，主要是受身高、体重和体格的不同的影响。

通常躯干低的人重心偏向下方，反之则偏上。根据测定，重心在身高一半以上的人占比不到 50%。此外，重心还随人体位置和姿态的变化而变化（图 2-14）。现在家具的设计形式丰富多样，比如椅子的设计，四条腿的椅子一般稳定性较好，但是三条腿的椅子、一条腿的椅子就有个重心问题。人在坐姿时的重心很多人可能以为在座板的中心，其实不然（图 2-14），除了直立的重心，还要考虑重心的移动。

图 2-14 不同姿态下中心的位置

2.4 人体尺寸数据的统计分析

2.4.1 数据的分布

人体尺寸测量仅仅是着眼于积累资料是不够的，还要进行大量的细致分析工作，才能将其应用到各学科中去。在人体测量中，被测者通常是一个特定群体中较少量的个体，其测量值为随机的变量。为了获得涉及所需的群体尺寸，必须对通过测量个体所得到的测量值进行统计分析，以便测量数据能够反映群体的形态特征和差异程度。统计学表明，任意一组特定对象的人体尺寸，其分布规律符合正态分布规律，即大部分属于中间值，只有一小部分属于过大和过小的值，它们分布在范围的两端（图 2-15、表 2-3）。

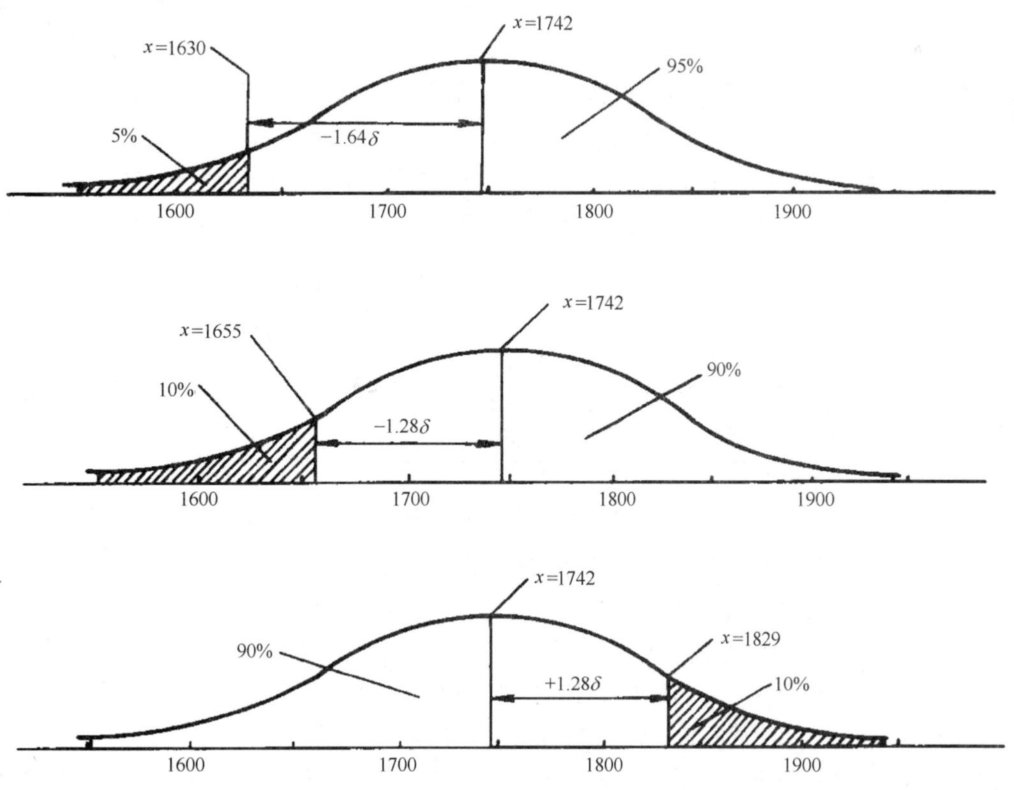

图 2-15 美国男性高度分布曲线（一）

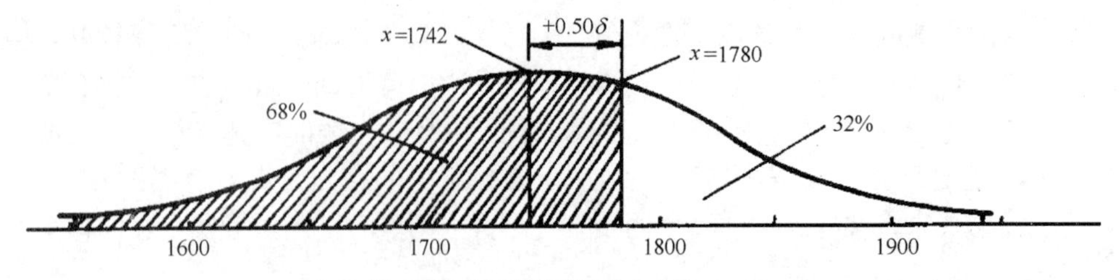

图 2-15 美国男性高度分布曲线（二）

按年龄、性别及选择的百分点划分成年男性和女性身高 **表 2-3**

		18～79 岁（总计）		18～24 岁		25～34 岁		35～44 岁		45～54 岁		55～64 岁		65～74 岁		75～79 岁	
		in	cm	in	cm	in	cm	in	cm	in	cm	in	cm	in	cm	in	cm
99	男	74.6	189.5	74.8	190.0	76.0	193.0	74.1	188.2	74.0	188.0	73.5	186.7	72.0	182.9	72.6	184.4
	女	68.8	174.8	69.3	176.0	69.0	175.3	69.0	175.3	68.7	174.5	68.7	174.5	67.0	170.2	68.2	173.2
95	男	72.8	184.9	73.1	185.7	73.8	187.5	72.5	184.2	72.7	184.7	72.2	183.4	70.9	180.1	70.5	179.1
	女	67.1	170.4	67.9	172.5	67.3	170.9	67.2	170.7	67.2	170.7	66.6	169.2	65.5	166.4	64.9	164.8
90	男	71.8	182.4	72.4	183.9	72.7	184.7	71.7	182.1	71.7	182.1	71.0	180.3	70.2	178.3	69.5	176.5
	女	66.4	168.7	66.8	169.7	66.5	169.2	66.6	169.2	66.1	167.9	65.6	166.6	64.7	164.3	64.5	163.8
80	男	70.6	179.3	70.9	180.1	71.4	181.4	70.7	179.6	70.5	179.1	69.8	177.3	68.9	175.0	68.1	173.0
	女	65.1	165.4	65.9	167.4	65.7	166.9	65.5	166.4	64.8	164.6	64.3	163.3	63.7	161.6	63.6	161.5
70	男	69.7	177.0	70.1	178.1	70.5	179.1	70.0	177.8	69.5	176.5	68.8	174.8	68.3	173.5	67.0	170.2
	女	64.4	163.6	65.0	165.1	64.9	164.8	64.7	164.3	64.1	162.8	63.6	161.5	62.8	159.5	62.8	159.5
60	男	68.8	174.8	69.3	176.0	69.8	177.3	69.2	175.8	68.8	174.8	68.3	173.5	67.5	171.5	66.6	169.2
	女	63.7	161.8	64.5	163.8	64.4	163.6	64.1	162.8	63.4	161.0	62.9	159.8	62.1	157.7	62.3	158.2
50	男	68.3	173.5	68.6	174.2	69.0	175.3	68.6	174.2	68.3	173.5	67.6	171.7	66.8	169.7	66.2	168.1
	女	62.9	159.8	63.9	162.3	63.7	161.8	63.4	161.0	62.8	159.5	62.3	158.2	61.6	156.5	61.8	157.0
40	男	67.6	171.7	67.9	172.5	68.4	173.7	68.1	173.0	67.7	172.0	66.8	169.7	66.2	168.1	65.0	165.1
	女	62.4	158.5	63.0	160.0	62.9	159.8	62.8	159.5	62.3	158.2	61.8	157.0	61.1	155.2	61.3	155.7
30	男	66.8	169.7	67.1	170.4	67.7	172.0	67.3	170.9	66.9	169.9	66.0	167.6	65.5	166.4	64.2	163.1
	女	61.8	157.0	62.3	158.2	62.4	158.5	62.2	158.0	61.7	156.7	61.3	155.7	60.2	152.9	60.1	152.7
20	男	66.0	167.6	66.5	168.9	66.8	169.7	66.4	168.7	66.1	167.9	64.7	164.3	64.8	164.6	63.3	160.8
	女	61.1	155.2	61.6	156.5	61.8	157.0	61.4	156.0	60.9	154.7	60.6	153.9	59.5	151.1	59.0	149.9
10	男	64.5	163.8	65.4	166.1	65.5	166.4	65.2	165.6	64.8	164.6	63.7	161.8	64.1	162.8	62.0	157.5
	女	59.8	151.9	60.7	154.2	60.6	153.9	60.4	153.4	59.8	151.9	59.4	150.9	58.3	148.1	57.3	145.5
5	男	63.6	161.5	64.3	163.3	64.4	163.6	64.2	163.1	64.0	162.6	62.9	159.8	62.7	159.3	61.3	155.7
	女	59.0	149.9	60.0	152.4	59.7	151.6	59.6	151.4	59.1	150.1	58.4	148.3	57.5	146.1	55.3	140.5
1	男	61.7	156.7	62.6	159.0	62.6	159.0	62.3	158.2	62.3	158.2	61.2	155.4	60.8	154.4	57.7	146.6
	女	57.1	145.0	58.4	148.3	58.1	147.6	57.6	146.3	57.3	145.5	56.0	142.2	55.8	141.7	46.8	118.9

注：1. 测量时不穿鞋。

2. 凡量得的尺寸低于表中某一年龄组的某一百分点数值，则可以采用该百分点数值。

在设计时满足所有人的要求是不可能的，但必须满足大多数人，必须从中取用能够满足大多数人的尺寸数据作为依据，因此一般都是舍去两头，只涉及中间90%、95%或99%的大多数人，只排除少数人；应该排除多少取决于排除后的情况和经济效果。

2.4.2 百分位

由于人的人体尺寸有很大的变化，它不是某一确定的数值，而是分布于一定的范围内。如亚洲人的身高是151～188cm这个范围，而我们设计时只能用一个确定的数值，而且并不能像我们一般理解的那样用平均值，如何确定使用哪一数值呢？这就是百分位的方法要解决的问题。百分位的定义是这样的：

百分位表示具有某一人体尺寸和小于该尺寸的人占统计对象总人数的百分比。

大部分的人体测量数据是按百分位表达的，把研究对象分成100份，根据一些指定的人体尺寸项目（如身高），从最小到最大顺序排列，进行分段，每一段的截至点即为一个百分位。例如我们若以身高为例：第5百分位的尺寸表示有5%的人身高等于或小于这个尺寸。换句话说就是有95%的人身高高于这个尺寸。第95百分位则表示有95%的人等于或小于这个尺寸，5%的人具有更高的身高。第50百分位为中点，表示把一组数平分成两组，较大的50%和较小的50%。第50百分位的数值可以说接近平均值。图2-15中设了第5百分位和第95百分位，第5百分位表示身材较小的，有5%的人低于此尺寸；第95百分位表示高，即有5%的人高于此值。

采用百分点数据时，有两点要特别注意：

（1）人体测量的每一个百分点只表示某一项人体尺寸。

（2）绝对没有一个各种人体尺寸都同时处在一个百分点上的人。

2.4.3 平均值

选择数据时，如果以为第50百分位数据代表了"平均值"的人体尺寸，那就错了，这里不存在"平均值"，在某种意义上这是一种易于产生错觉的、含糊不清的概念。第50百分位只说明你所选择的某一项人体尺寸有50%的人适用。事实上几乎没有任何人真正够得上"平均意值"意义上的"平均人"，美国的Hertz-bexy博士在讨论关于"平均人"的时候指出："没有平均的男人和女人存在，或许只是个别一、两项上（如身高、体重或坐高）是平均值。"在对约四千个美国空军人员进行的调查中发现，两项尺寸是平均值的占7%，三项是平均值的占3%，四项是平均值少于2%（图2-16），因此"平均人"的概念有些像神话，是不存在的。有两点要特别注意：一是人体测量的每一个百分位数值，只表示某项人体尺寸，如身高50百分位只表示身高，并不表示

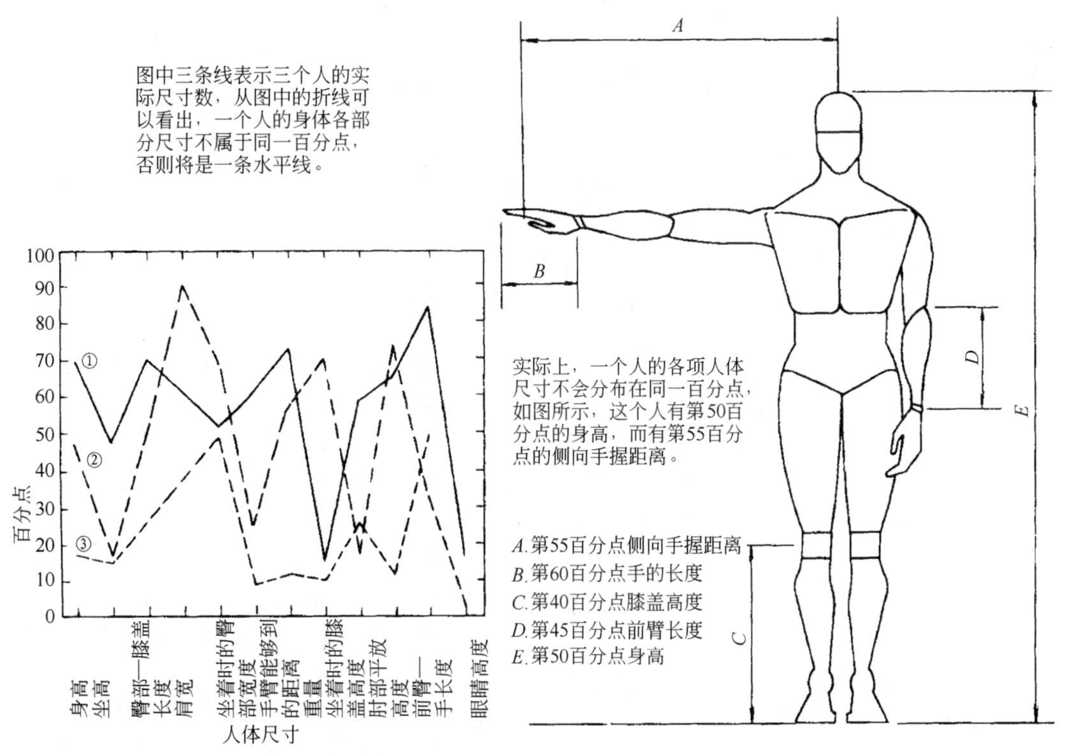

图2-16　有关平均人的研究数据

身体的其他部分。二是绝对没有一个各项人体尺寸同时处于同一百分位的人。

2.5 人体尺寸的应用

有了完善的人体尺寸数据，还只是达到了第一步，而学会正确的使用这些数据才能说真正达到了人体工程学的目的。在特定的设计问题中应用人体测量资料时，不可能按照现成的成套方法去做，因为所涉及的情况是不同的，并且为之设计的设施的人类型也是各异的。下列建议可作为一个普遍适用的方法：

（1）确定设计中的重要的人体尺寸（例如在汽车中坐的高度是座位到顶部的尺寸的基本因素）。

（2）决定使用这种设施的人口组成，此即确定需要考虑的尺寸范围（例如、儿童、家庭主妇、不同的年龄组、不同的人种等）。

（3）决定使用什么“原则”，例如按最大或最小的设计，按可调节的幅度设计，或是按“平均”设计。

（4）选择与之配合的人口的百分位数。

（5）确定与人口组成相适应的人体测量表，并摘出有关的数值。

（6）如果穿着特殊的服装，应增加相应的间隙。

尽管建筑与室内设计人员考证正负公差并不像工业产品设计那样要求十分复杂、精确，但衣服对人体尺度和室内空间的影响仍是一个重要的因素。多数的人体测量尺寸是裸体或穿着很薄的衣服测量出来的，因此必须给服装留出余量。这些会随着季节、特定环境、性别及流行式样的变化而变化。还要注意的是，有时特别笨重的服装也会减少人手伸到远处的距离和关节活动的范围。

下面是一些问题的说明：

2.5.1 数据的选择

人体测量资料可以在设计人们使用的装置和设施方面有广泛的用途。然而在使用这种资料时，设计者应选择与实际应用这种设施的人适当相似的样本资料。由于在具体设计中变化的因素很多，选择适应设计对象的数据是很重要的。要清楚使用者的年龄、性别、职业和民族，包括我们在前述差异一节中所讲到的各种问题，使得所设计的室内环境和设施适合使用对象的尺寸特征。在多数情况下，要得到具体的设计对象的人体尺寸数据是不可能的。应该借助人体测量学家为我们提供的大量数据资料进行设计分析。

2.5.2 尺寸的定义

由于人体测量还是一门较新的学科，经过专门训练的人不多，各国和地区的标准又不尽相同，所以很多的人体尺寸资料在文字和定义上相互是很难统一的，故使用中的一个重要问题是人体尺寸应有明确的定义。仅仅以人体尺寸的名称去理解是不够的。此外对测量方法的说明也很重要。下面的例子说明了测量数值的变化与人体尺寸的关系。

图 2-17 表示了“向前可及范围值”的变化与这一尺寸定义的关系。人的肩膀在肩胛骨是否紧贴墙面时，对于测量的结果的精确性和测量结果的应用起重要作用。测量方法上的差别，使成年男子的可及范围的变化幅度可达 10cm。这种差别在有些设计中会有重要的影响，如是否戴有安全带。

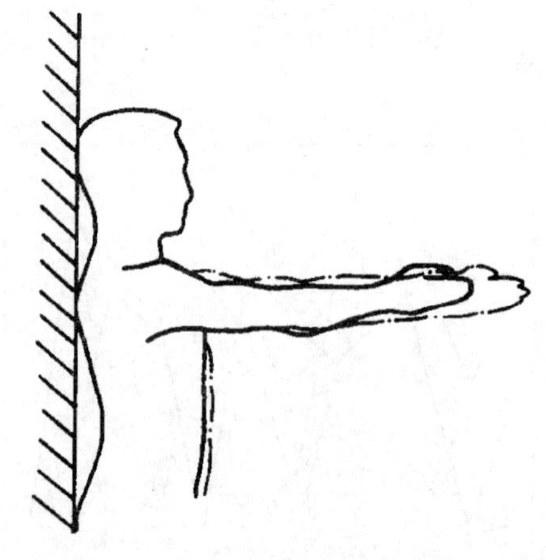

图 2-17 “上肢前伸长”测量值的变化与该尺寸定义的关系

图 2-18 为身体坐高测量值的变化与该尺寸定义的关系。这里起关键作用的是

坐的姿势对测量值有很大的影响。身体坐高的差别在成年男子可达 6cm 以上，根据不同使用目的，这两种测量值都有用。在设计中使用人体尺寸时要检查是用了哪一种测量方法，以选择正确的尺寸。

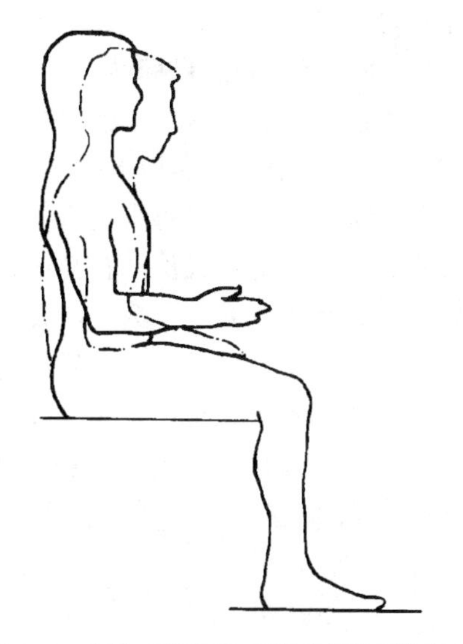

图 2-18 坐高（躯干高）测量数值的变化与该尺寸定义的关系

2.5.3 百分位的运用

在很多的数据表中只给出了第 5 百分位、第 50 百分位和第 95 百分位，因为这三个数据是人们经常见到和用到的尺寸，最常用的是第 5 和第 95 百分位，一般不用 50 百分位（接近于平均值）。经常采用第 5 和第 95 百分位的原因是它们概括了 90%的大多数人的人体尺寸范围，能适应大多数人的需要，我们在具体的设计中选择时有这样一个原则：**"够得着的距离，容得下的空间"**。在不涉及安全问题的情况下，使用百分位的建议如下：

（1）由人体总高度、宽度决定的物体，诸如门、通道、床等，其尺寸应以 95 百分位的数值为依据，能满足大个的需要，小个子自然没问题。

（2）由人体某一部分决定的物体、诸如臂长、腿长决定的座平面高度和手所能触及的范围等，其尺寸应以第 5 百分位为依据，小个子够得着，大个子自然没问题。

（3）特殊情况下，如果以第 5 百分位或第 95 百分位为限值会造成界限以外的人员使用时不仅不舒适，而且有损健康和造成危险时，尺寸界限应扩大至第 1 百分位和第 99 百分位，如紧急出口的直径应以 99 百分位为准，栏杆间距应以第 1 百分位为准。

（4）目的不在于确定界限，而在于决定最佳范围时，应以第 50 百分位为依据，这适用于门铃、插座和电灯开关。

有人可能产生疑问，为什么大多数情况下不用平均值？我们可以举例说明：例如，以第 50 百分位的身高尺寸来确定门的净高，这样设计的门会使 50%的人有碰头的危险。我们只能排除 0.1%的人，因为门的造价与门的高度关系不大。再比如：座位舒适的最重要的标准之一是使用者的脚要稳妥的踏在地板上，否则两腿会悬空挂着，大腿软组织会过分受压，双腿会因坐骨神经受压而导致麻木，假设小腿连脚的长度（包括鞋）的平均值是 46cm，若以此为依据，则设计出的椅子会有 50%的人脚踩不到地，妇女们的腿较短，使用它时会不合适。坐平面高度的尺寸不能使用平均值，而是要用较小的尺寸才合适——长腿的人坐矮椅子把腿伸出去就可以了。因此，平均值不是普遍适用的。在某些场合，由于某种原因不适用极值（最大和最小）的时候，可能会用到"平均值"，即第 50 百分位的尺寸数据，例如柜台的高度如果按 50 百分位的尺寸设计可能比按侏儒或巨人的尺寸设计更合适。

这里所举的例子只是表明，应注重各种人体尺度和特殊百分点的适用范围。而实际设计中应该考虑适合越多的人越好，如果一个搁板可以很容易地降低 2.5～5cm 而不影响设计的其他部分和造价的话，那么使之适用于 98%或 99%的人显然是正确的。

2.5.4 各项尺寸独立

实践中常发生以比例适中的人为基准的错误做法，身高一样的人，例如身高都是第 5 百分位的人，他们的坐高、坐深、伸手可及的范围也都相应的小，有人认为这是理所当然的，实际上是很少见的。图 2-13 为一个身体比例均匀的人与身体比例不均匀的人（一边的人腿特别长，另一边的人上身特别长）的比较图。实际上身高相等的一组人里身体坐高的差在10cm内。不同项目的人体尺寸相互之间的独立性很大，因此在设计时要分别考虑每个项目的尺寸。图2-19为身体比例均匀和不均匀的人在相同的工作位置上的情况。如果人的大腿较短，借助于附加的靠垫来减小坐深，从而使坐位造型对人的最佳适宜性失去了意义。由此可得出结论，对于大腿短的人必须使用坐位造型符合短腿人的尺寸。若受条件限制，也可以使用表面完全平的座位，它可解决坐位平面深度不合适的问题。

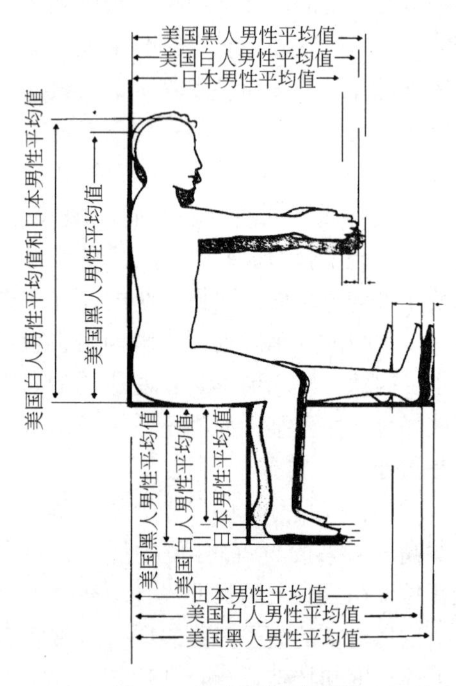

图2-19　人种间的身体差异

2.5.5　可调节性

在某些情况下，我们选择可以调节的做法，可以扩大使用的范围，并可使大部分人的使用更合理和理想。例如可升降的椅子和可调节的隔板。但是怎样确定调节的幅度呢，有两种不同的观点，一种是以尽可能极端的百分数的值作为依据：1～99百分位，尽量适用于更多的人；以使未被照顾到并因而不便的人尽可能地少。另一种是不用极值，以10～90百分位为幅度，因为这样的设计技术上简便，使用起来对大多数人合适，我们在回头看人体尺寸正态分布图，可以看出90%的人都在第5～95百分位这个范围之内，也就是这个范围满足了大多数人的要求。为了达到普遍性而花很多的钱、使少数人收益是不合适的。

2.5.6　尺寸的衡量标准

前面我们讲了人体尺寸运用的一个原则："够得着的距离，容得下的空间。"但这仅仅是满足了最基本的功能需要，也就是满足了最低限度的需要。而要达到舒适则是另一个标准。举一个例子：火车卧铺按照功能性的尺寸设置70cm宽肯定是合理的，但睡起来肯定没有五星级饭店中的120～150cm宽的大床舒服。这个例子告诉我们舒适的程度也是一个不同尺寸选择的标准。

另外，还有安全的尺度，各种场合由于考虑的安全问题不同、安全等级不同、也会对涉及安全的空间环境及设施尺度提出不同的要求（图2-20）。

2.5.7　残疾人

在各个国家里，残疾人都占一定比例，全世界的残疾人约占到总人口的1/10。因此是一个相当重要的社会群体，需要设计师引起重视。当然这1/10是包括了所有的残疾类型，对尺寸敏感的主要是与行动能力有关的残疾人，如肢体残疾。

（1）乘轮椅患者

因为患者的类型不同，有四肢瘫痪或部分肢体瘫痪，程度不一样，肌肉机能障碍程度和由于乘轮椅对四肢的活动带来的影响等种种因素。设计中又要全面考虑这些因素，重要的是决定适当的手臂能够得到的距离，各种间距及其他一些尺寸，这要将人和轮椅一并考虑，因此对轮椅本身应有一些解剖知识。应提出的是大多数乘轮椅的人活动时不能保持身体挺直，相应地，人体各部分也不是水平或垂直的。因此不能想当然的按能够保持正常姿态的普通人的坐姿来设想尺寸（图2-21～图2-23）。

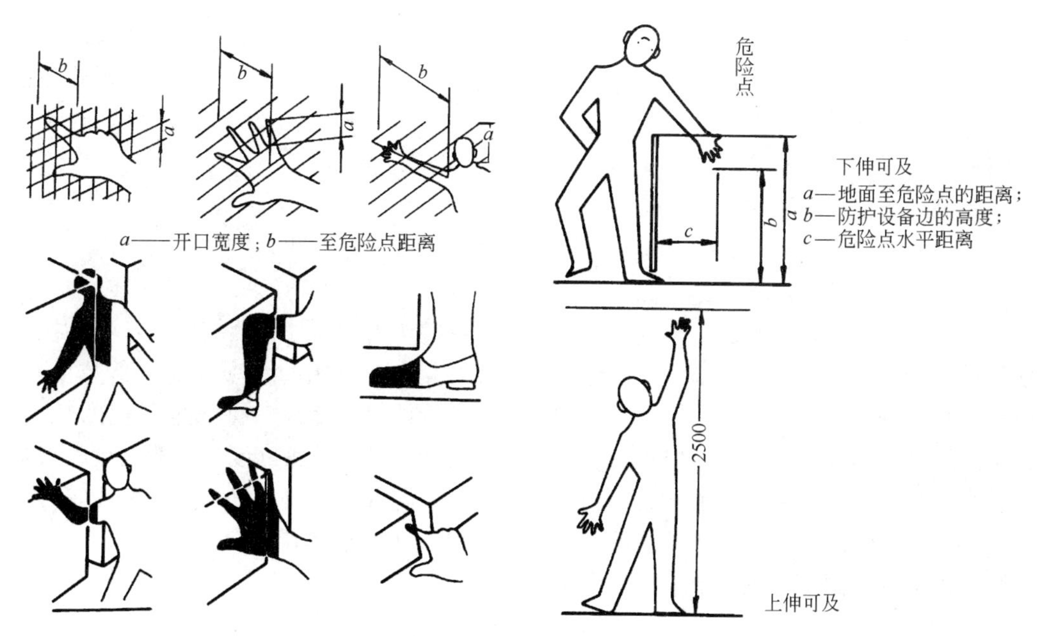

图 2-20　护栏与拦阻相关的安全尺度

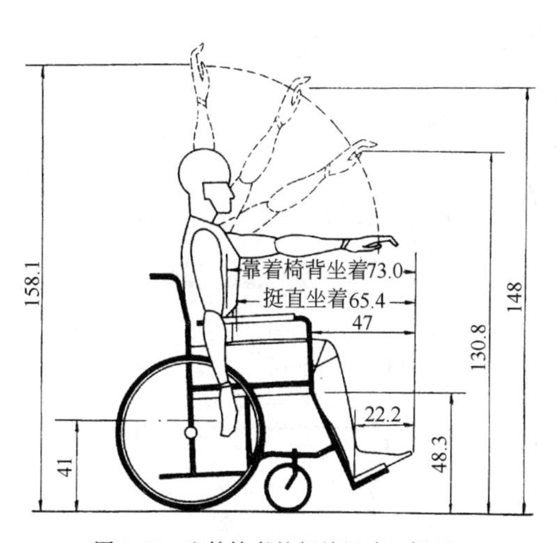

图 2-21　坐轮椅者的相关尺寸（侧面）

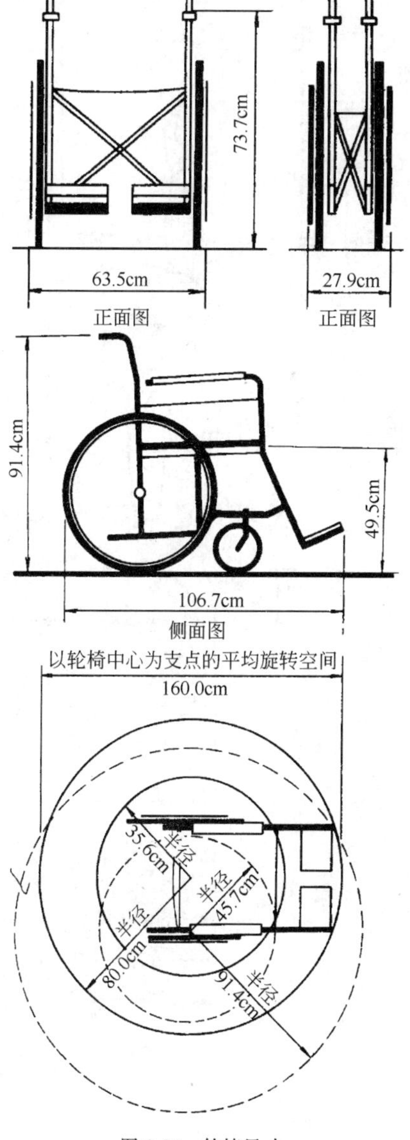

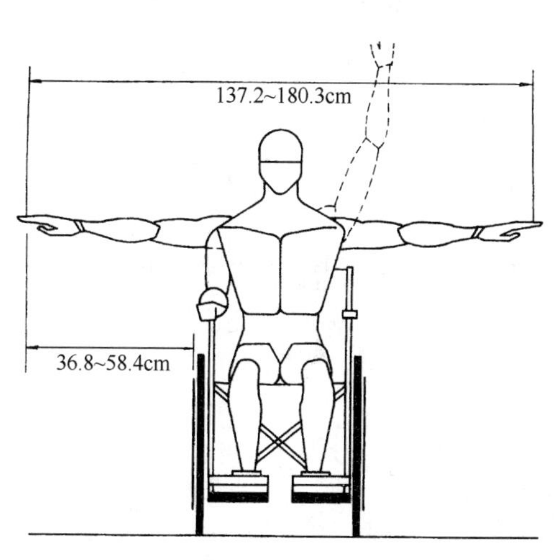

图 2-22　坐轮椅者的相关尺寸（正面）

图 2-23　轮椅尺寸

（2）能走动的残疾人

对于能走动的残疾人，必须考虑他们是使用拐杖、手杖、助步车、支架还是甚至用狗帮助行走，这些东西是这些病人功能需要的一部分。所以为了做好设计，除应知道一些人体测量数据之外，还应把这些工具当作一个整体来考虑。

关于残疾人的设计问题，有一专门的学科进行研究，称为无障碍设计。已经形成相当系统的体系。另外、有关行为障碍设施的设计仅仅定位于残疾人的观念也是不够全面的。实际上在现实社会中，很多的人如老年人，只是由于身体功能的退化使行为能力受到限制，也需要借助于无障碍设施。而且由于社会老龄化的发展，这类问题也会渐渐成为社会问题，因此在很多的环境设施中都要考虑行为障碍者的问题。

2.6 常用人体尺寸

常用人体尺寸包括结构尺寸和功能尺寸，其中最有用的十项人体构造数据是：身高、体重、坐高、臀部至膝盖的长度、臀部的宽度、膝盖高度、膝弯高度、大腿厚度、臀部至膝弯长度、肘间宽度等。在室内设计中最常用的 23 个人体尺寸，详见图 2-24。

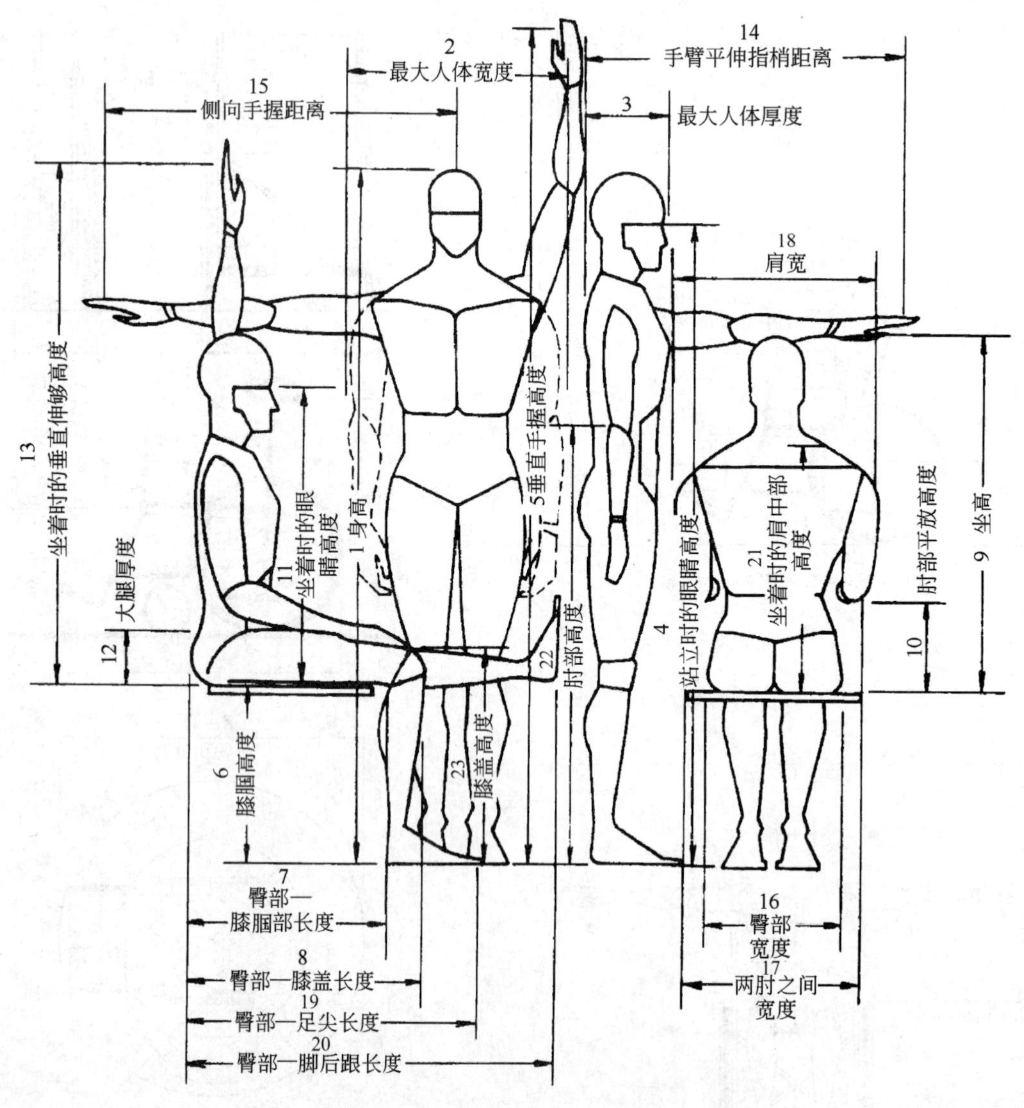

图 2-24 室内设计者常用的人体测量尺寸

本章小结

经验法则、标准和其他一些省事省时的设计方法是容易被接受的。在某些情况下是完全可以的。然而当涉及诸如人体与周围环境之间的关系这些人为因素时，考虑到各种人体尺度和众多可能存在的相互关联的情况，完全依靠这些资料又是行不通的、不恰当的。经验法则的用途在于使你理解概念、步骤和原理，而不是简单地利用它们的结果。它只能是设计的范例与参考，使设计人员在做初步设计时对如何使室内环境更适合人体的需要有一个初步的概念。

本章关键概念：

人体测量学、人体尺寸、构造尺寸、功能尺寸、人体尺寸的差异、百分位，人体尺寸应用的方法。

第3章　人体活动与室内环境

从建筑室内人类活动的角度来看，人体的运动器官与室内空间的关系很密切。人的身体有一定的尺度，活动能力有一定的限度，无论是采取何种姿态进行活动，皆有一定的距离和方式，因而与活动有关的空间设计必须考虑人的体形特征、动作特性和体能极限等因素。

在室内空间中，那些与人们具体的活动有关的空间位置我们称之为作业环境，如学习时的学习环境、会客时的会客环境、休息时的休息环境等。而室内空间是由许多的不同功能的作业环境组成。影响作业环境空间大小、形状的因素相当多，但是，最主要的因素还是人体的活动范围、动作特性和体能极限以及与其相关的家具设备的组成。因此，在确定室内空间范围时，必须搞清人的特定行为活动需要多大的活动范围，有哪些相关的家具设备以及这些家具和设备需要占用多少空间。人体活动空间与室内空间的关系的特点：

（1）由于建筑的空间高度一般是固定的，室内设计在考虑人体活动空间时更多地考虑平面的空间尺寸。

（2）设计机械可以只考虑人体的尺寸和活动空间，而建筑与室内设计所考虑的不仅仅是这些。

人体活动空间与室内空间的关系见图3-1。A空间是人体活动空间，是由人体活动的生理因素决定的，也称生理空间。它包括①人体空间；②家具空间；③人和物之活动空间。B空间是空余的空间，是由人的心理因素决定的，也称心理空间。

A空间与B空间之和即为完整的室内空间。

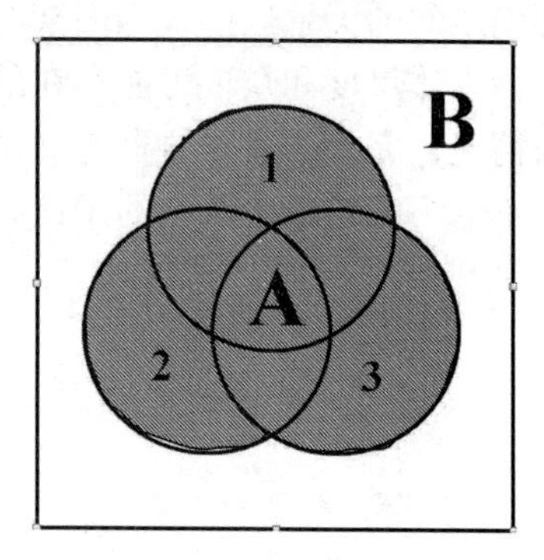

图3-1　室内空间的构成

3.1　人体活动与动作空间

前一章所述的人体尺寸，无论是结构尺寸或功能尺寸皆是相对静止的尺寸。人们在实际的生活中常常是处于活动的状态，因此，在布置人的作业环境时需要了解人体活动与动作空间。人的动作空间主要分为两类：一是人的肢体活动，即肢体的活动范围；二是人体动作空间，是指在同一个功能环境中人体动作的总和。

3.1.1　人体活动

人体的活动空间大体上考虑的因素包括基本姿态、手足活动、姿态的变换和人体的移动。还有与活动相关的物体。

（1）基本姿态

人体活动时有不同的姿态，归纳的基本姿态有4种：立位、坐位、跪位和卧位（图3-2、图3-3）。当人采取某种姿态时即占用一定的空间，通过对基本姿态的研究，我们可以了解人在一定的姿态时手足活动所占用的空间的大小。每个姿态对应一个尺寸群（图3-4、图3-5）。

图 3-2　人体的典型姿态（一）

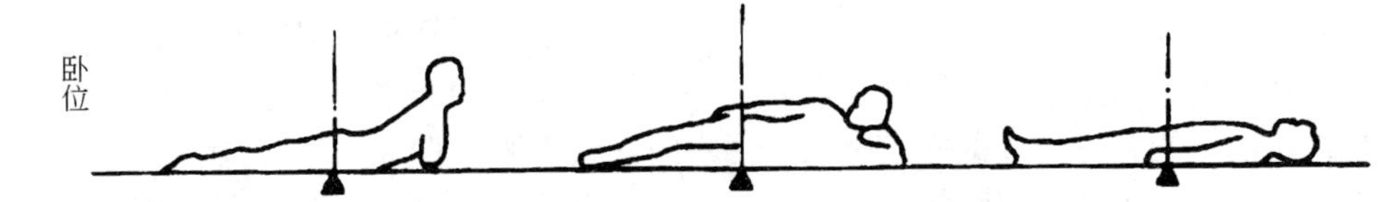

图 3-3　人体的典型姿态（二）

（2）姿态变换

姿态的变换集中于正立姿势与其他的可能姿态之间的变换，姿态的变换所占用的空间并不一定等于变换前的姿态和变换后的姿态占用空间的重叠，因为人体在进行姿态的改变时，由于力的平衡问题，会有其他的肢体伴随运动。因而占用的空间可能大于前述的空间的重叠（图 3-6～图 3-8）。

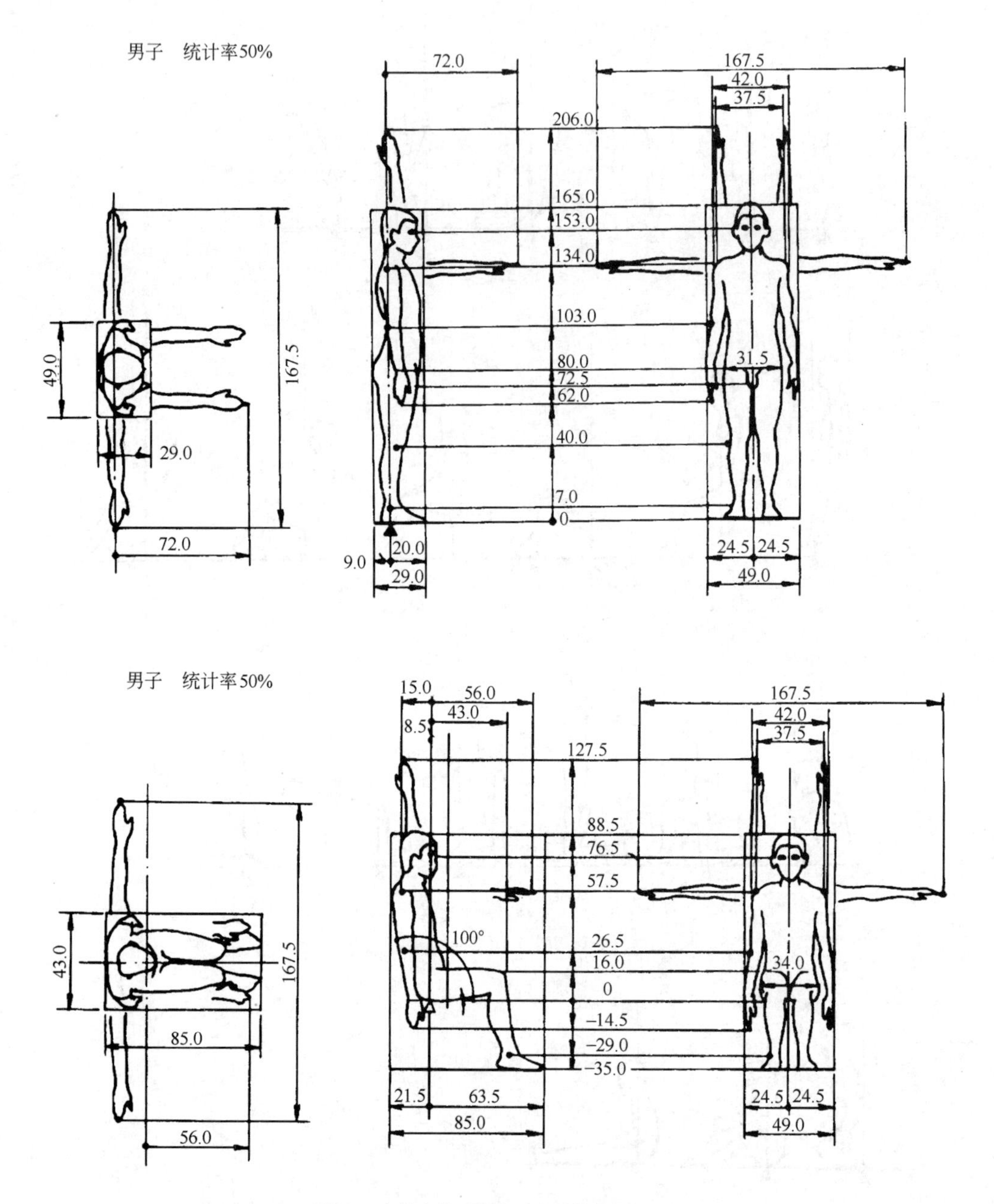

图 3-4　人体在典型姿态下占用的空间（一）

（3）人体移动

人体移动占用的空间不应仅仅考虑人体本身占用的空间，还应考虑连续运动过程中由于运动所必需的肢体摆动或身体回旋余地所需的空间（图 3-9）。

（4）手足的活动

手足的活动是人体日常行为的主要部分，其活动的空间范围也称肢体活动范围。肢体活动范围的研究是有关人体动作空间的最基础的研究。他涉及人体结构的基本尺寸和关节的活动角度问题。

关节活动角度在解决某些问题上有用，如视野、踏板行程、扳杆的角度等（图 3-10、图 3-11）。但很多情况下，人的活动并非单一关节的运动，而是协调的多个关节的联合运动。所以单一的角度是不能解决所有的问题的。有关关节动作的研究、测量和评价是一门复杂的尖端的科学。对于两个或多个关节及肌肉的相互影响的研究仍然处于初级阶段。

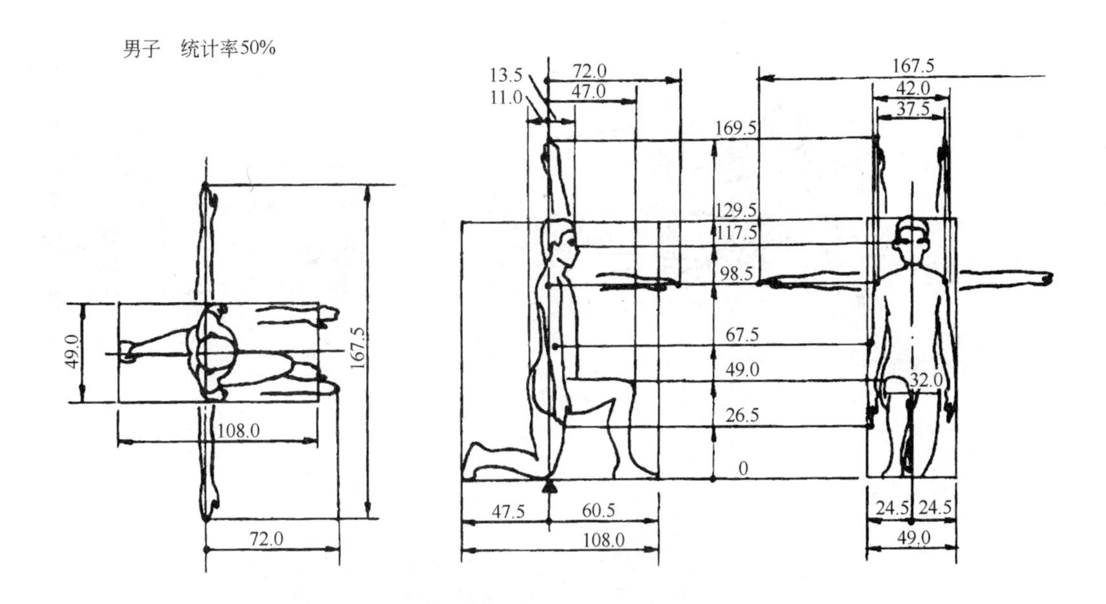

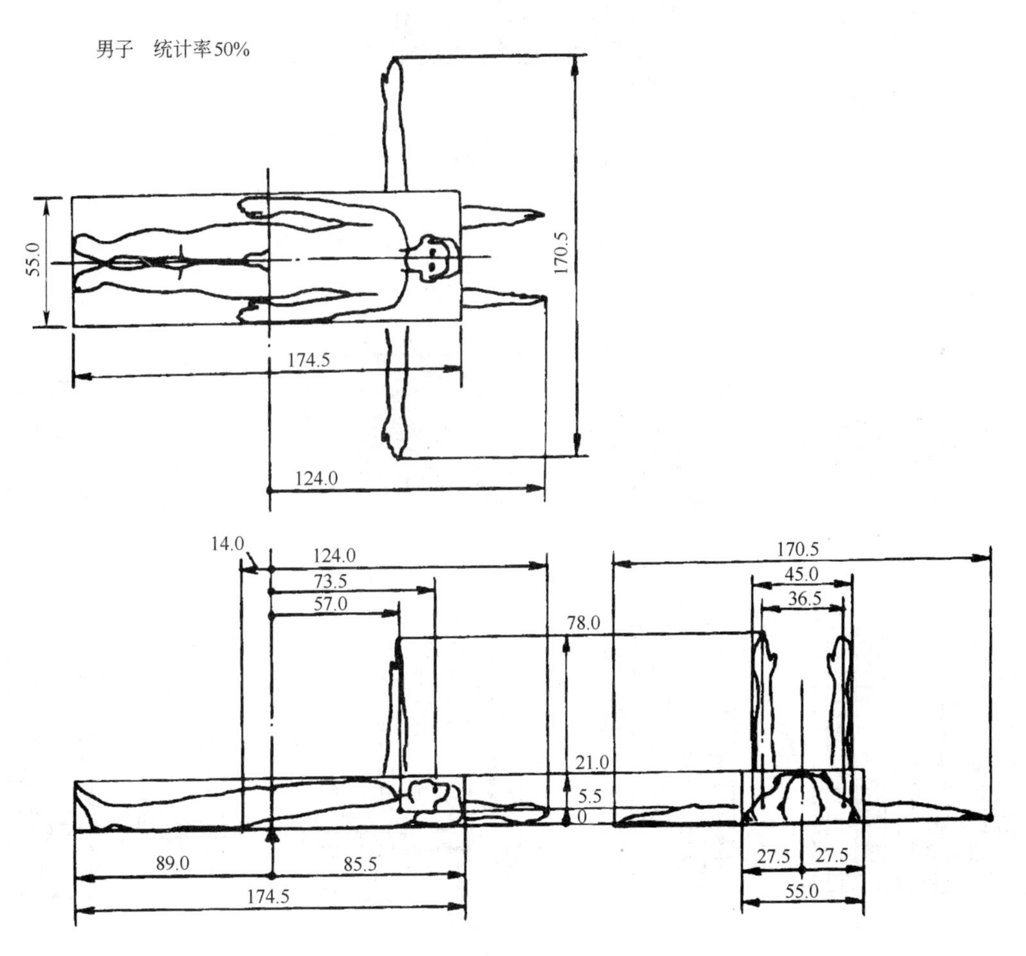

图 3-5　人体在典型姿态下占用的空间（二）

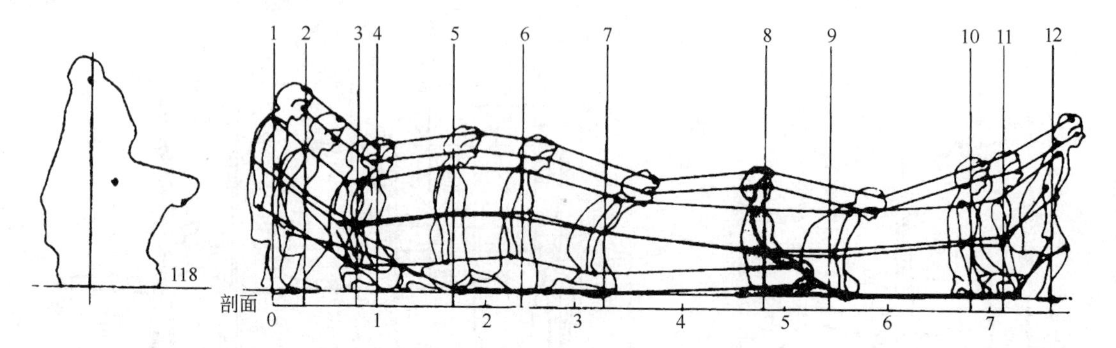

从正坐到站立起为止的动作

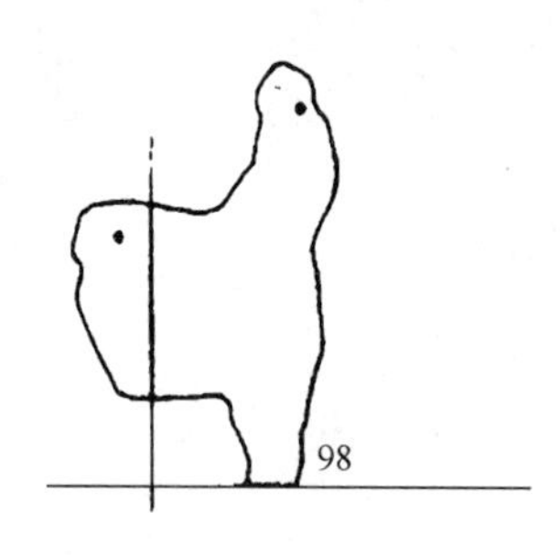

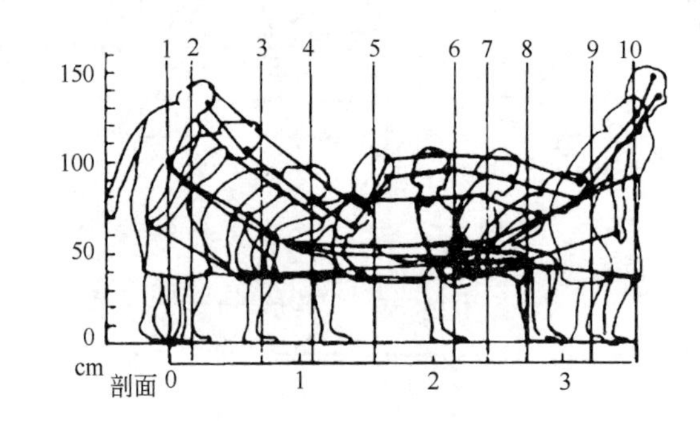

从休息椅子上站立起来的动作

图 3-6　姿态的变换

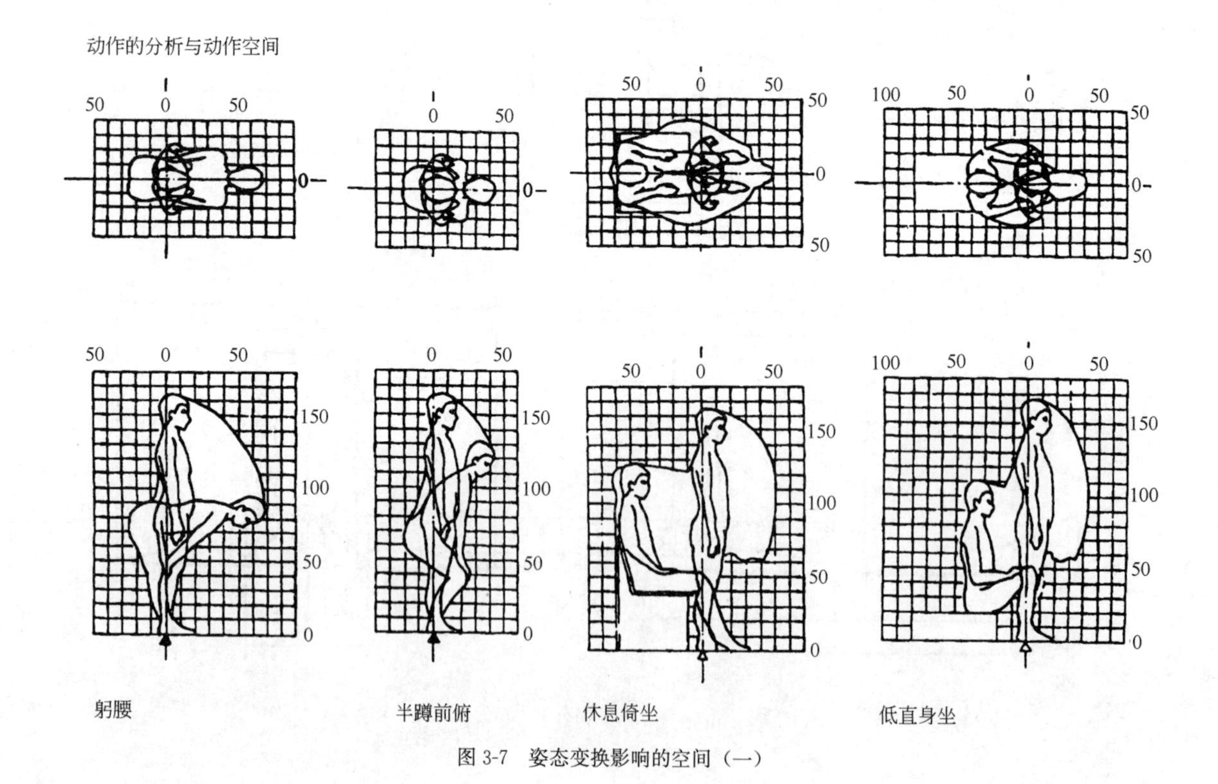

图 3-7　姿态变换影响的空间（一）

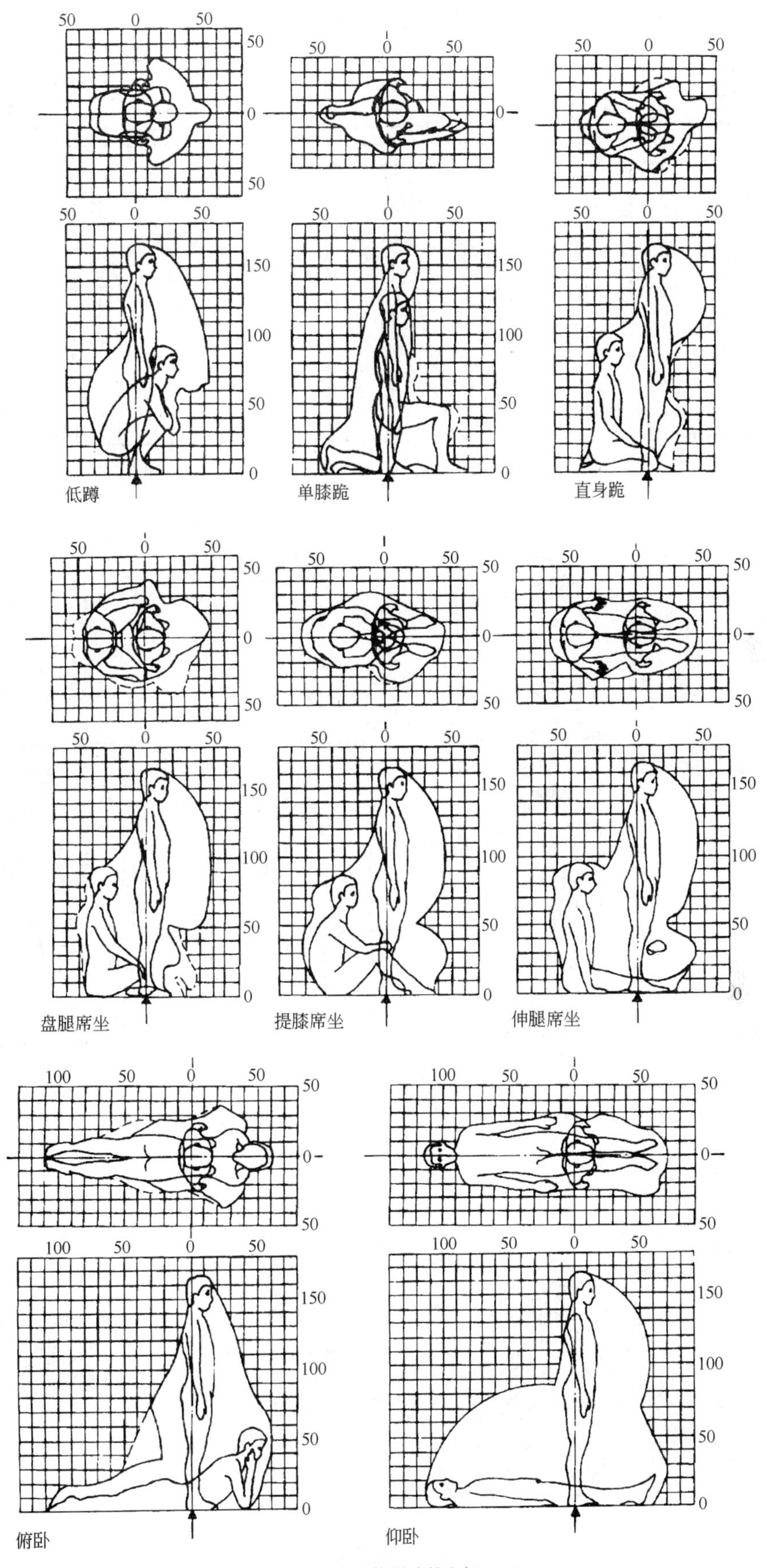

图 3-8　姿态变换影响的空间（二）

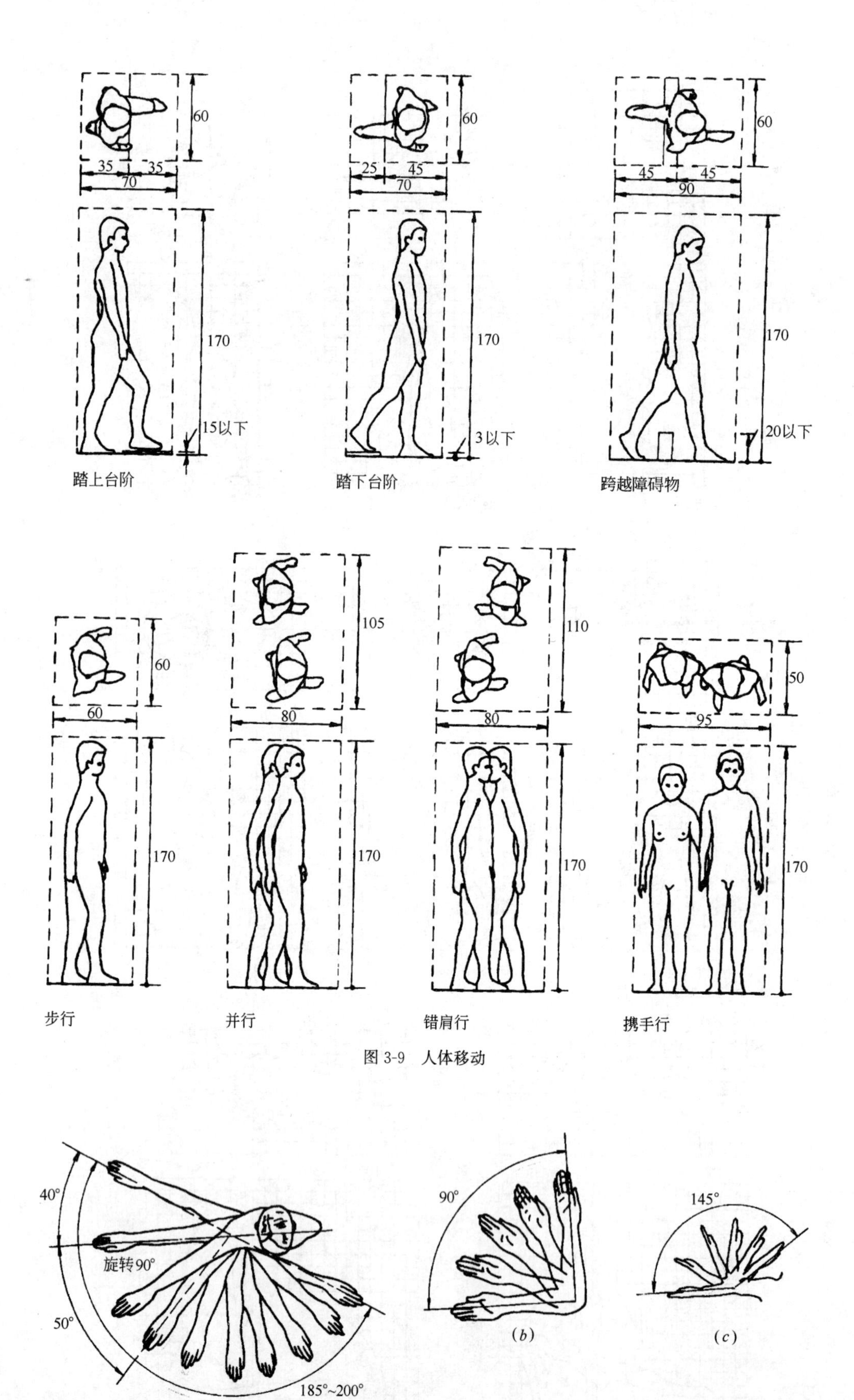

图 3-9　人体移动

图 3-10　肢体活动角度（一）

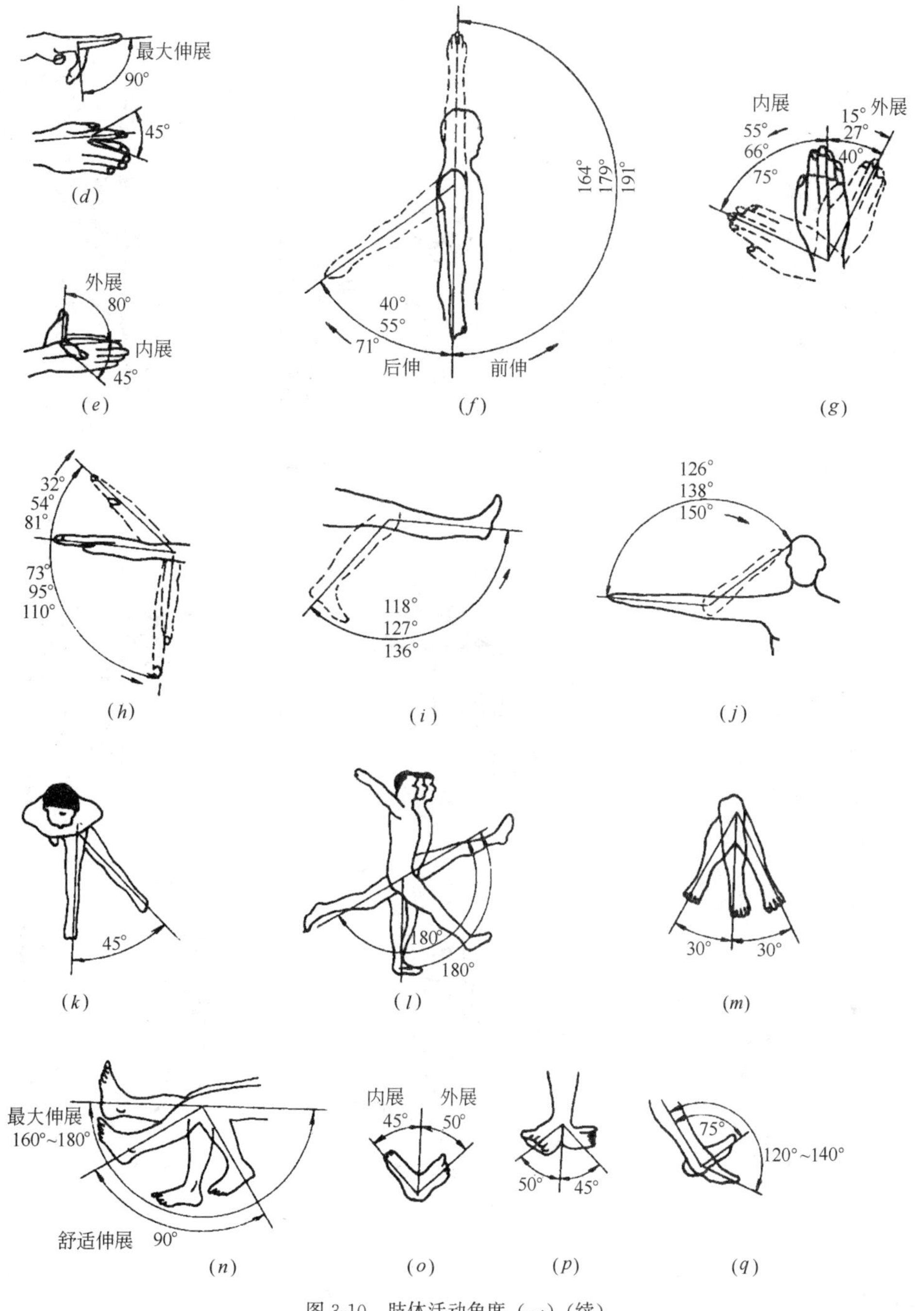

图 3-10　肢体活动角度（一）（续）

人的肢体围绕关节转动而划出的范围，称“肢体活动范围”（图 3-12、图 3-13），也就是肢体活动所占用的空间范围。它由肢体活动角度和长度构成，在实际情况下因为人的姿态不同可以千变万化。肢体的活动范围实际上它也就是人在某种姿态下肢体所能触及的空间范围。由于应用场景的限定，我们不会对所有的情况都进行研究，一般只考虑比较常见的情况。人在工作中有各种姿态，他们的动作空间不同。人在工作台、机器前操作时最经常使用的是上肢，此时的动作在某一限定范围内均呈弧形，而形成动作范围一定的领域（图 3-14）。

人们工作时由于姿态不同，其肢体活动范围也不同。把人们经常采取的姿态归纳起来基本上是四种：站、坐、跪和躺。从下面的图例中可以看出常见的各种姿态的肢体活动范围（图 3-15、图 3-16）。

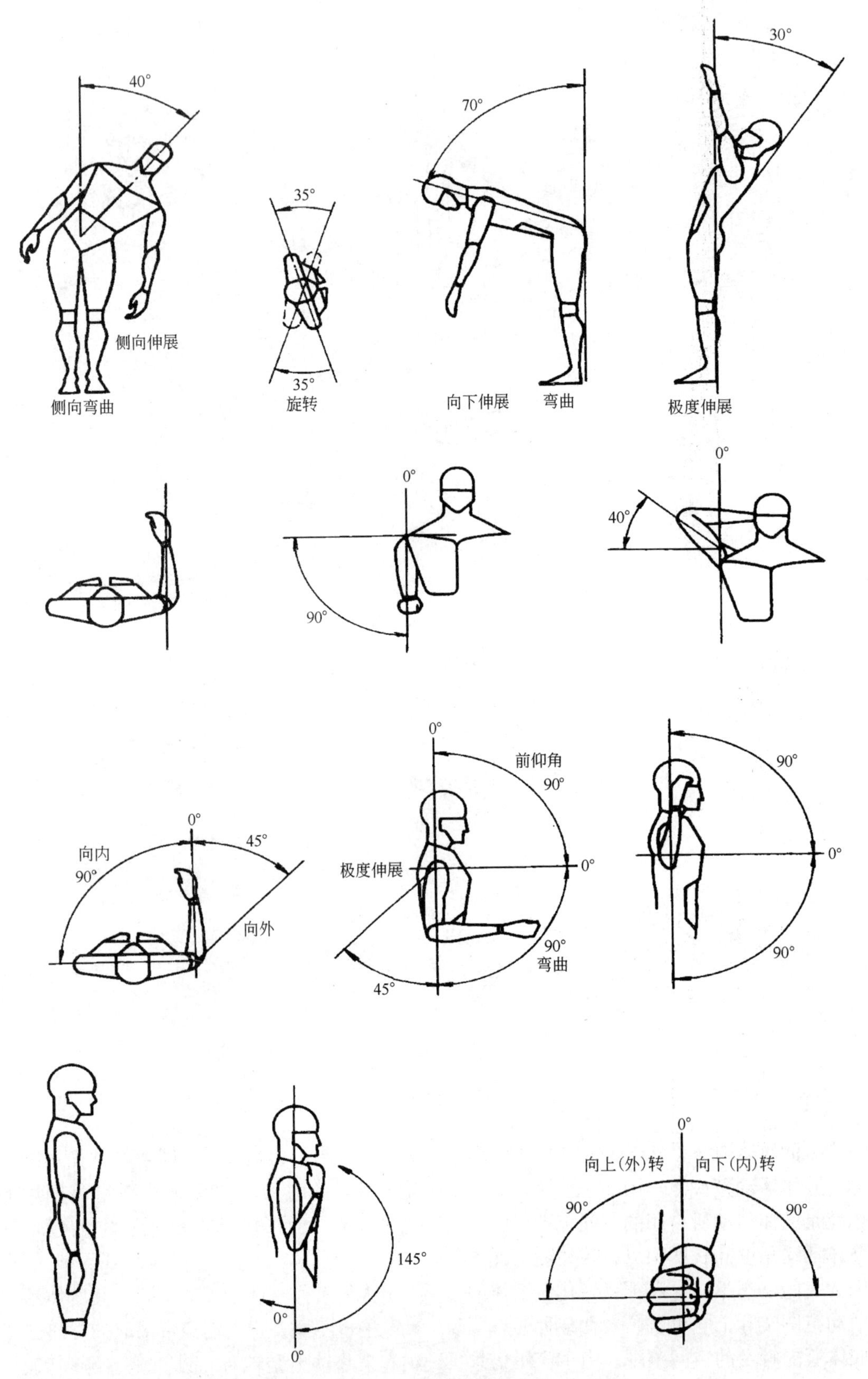

图 3-11 肢体活动角度（二）

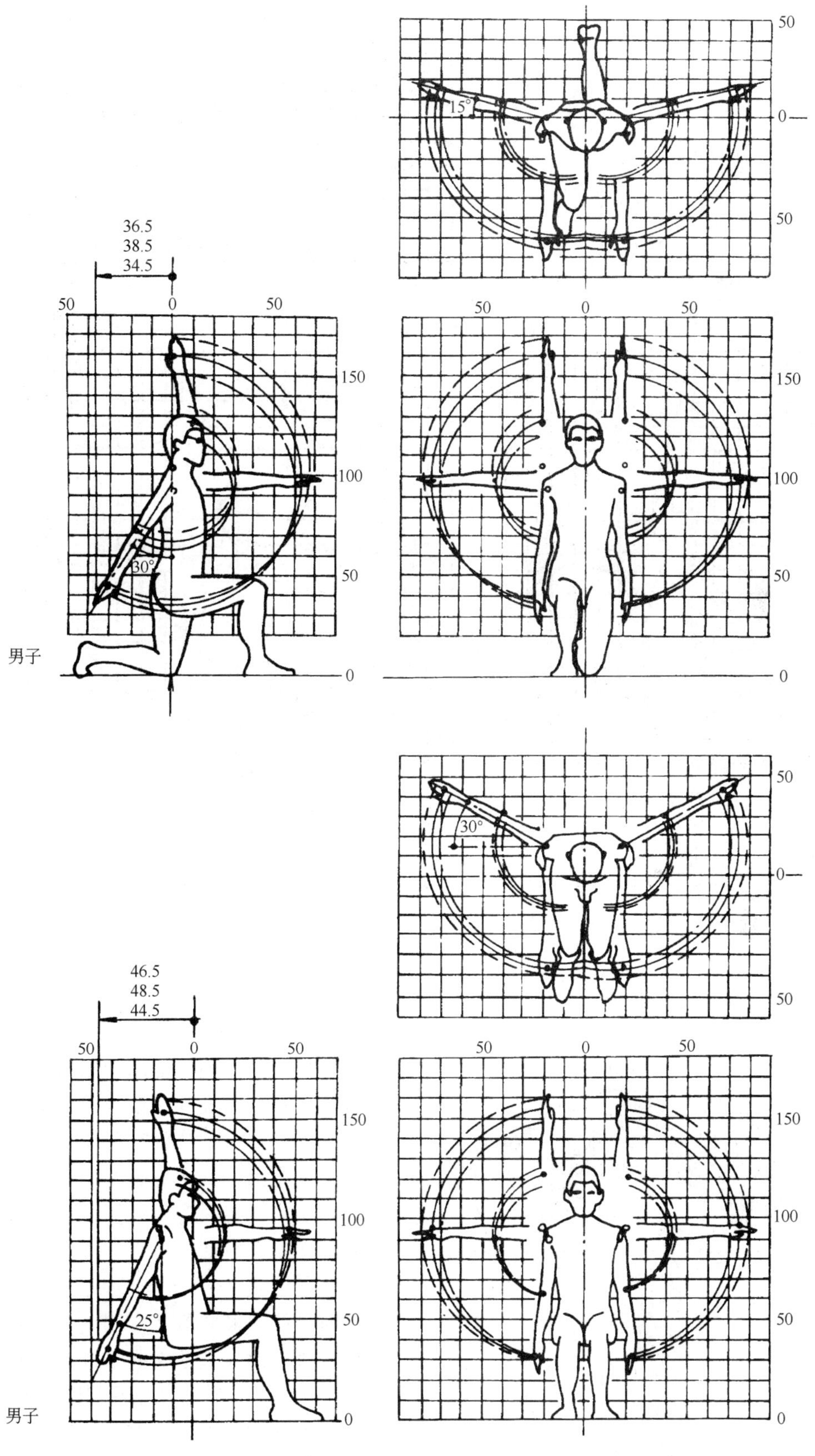

图 3-12　手臂活动范围（一）

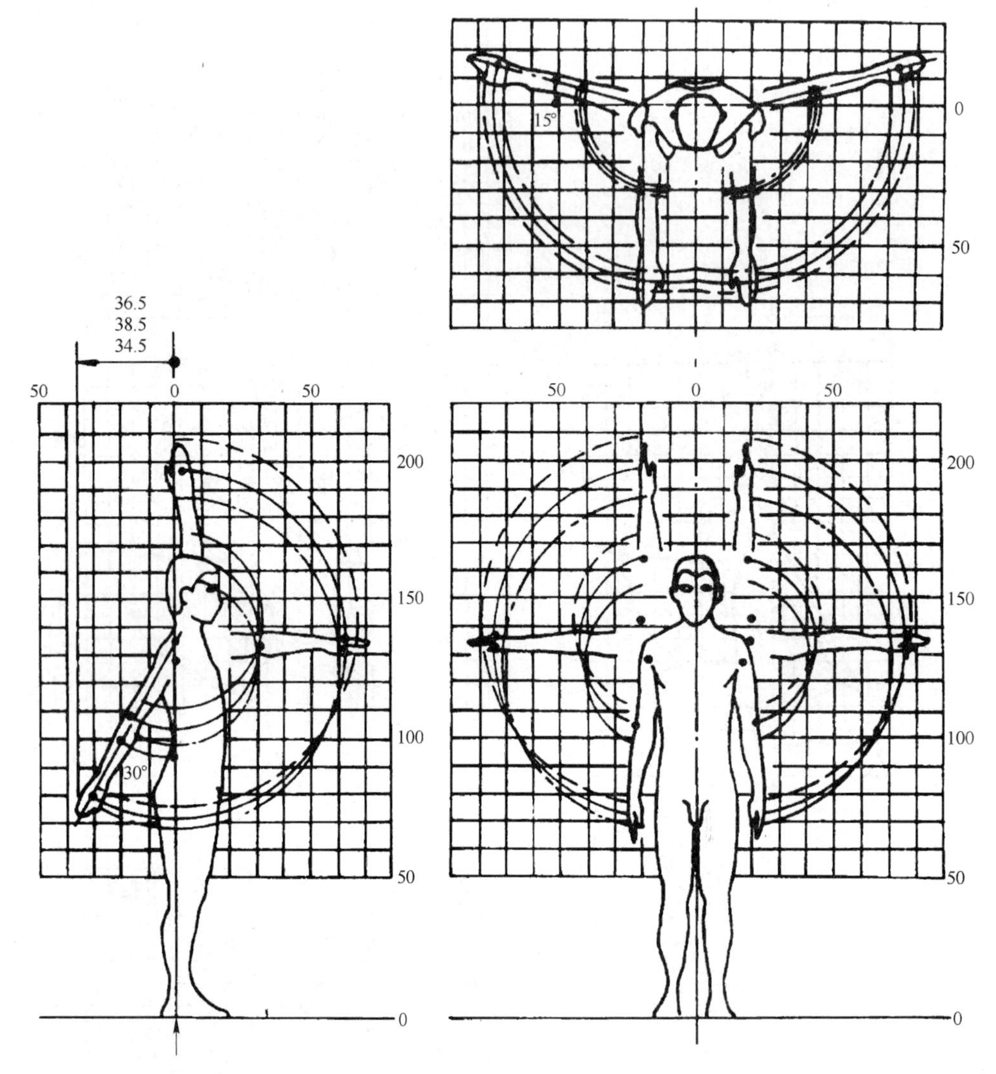

图 3-13　手臂活动范围（二）

图 3-14　手臂活动在三度空间中的范围

3.1.2　作业域

因为“肢体活动范围”也常常被用来解决人们在工作各种作业环境中的工作位置的空间问题，所以称为“作业域”。在日常工作和生活中，无论是在厨房还是在办公室，手脚会在一定的空间范围内做各种活动，而形成包括左右水平面和上下垂直面的动作区域，叫作“作业域”（图 3-17）。作业域包括“水平作业域”“垂直作业域”。这个区域的边界是站立或坐姿时手脚所能达到的范围。手脚的作业域若设计不合理，不仅会引起躯体的弯曲扭动，还会降低人的操作精度。这个范围的尺寸一般用比较小的尺寸，以满足多数人的需要。

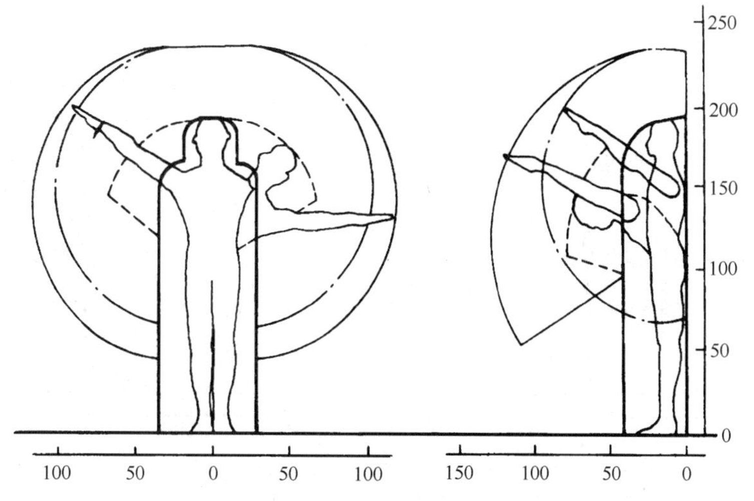

立姿活动空间，包括上身及手臂的可及范围(男子，第95百分位)。

—— 稍息站立时的身体范围，为保持身体姿势所必须的平衡活动已考虑在内

—— 上身一起动时手臂的活动空间

- - - - - 头部不动，上身自髋关节起前弯、侧弯时的活动空间

—·—·— 上身不动时，手臂的活动空间

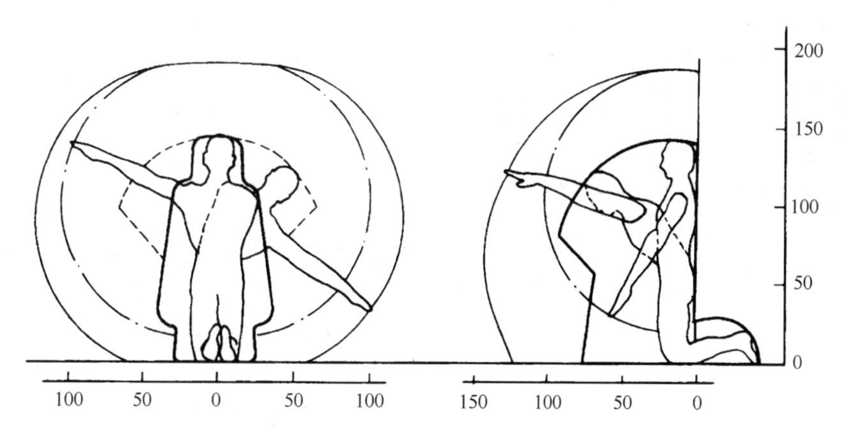

单腿跪姿活动空间，包括上身及手臂活动的范围(男子，第95百分位)。

—— 上身挺直头前倾的身体范围，为稳定身体姿势所必须的平衡动作已考虑在内

—— 上身自髋关节起向前或侧仰时，手臂自肩关节起向前或向两侧的活动空间

- - - - - 上身从髋关节起侧弯

—·—·— 上身不动，自肩关节起手臂向前、向两侧的活动空间

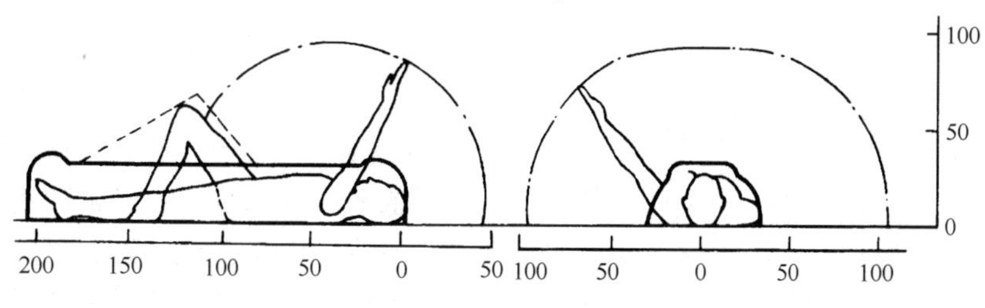

仰卧姿势的活动空间，包括手臂和腿的活动范围。

—— 背朝下仰卧时的身体范围；—·—·— 自肩关节起手臂伸直的活动空间；---- 腿自膝关节弯起的活动空间

图 3-15　典型姿态下手臂的动作空间（一）

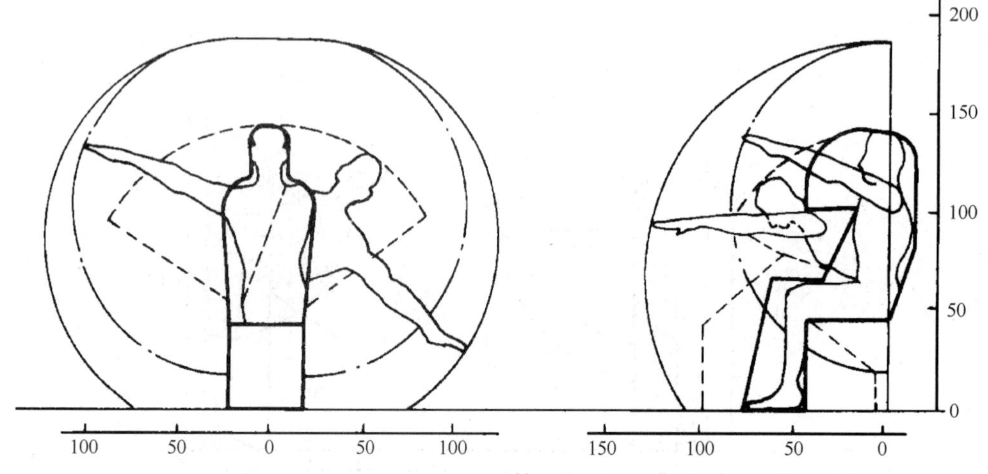

图 3-16　典型姿态下手臂的动作空间（二）

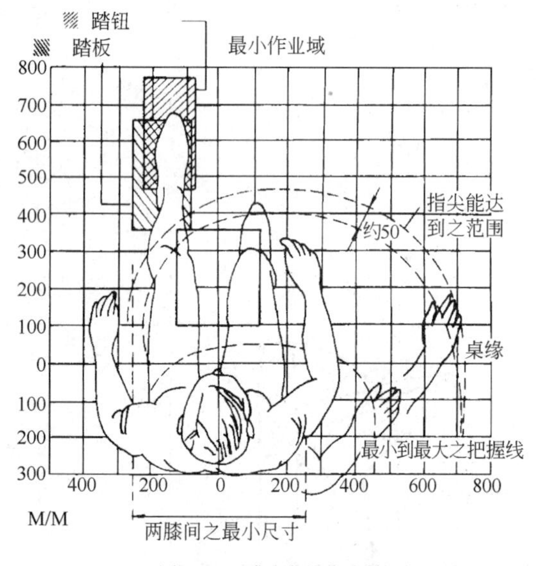

图 3-17　手、脚的作业域

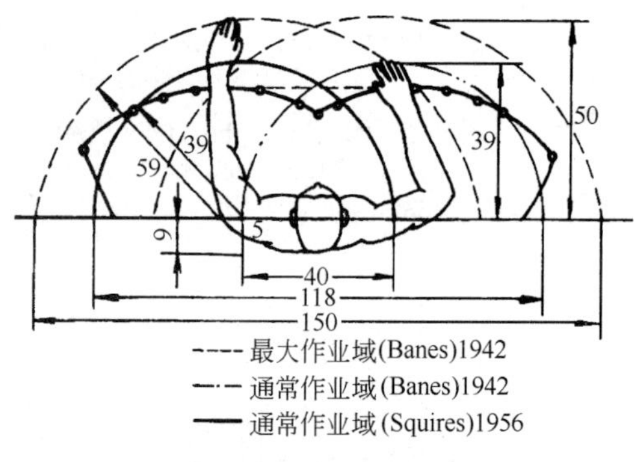

图 3-18　双手的水平作业域

肩高：立姿：男：130cm；女：120cm。

坐姿：男：54cm；女：49cm。

臂长：男：65cm；女：58cm。

（1）水平作业域

水平作业域是人于台面前，在台面上左右运动手臂而形成的轨迹范围。手尽量外伸所形成的区域为最大作业域。而手臂自然放松运动所形成的区域为通常作业域。如写字板、键盘等手活动频繁的活动区应安排在此区域内（图 3-18）。从属于这些活动的器物则应安排在最大作业域内。由图 3-18 可以看出，以通常的手臂活动范围，桌子的宽度有 40cm 就够了，由于需要摆放各种用具，所以实际的桌子要大得多。但水平作业域对于确定台面上的各种设备和物品的摆放位置还是很有用的。如收款台、计算机工作台、绘图桌等。

（2）垂直作业域

指手臂伸直，以肩关节为轴作上下运动所形成的范围（图 3-19）。对决定人在某一姿态时手臂触及的垂直范围有用，如搁板、挂件、门拉手等，带书架的桌子也常用到上述物体的高度。设计直臂抓握的作业区时，应以身材较小的人为依据，即以第 5 百分位的尺寸为准。在垂直作业域中摸高是一个重要的数据。摸高是指手举起时达到的高度（表 3-1），身高与摸高的关系见图 3-20。垂直作业域与摸高是设计柜子、框架、扶手和各种控制装置的主要依据，人经常使用的部分应该设计在这个范围内。除此之外，用手拿东西和操作时通常需要眼睛的引导，因此隔板的高度一般不得超过男 150～160cm，女 140～150cm。由视线所考虑的还有抽屉的高度。

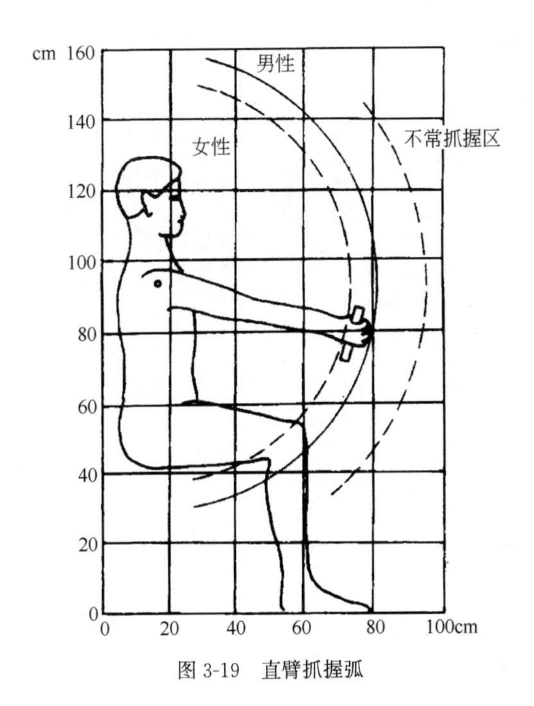

图 3-19　直臂抓握弧

男女性的最大摸高　　表 3-1

	百分位（%）	指尖高（cm）	直臂抓摸（cm）
男性：			
高大身材	95	228	216
平均身材	50	213	201
矮小身材	5	198	186
女性：			
高大身材	95	213	201
平均身材	50	200	188
矮小身材	5	180	174

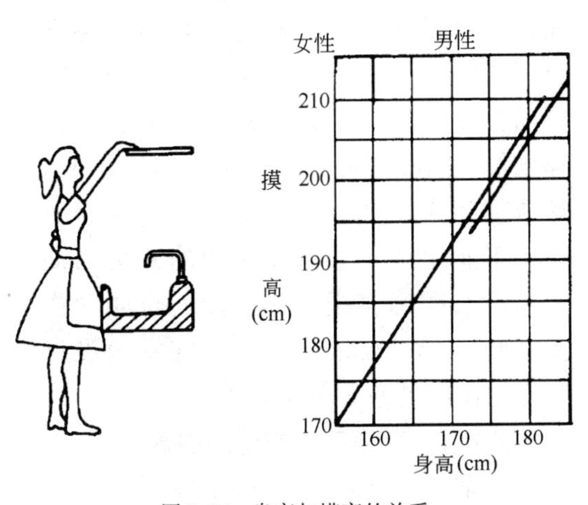

图 3-20　身高与摸高的关系

拉手的位置在垂直作业域中是一个特别的问题，在垂直作业域中，人要取东西伸手就能拿到是最方便的。这样可能会被认为是懒惰，但和效率联系起来就能了解其合理的意义。人要想一伸手而毫不费力地抓到的东西之一就是拉手，拉手位置与身高有关，开门的人老少皆有。身高相差悬殊，往往找不到唯一适合的位置。在欧洲，有的门上装两个拉手，以供成人和儿童使用。有研究者用磁铁做实验，让受试者随机摆放拉手的位置（图 3-21），结果为 90～100cm。因此一般办公室用 100cm，一般家庭用 80～90cm 比较合适，幼儿园还要低一些。

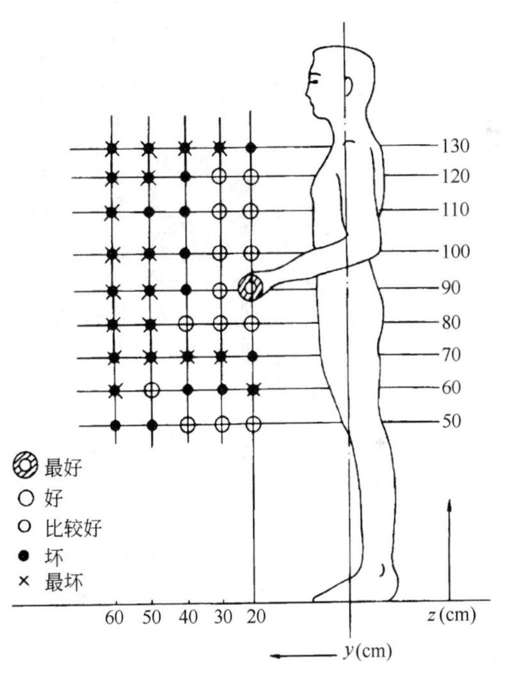

图 3-21　拉手的位置

虽然作业域的研究是工业工程的一个手法，但对于室内设计人员来说也相当重要。因为在很多日常生活中，若不将作业域的概念列入设计中，同样会导致产生使用效率和使用舒适程度的问题。图 3-22、图 3-23 是一些涉及作业域的实例。尽管我们可以通过对人体结构的研究找出作业域的一般规律，但由于在实际的生活和工作中有很多的因素会干扰人的活动，所以影响作业域的因素有很多。在使用作业域

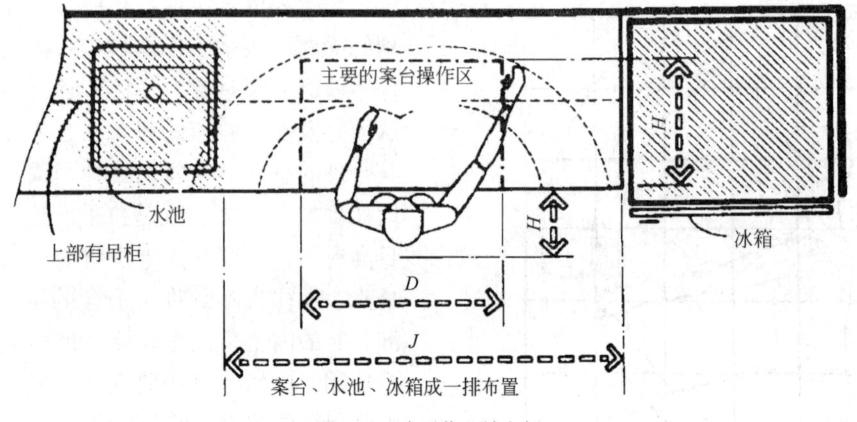

图 3-22　水平作业域实例

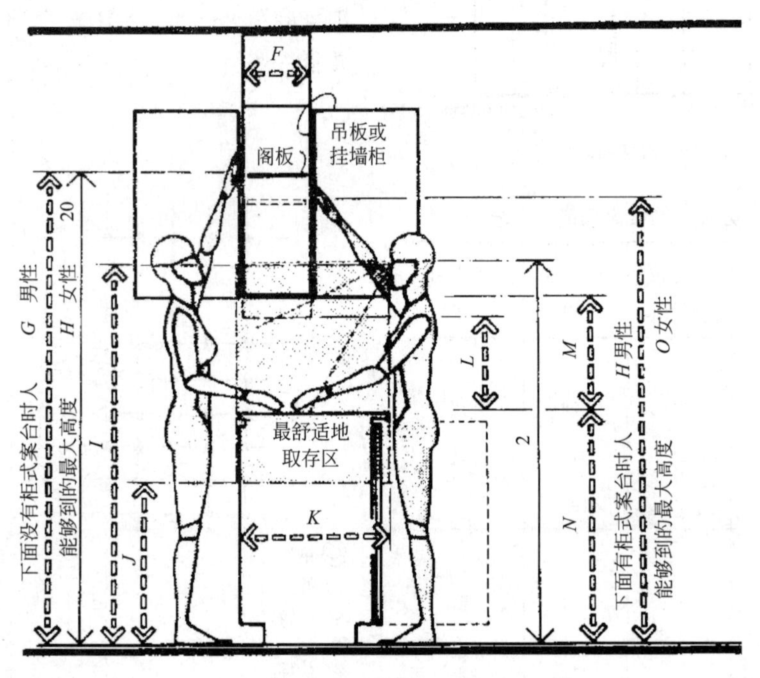

图 3-23　垂直作业域实例

的概念时一定要注意干扰因素的影响，下列是一些常见的干扰因素：

1）在活动空间内是否有工作用具。

2）是否需保持一定的活动行程。

3）手的操纵方式是持着载荷还是移动载荷。

4）考虑到视觉辅助，并非任何地方都是触及目标的最佳位置。

3.1.3　动作空间

而由作业域扩展到人—机系统的全体所需要的最小空间即为动作空间。一般来说，作业域是包括在动作空间中的。作业域是二维的，动作空间是三维的。在现实生活中人们并非总是保持一种姿势不变，并且人体本身也随着活动的需要而移动位置。这种姿势的变换和人体移动所占用的空间即构成了动作空间。动作空间大于作业域。动作空间的研究对于工业生产、军事设施中的人员活动的功能空间确实很有用。因此也叫“作业空间”（Working space）。在室内设计中它的作用更是显而易见的。

3.1.4　影响动作空间的因素

动作空间受到下列因素的影响：

（1）动作的方式：是静止的还是动态的、持续的还是间隔的，是否需要一定的活动行程。

（2）动作的时间：由于持续时间的不同，可能带来的体力的变化，会使人在姿态上产生变化；在各种姿态下能持续的时间也会不同。

（3）过程和用具：额外的附加设备会占用空间。

（4）服装和装备：服装会随时间、地点、季节等很多因素变化，而服装的余量会有很大的不同。

（5）民族习惯：如日本、朝鲜和阿拉伯民族都是席地而居，无论是空间的尺度和形态都与一般情况不同。在设计这类的空间时对于人体动作空间必须重新进行研究。

（6）人与物的关系：人体在进行各种活动中，很多的情况下是与一定的物体发生联系的，这些物体大致可分三类：

1）用具：持于身前、身后、体侧，托于身上，可挥舞的等；

2）家具：移动家具，支撑人体家具，贮藏家具；

3）建筑构件：门、通道阶梯、栏杆等。

人与物体相互作用产生的动作空间范围可能大于或小于人与物各自空间之和。所以人与物占用的空间的大小要视其活动方式及相互的影响方式决定。例如，人在使用家具和设备时，由于使用过程中的操作动作，或家具与设备部件的移动都会产生额外的空间需求（图 3-24、图 3-25）。另外。有些产品由于使用方式的原因，必须在一定的空间位置来使用，如视听、音响设备等。这些因素都会产生额外的空间需求（图 3-26～图 3-28）。

（7）人体测量中对很多的记测值都设置了不同的分级，一般分为轻松值、正常值、极限值。分别对应于各种姿态下肢体的伸展和肌肉的紧张程度。这是因为这些程度差异会对人体疲劳的产生程度有很大影响，一般会根据活动持续的时间或频率选择不同的值。

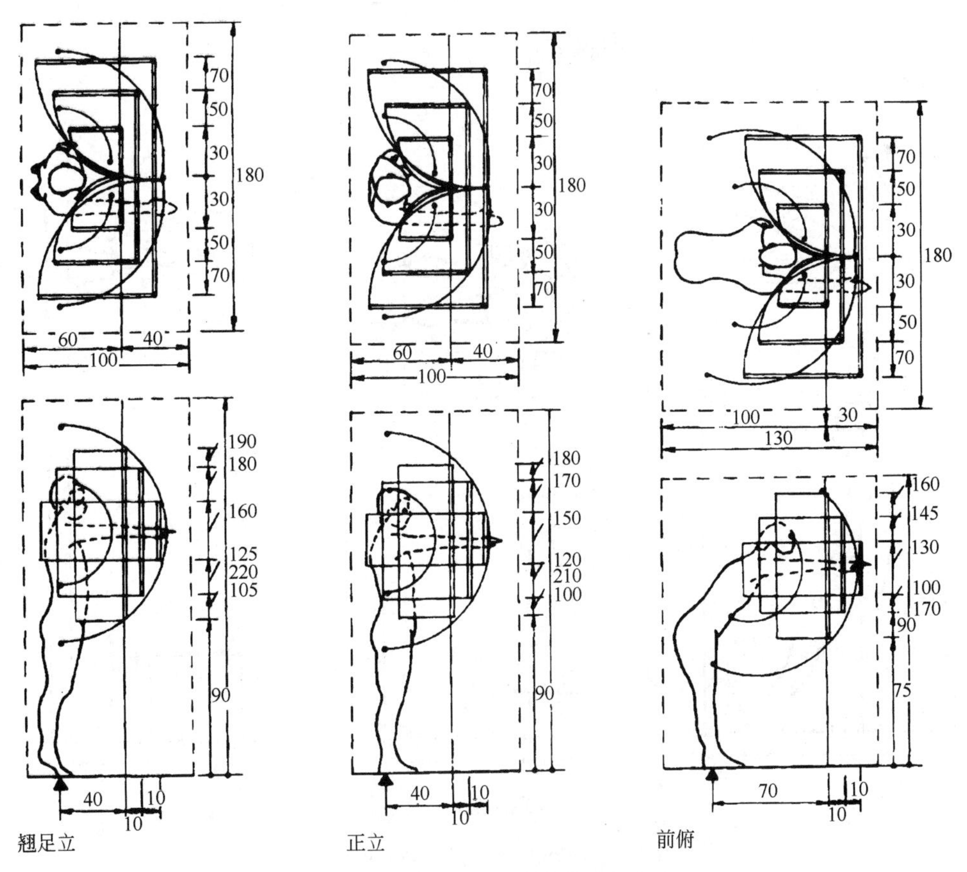

图 3-24　因家具而 产生的姿态变化（一）

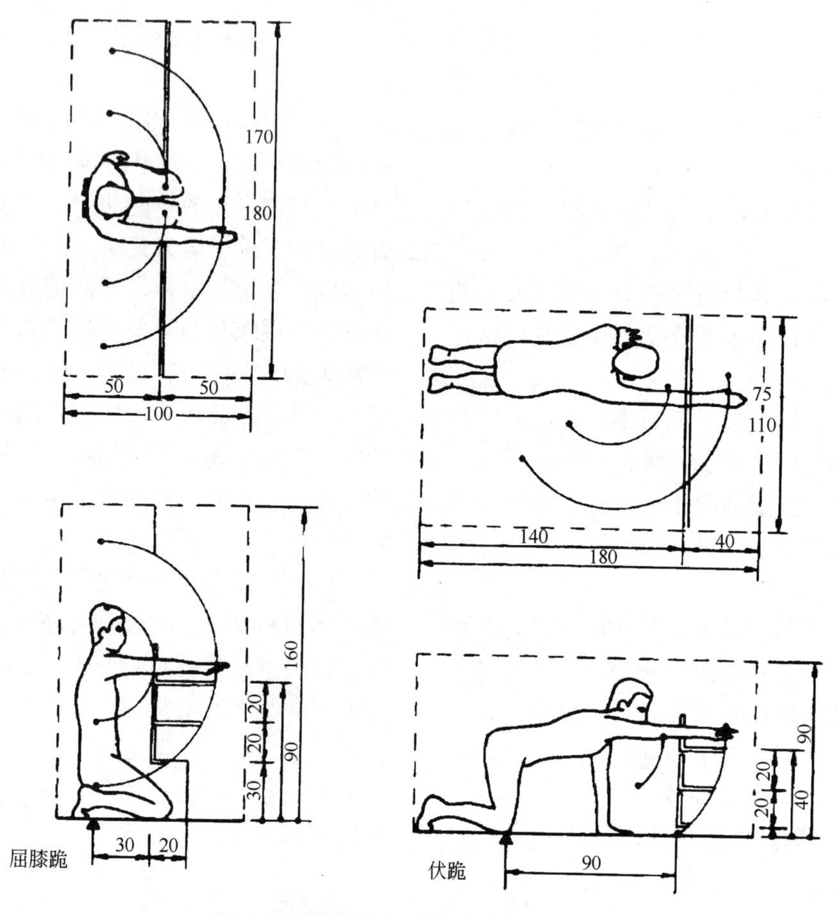

图 3-24　因家具而 产生的姿态变化（一）（续）

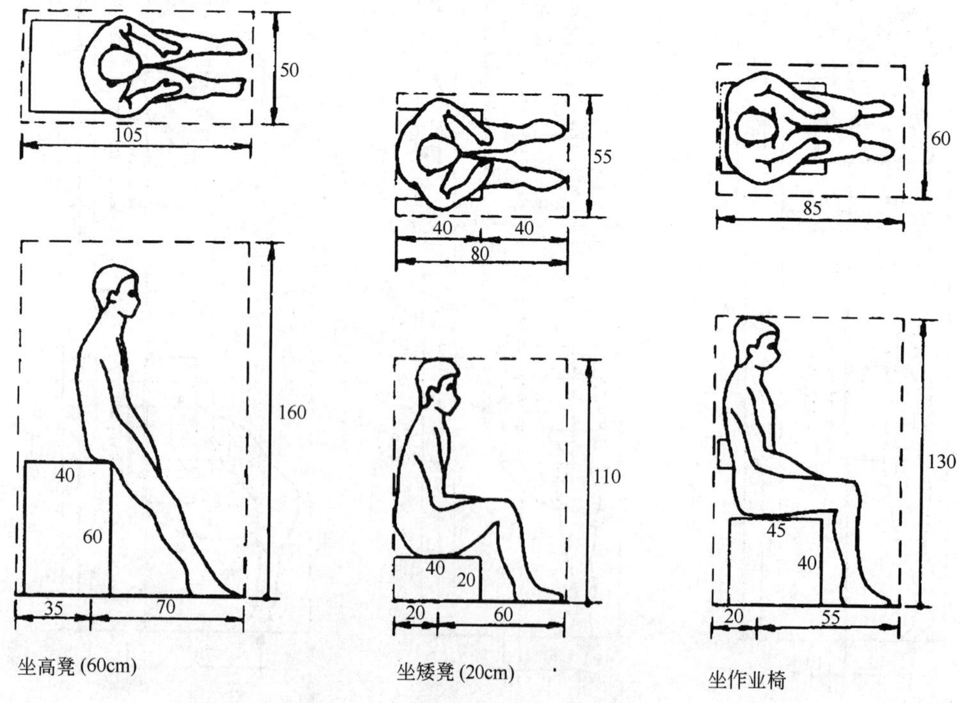

图 3-25　因家具而产生的姿态变化（二）

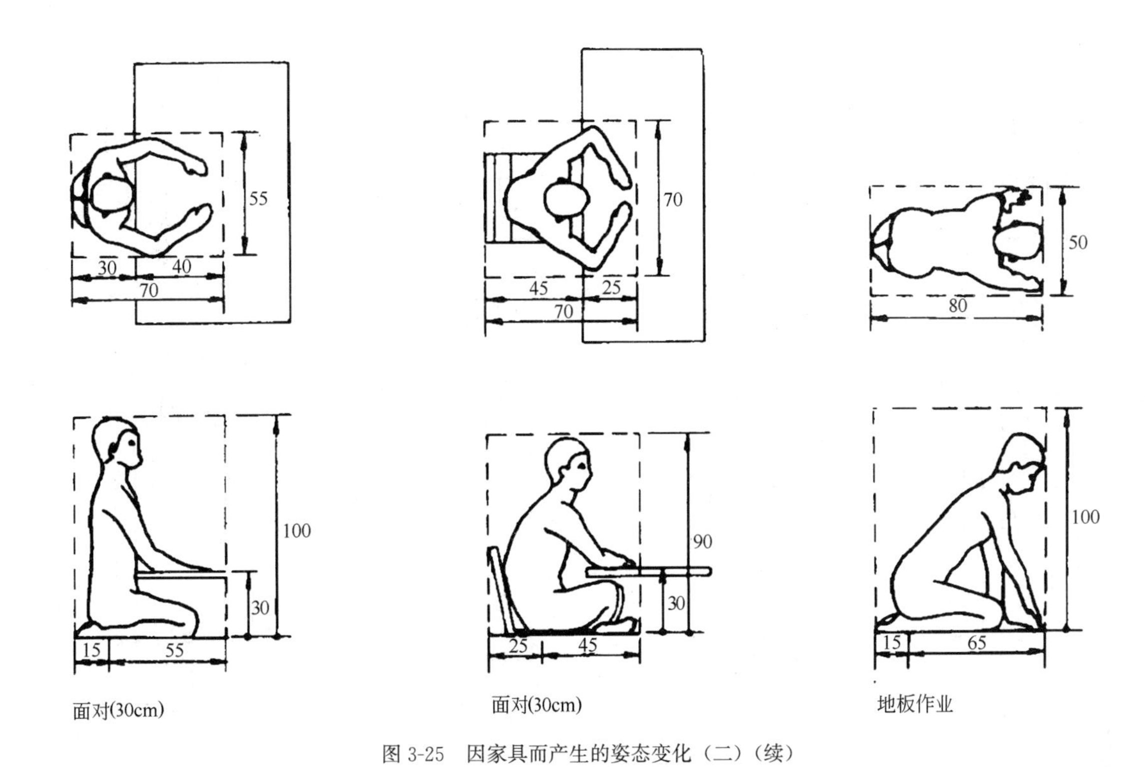

图 3-25　因家具而产生的姿态变化（二）（续）

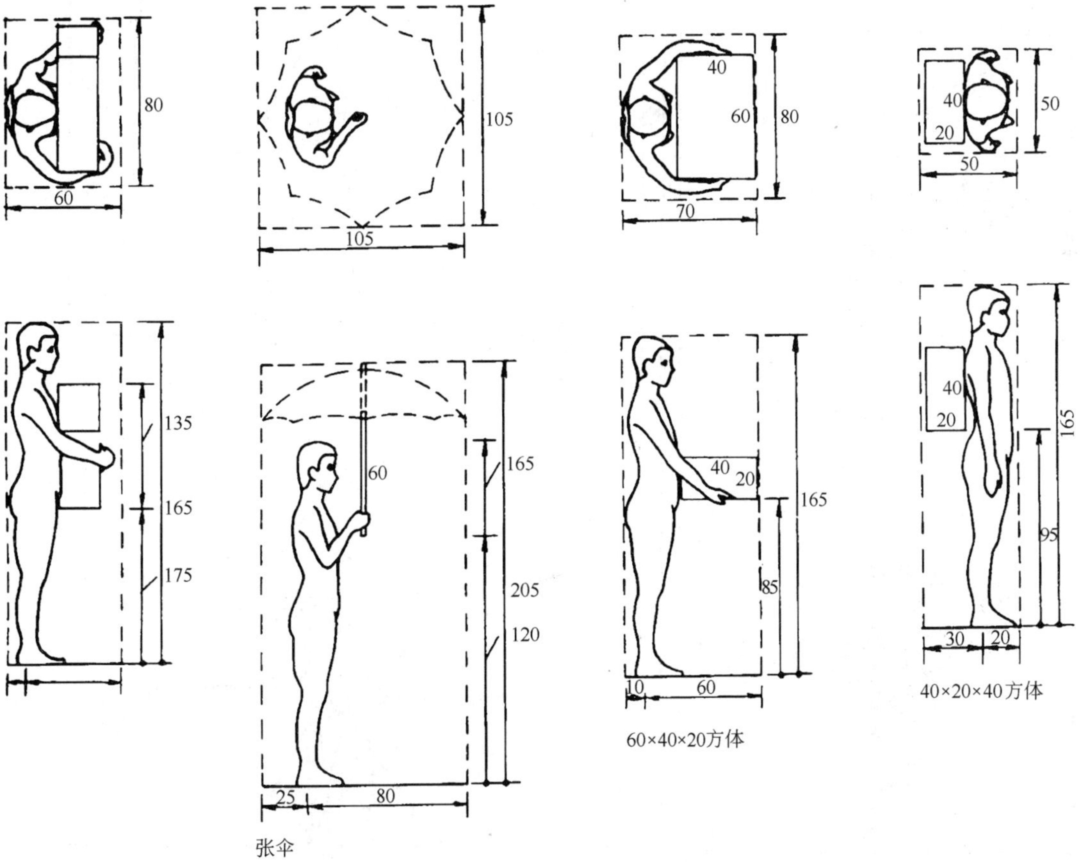

80
60
105
105
40
60
80
70
40
20
50
50
135
165
175
60
165
205
120
25
80
张伞
40
20
165
85
10
60
60×40×20方体
40
20
165
95
30
20
40×20×40方体

图 3-26　使用器物的人体尺度（一）

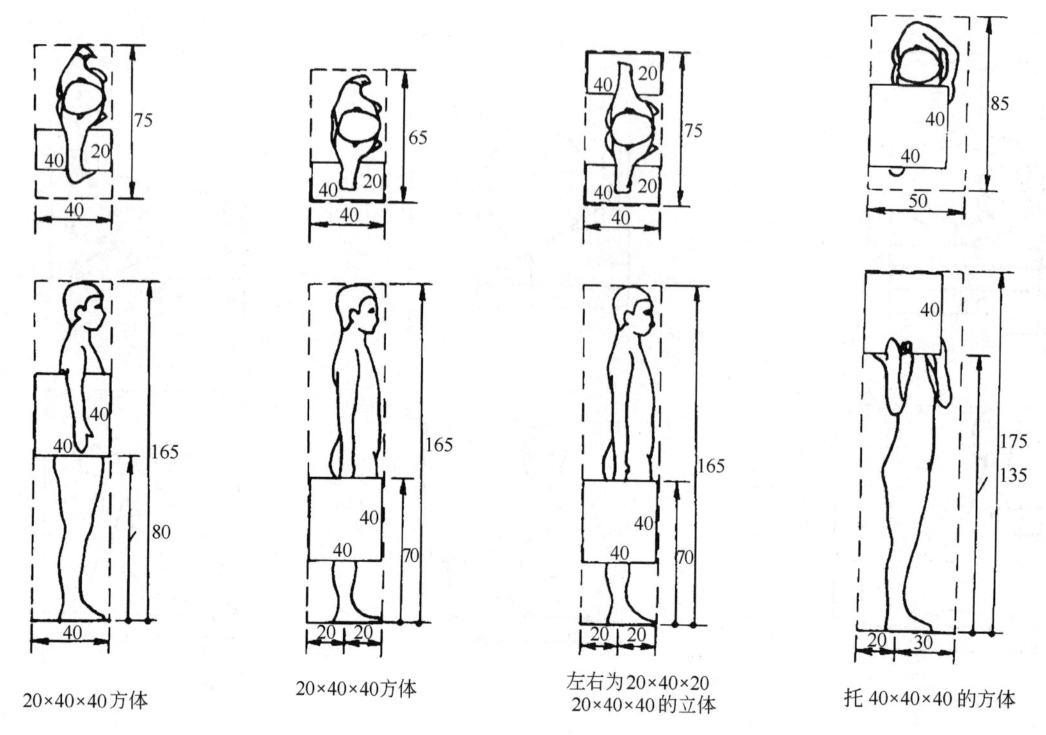

图 3-26 使用器物的人体尺度（一）（续）

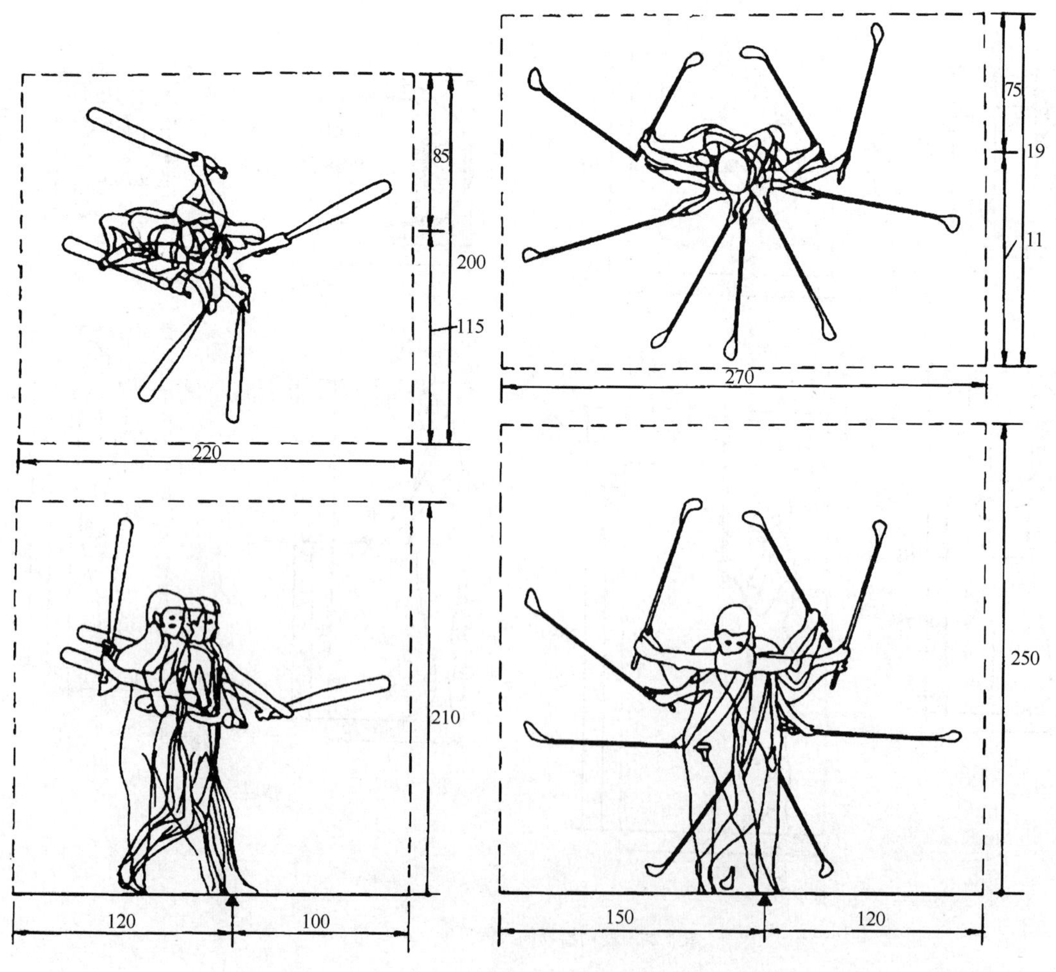

图 3-27 使用器物的人体尺度（二）

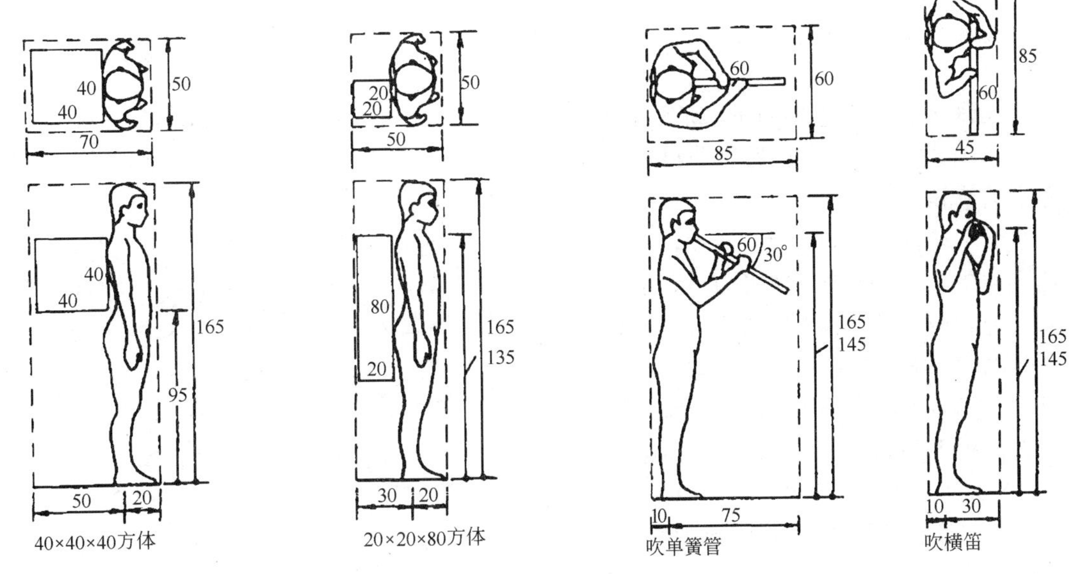

图 3-27　使用器物的人体尺度（二）（续）

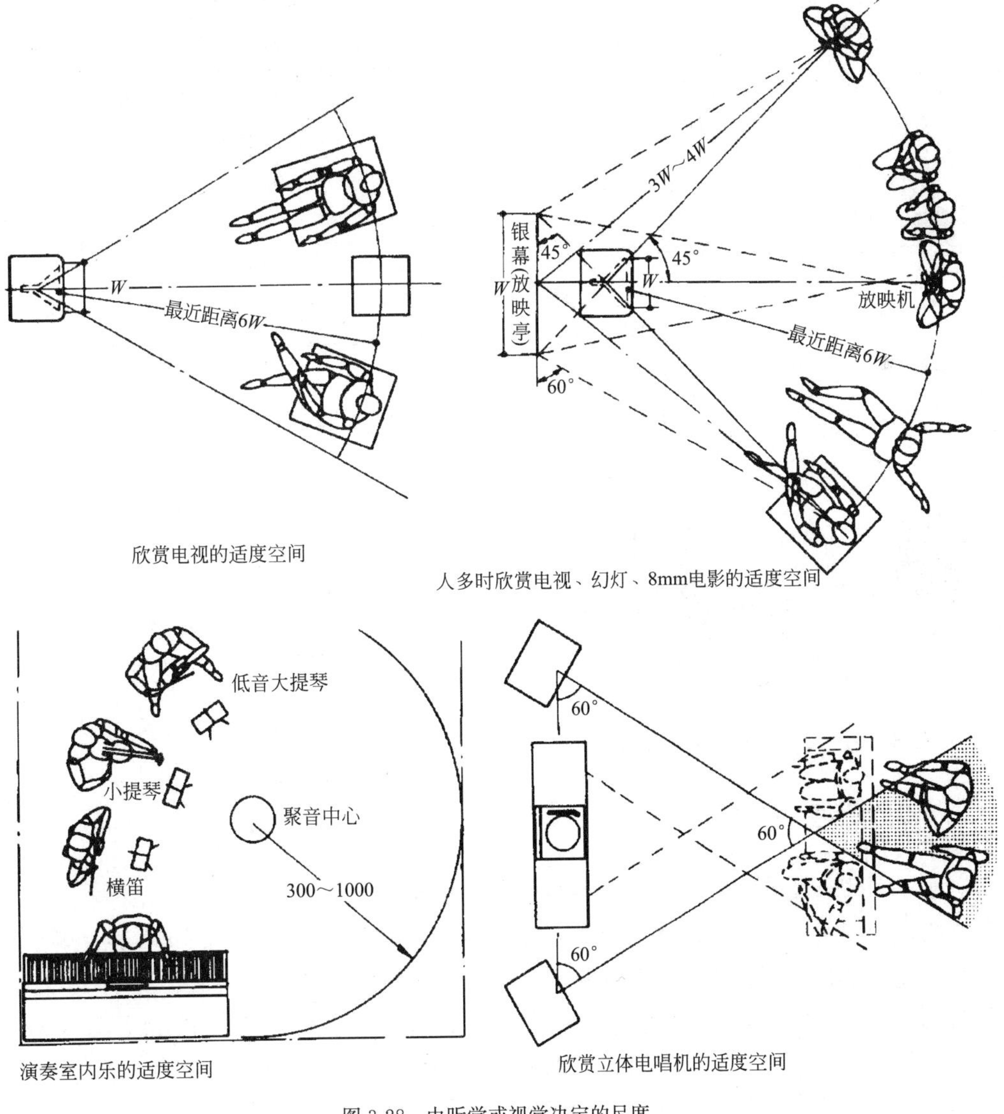

图 3-28　由听觉或视觉决定的尺度

3.2 肢体施力

人体活动是通过人体的运动系统实现的。运动系统由三个主要部分组成：骨骼、关节和肌肉。运动系统的运行是由肌肉收缩牵动骨骼围绕关节的转动，所以人体活动能力取决于肌肉的能力。无论是人体自身的平衡稳定或人体的运动，都离不开肌肉的机能。肌肉的机能是收缩和产生肌力，肌力可以作用于骨骼，通过人体结构再作用于其他物体上，称为肢体施力。

3.2.1 肢体的施力

肌肉收缩产生的力是作用于骨骼上，骨骼以关节的形式互相连接。从力学的角度看，人体运动系统是杠杆系统（图 3-29），外力与肌力之间的力平衡符合杠杆定律。肢体运动出力主要是手足的出力，还有全身的协调用力。人的出力特征主要有三个：方向、时间和大小限度。

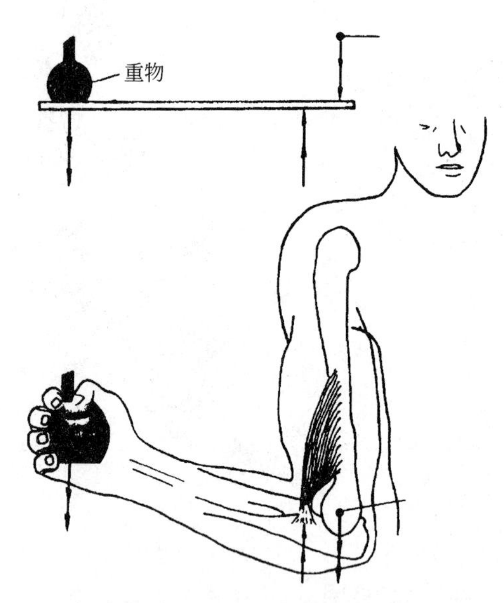

图 3-29 手臂受力的简化杠杆力系

人在不同的方向上肢体出力的大小是不同的（图 3-30），手臂的内收力明显大于外展力。手在身体中心线前 30cm 处内收产生的力最大。最大内收力与关节角度的关系见图 3-31。手在左右移动时推力大于拉力，最大约 40kg。在前后运动时拉力大于推力（图 3-32）。人体出力时的姿态与出力点的位置也会对力量的大小产生

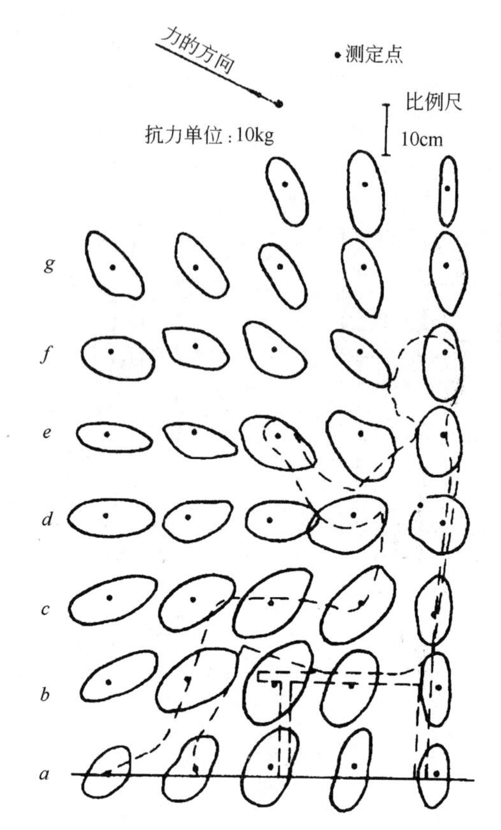

图 3-30 推拉的操作力的方向

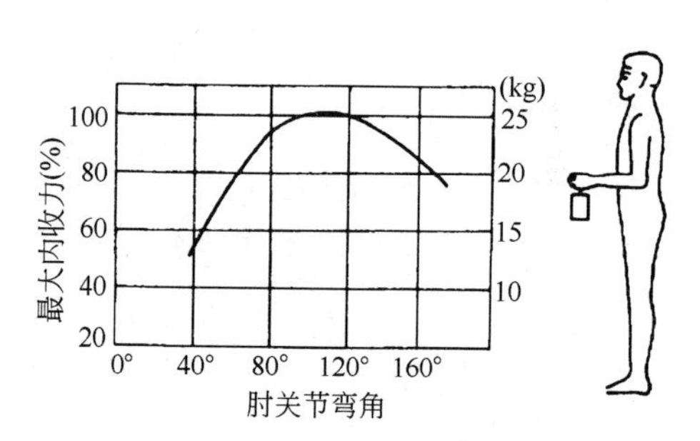

图 3-31 最大内收力与肘关节转角的关系

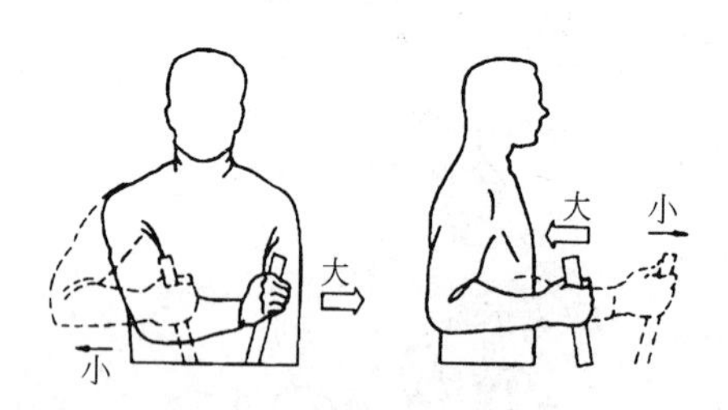

图 3-32 手臂出力大小与方向

影响（图 3-33）。

出力的大小还与时间有关，手的瞬时发力大约 110kg，持续拉力最大可达 30kg。在手臂伸直的情况下，男子平均 70kg，女子平均 38kg。拉力的大小随持续时间的延长而降低。

	持续力（N）平均	冲击力（N）平均
推	高度（cm）	
	140……382	2080
	120……529	2390
	100……568	2260
	80……539	2100
推	高度（cm）	
	140……167	892
	120……363	1430
	100……588	1530
	80……617	1650
推	深度（cm）	
	100……1050	2310
	80……774	2210
	60……1640	2160
	40……696	1960
推	高度（cm）	
	200……696	2010
	180……853	2230
	160……627	1830
	140……843	1980
	120……676	2160
拉	高度（cm）	
	140……333	1070
	120……431	1200
	100……461	1210
	80……480	1360
拉	高度（cm）	
	140……274	1040
	120……353	1110
	100……441	1110
	80……480	1010
拉	深度（cm）	
	80……1000	931
	60……1130	1240
	40……1030	1230
	20……990	1430
	0……960	1220
拉	高度（cm）	
	80……941	1050
	70……1030	951
	60……1160	911

图 3-33　全身的推力与拉力（日本成年男子）

人体每个部位所能承受的力量大小是一定的，握力左手为 35kg，1min 持续时间为 28kg，右手为 24kg。握力与手的姿势有关。提力一般比拉力为小，在前臂水平前伸，手掌向下时，平均力为 22kg。如果人躬身站立，伸直手臂，用双手自下而上提物品，则由于利用了背肌的力量，所以提力可达 134kg。

一般来说，施力过程中收缩的肌肉越多，产生的肌力越大。肌肉具有一个重要的特性，他的长度可以比正常的长度缩短一半，称为肌肉的收缩。肌肉收缩的能力与长度有关，肌肉越长，收缩肌肉做功能力越强。每一条肌肉都能有一定大小的力收缩，肌肉的最大肌力为每平方厘米截面 3～4kgf，可见人的肌力大小取决于肌肉的横截面积的大小。由于女性的肌肉较小，肌力比男性小 30%。肌肉产生力的大小还与收缩的长度有关系，肌肉在其刚开始收缩时，即当肌肉还没有缩短时，产生的肌力最大。因此，在施力时，尤其在负荷很大的情况下，应使肌肉处于其自然状态的长度，这也是合理使用肌力的一条法则。当然，这一条在实际作业中极难做到。随着肌肉长度的缩短，肌肉产生肌力的能力逐渐下降。

一般法则，对于任何形式的人体活动，只要用力较大，则人体活动的方式应尽量与肌肉产生尽可能大的肌力所需要的活动方式相一致，即哪种方式产生的肌力最大，就以哪种方式进行施力活动。这样，当外来负荷一定时肌肉的实际负荷得到减轻。这里的肌力可以是单块肌肉的收缩作用，也可以是多块肌肉收缩的综合作用。例如，若需要静止地把握住一个物体，按照上文的施力法则，人体的姿势就必须保证用尽可能强壮的肌肉来施力。因为肌肉越强壮，肌肉产生的肌力越大，故可降低每块肌肉的实际负荷。如果要避免疲劳，必须使每块肌肉的实际负荷只达到肌肉最大肌力的 15%。

除了活动的方式，最大肌力决定还与如下因素有关：年龄、性别、体格、训练和施力的动机。

3.2.2　肌肉与动态、静态施力

肌肉占人体总重量的 40%左右，分布于人体的各个部位，肌肉由肌纤维组成，每块肌肉的两端形成肌腱，肌腱的强

度极高，牢牢地附着在骨骼上。肌肉在收缩的过程中，消耗肌肉中的化学能而产生机械能，即肌肉的收缩是通过将化学能转换为机械能来实现的。化学能的转换是一个复杂的过程，需要消耗能量，能量的来源主要依靠葡萄糖、脂肪和蛋白质，同时还需要有氧的参与，葡萄糖和氧这些重要的产能物质在肌肉中的贮存量很少，必须靠血液的输送，所以血液的输送是影响肌肉活动的限制性因素。

肌肉施力有两种方式：(1) 动态肌肉施力；(2) 静态肌肉施力（图 3-34)。血液输送动态和静态施力的基本区别之一在于它们对血液流动的影响。静态施力时，收缩的肌肉组织压迫血管阻止血液进入肌肉，肌肉无法从血液得到糖和氧的补充，不得不依赖于本身的能量储备。对肌肉影响更大的是代谢废物不能迅速排除，积累的废物造成肌肉酸痛，引起肌肉疲劳。由于酸痛难忍，静态作业的持续时间受到限制。与此相反，动态施力时，肌肉有节奏地收缩和舒张，这对于血液循环而言，相当于一个泵的作用，肌肉收缩时将血液压出肌肉，舒张时又使新鲜血液进入肌肉，此时血液输送量比平常提高几倍，有时可达静息状态时输入肌肉血液量的 10～20 倍。血液大量流动不但使肌肉获得足够的糖和氧，而且迅速排除了代谢废物。因此，只要选择合理的作业节奏，动态作业可以延续很长时间而不产生疲劳。心脏的工作就是动态作业，在人的一生中，心脏不停地搏动，心肌从不“疲劳”。肌肉施力方式对血液输送的影响用图形表示更加一目了然（图 3-35)。

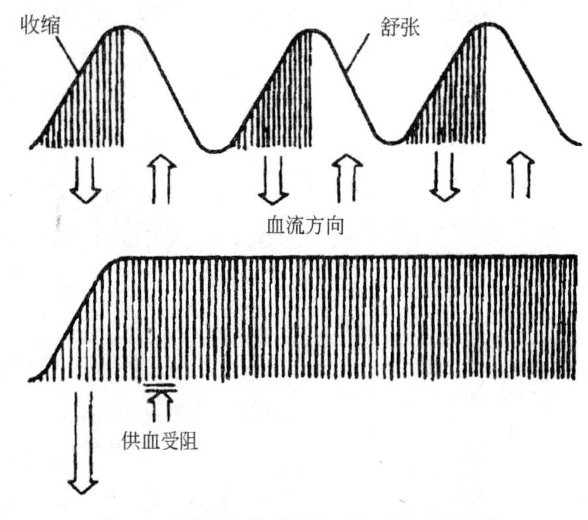

图 3-34　动态和静态施力对肌肉供血的影响

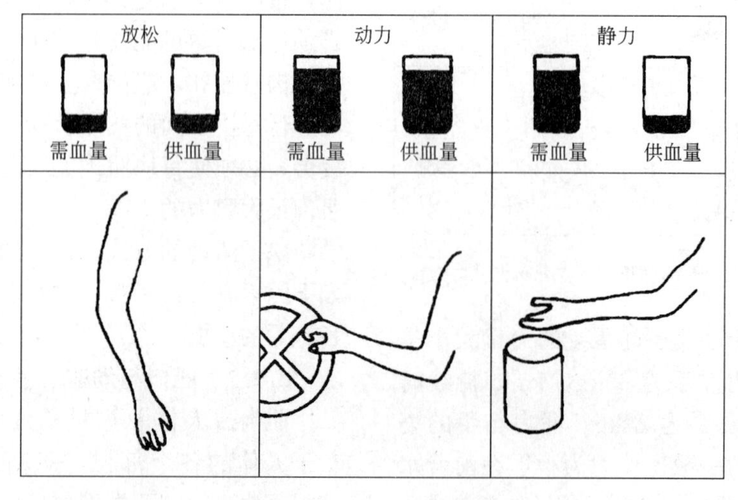

图 3-35　动态施力和静态施力

日常生活中，有许多静态施力的例子。人站立时，从腿部、臀部、腰部到颈部，有许多块肌肉在长时间地静态施力或者叫静态施力。实际上无论人的身体姿势怎样，都存在部分肌肉静态受力，只是程度不同而已。静态施力的划分可以参照下列标准：

（1）持续 10s 以上，肌肉施大力；

（2）持续 1min 以上，肌肉中等施力；

（3）持续 4min 以上，肌肉施小力（约为个人最大肌力的 1/8）。

人在坐下时，由于解除了腿部静态受力，从而改善了人体肌肉受力状况。而人在躺下时，几乎可以解除所有的肌肉静态受力状况，所以躺下是最佳的休息姿势。还必须说明，并不是每项工作都可明确划分静态施力与动态施力之间的界线的，通常某项作业既有静态施力又有动态施力。由于静态施力的作业方式比较“费力”，因此，当两种作业方式同时存在时，首先要处理好静态作业。几乎所有的工业和职业劳动都包括不同程度的静态施力，例如：

（1）工作时，向前弯腰或者向两侧弯腰；

（2）用手臂夹持物体；

（3）工作时，手臂水平抬起；

（4）一只脚支撑体重，另一只脚控制机器；

（5）长时间站立在一个位置上。

静态肌肉施力一方面加速肌肉疲劳过程，引起难忍的酸痛。另一方面，长期受静态施力的影响，就会发生永久性疼痛的病症，不仅肌肉酸痛，而且扩散到关节、腿和其他组织，因而损伤关节、软骨和腱。静态负荷太大，可引起下列病症：

（1）关节部位炎症；

（2）腱膜炎；

（3）腱端炎症；

（4）关节慢性病变；

（5）椎间盘病症。

长时间地站立于一个位置是许多职业中常见的工作姿势，它们也是一种静态施力，此时脚、膝和臀部关节得不到活动。站立引起的肌肉施力并不大，低于最大肌力的 15%。长时间站立引起的疲劳和不舒服，不完全是静态肌肉受力引起的，腿部静脉血压增高也是一个重要的原因。站立不动引起静脉血压增高，脚部增加 80mmHg，大腿部增加 40mmHg。人行走时，腿部肌肉起到一个泵的作用，抵消静脉血压升高的影响，有利于将血液推回心脏。可见，原地站立不仅因静态受力引起肌肉酸痛，而且由于静脉血液流动不足，产生不舒服的感觉。人的静止工作和有活动的工作对血压的影响是不一样的。如果始终站立是不可避免的，应该考虑中间安排活动。总之，作用在人体上的静负荷对于局部肌肉的血液流动以及全身的血液流动都是不利的。

3.2.3 重负荷作业

肢体的施力除了与肌肉有关，还与骨骼结构相关。不正确的方式也会对骨骼结构造成影响，例如用不同的方法来提起重物，对腰部负荷的影响不同。如图 3-36 所示，直腰弯膝提起重物时椎间盘内压力较小，而弯腰直膝提超重物会导致椎间盘内压力突然增大，尤其是椎间盘的纤维环受力极大。如果椎间盘已有退化现象，则这种压力急剧增加最易引起突发性腰部剧痛。所以，握起重物时必须掌握正确的方法。

人的脊柱为“S”曲线形，12 块胸椎骨组成稍向后凹的曲线，5 块腰椎骨连接成向前凸的曲线，每两块脊椎骨之间是一块椎间盘。由于脊柱的曲线形态和椎间盘

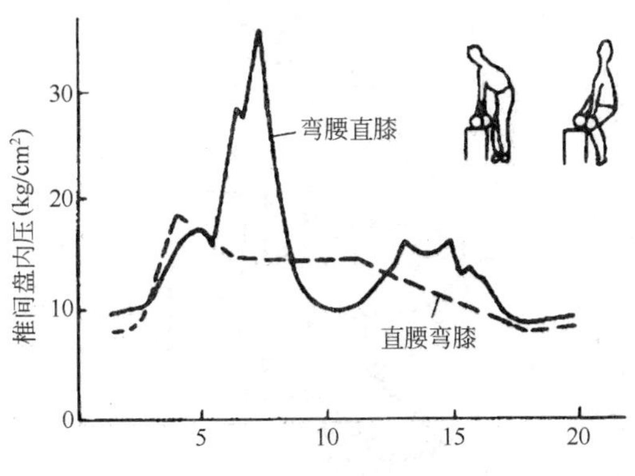

图 3-36　提起 20kg 重物时，第 3 与第 4 腰椎骨间椎间盘的内压力变化

的作用，使整个脊柱富有一定的弹性，人体跳跃奔跑时完全依靠这种曲线结构来吸收受到的冲击能量。脊柱承受的重量负荷由上至下逐渐增加，第5块腰椎处负荷最大。人体本身就有负荷加在腰椎上，在作业，尤其在提起重物时，加在腰椎的负荷与人体本身负荷共同作用，使腰椎承受了极大的负担，因此人们的腰病发病率极高。

为什么弯腰提重会导致压力增大呢？因为弯腰改变了腰脊柱的自然曲线形态，不仅加入了椎间盘的负荷，而且改变了压力分布，使椎间盘受压不均，前缘压力大，向后缘方向压力逐渐减小（图3-37），这就进一步恶化了纤维环的受力情况，成为损伤椎间盘的主要原因之一。另外，椎间盘内的黏液被挤压到压力小的一端，液体可能渗漏到脊神经束上去。总之，提起重勿必须保持直腰姿势。

（1）抓稳重物，提起时保持直腰，身尽量伸直，尽量弯膝（图3-38）。

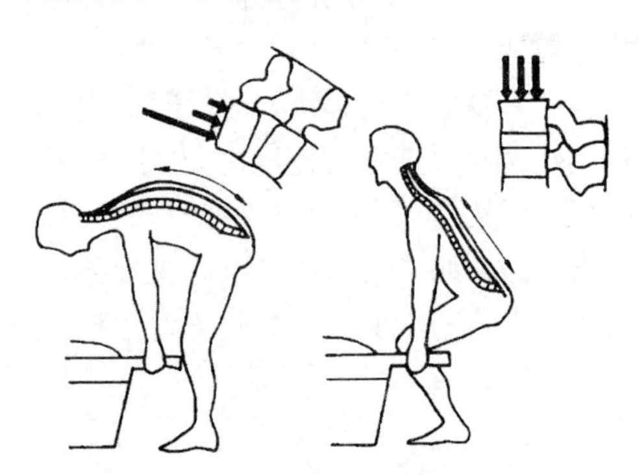

图3-37 弯腰与直腰提起重物时的压力分布

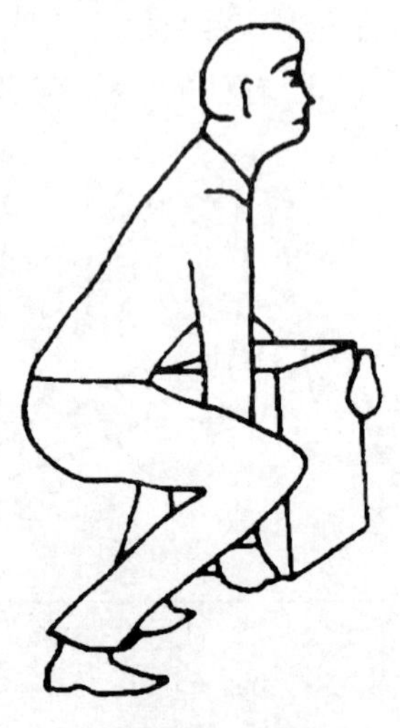

图3-38 提起重物时应靠近重物

（2）设计时应使重物的抓握部位高于地面40～50cm，应有把手，否则会导致不正确的姿势，身体尽量靠近重物。

3.3 效率与健康

根据人的体能特点，最大效率的发挥人的肌体能力，减少体能的消耗，是作业环境设计的一个重要问题。从能量的角度分析，肌肉收缩时产生的能量的总量包括机械能和热能两部分。机械能可转换为有用的功，而热能对作业无用。所谓肌肉收缩的机械效率，是指肌力做功与肌肉收缩产能总量之比。人体肌肉作业的效率通常只有20％～25％，它与作业的方式、人的性别、训练等因素有关系。

3.3.1 避免不必要的加速和减速

避免不必要的加速度和减速度。手臂、腿和身体的加速以及减速需要消耗时间和能量。对于手臂和腿，适宜于回转运动，应该尽量减少往复运动。一般说来，手臂作回转运动效率较高。图3-39表示了使用抹布、扫车、拖车和真空吸尘器时的不同的工作方式。第一种和第二种都有加速和减速情况，第三种速度比较均匀。减少手臂减速的另一个例子是安排工作人员手的位置与冲床按钮以及需要加工的零件在一条直线上，可以减少一些不必要的减速。图3-40给出了好的和不好的零件盒的边缘。对于不好的一种，操作人员会特别小心翼翼，唯恐手指被刀口、被金属边缘所划破。这影响了操作人员从该盒子内取出零件的速度。

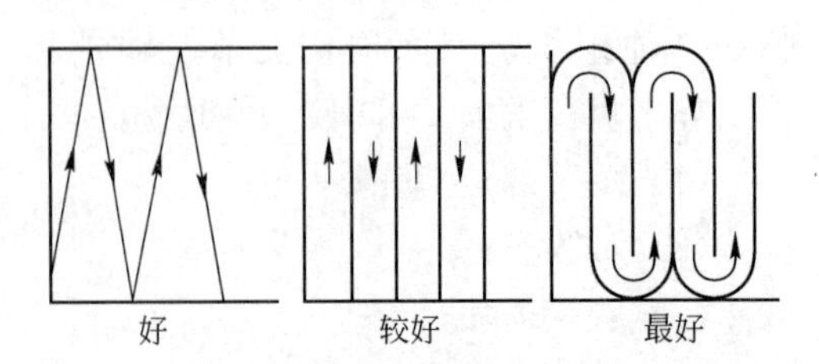

图3-39 使用真空吸尘器的不同方式

3.3.2 使用惯用手

使用惯用手拿东西比非惯用手拿东西快约10％时间。实验告诉我们，单独右

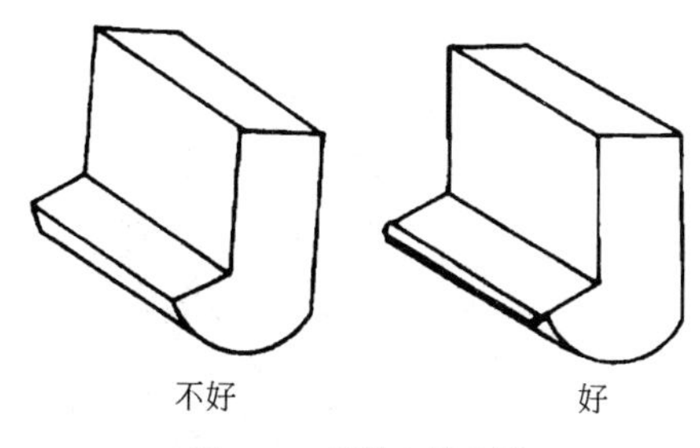

图 3-40　零件盒的边缘

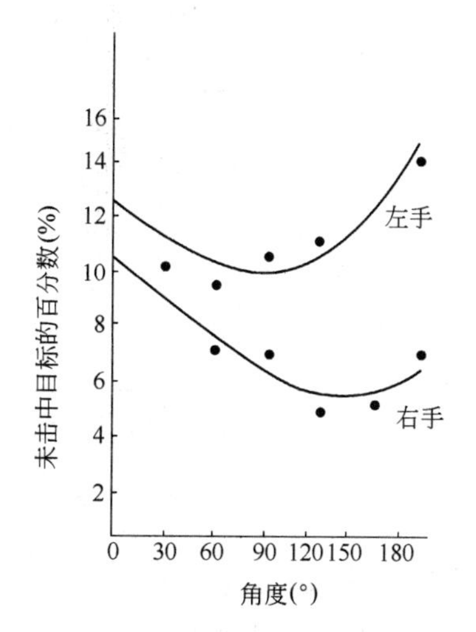

图 3-41　手的运动方向和工作精度的关系

手工作平均为 12.9bits/s，单独左手工作平均为 11.7bits/s，并且惯用手总比非惯用手工作得精确。实验还告诉我们，用惯用手触及一个目标的失误率为 7%，而非惯用手是 12%。从力量上来看，惯用手比非惯用手强 5%～10%（图 3-41）。

3.3.3　利用重力作用

当一个重物被举起时，肌肉必须举起手和臂本身的重量。所以，应当尽量在水平方向上移动重物，以及考虑到利用重力作用（图 3-42）。有时身体重量能够用于增加杠杆或脚踏器的力量，例如使用手压水泵，这也是利用重力的一例。在有些工作中，如油漆和焊接，重力起着比较明显的作用。在顶棚上旋螺丝要比在地板上旋螺丝难得多，这也是重力作用的原因。

当要改变物体的位置从高到低时，可以采用自由下落的方法，如是易碎物品，可采用软垫。也可以使用滑道，把物体均势能改变为动能，同时在垂直和水平两个方向上改变物体的位置，以代替人工搬移。

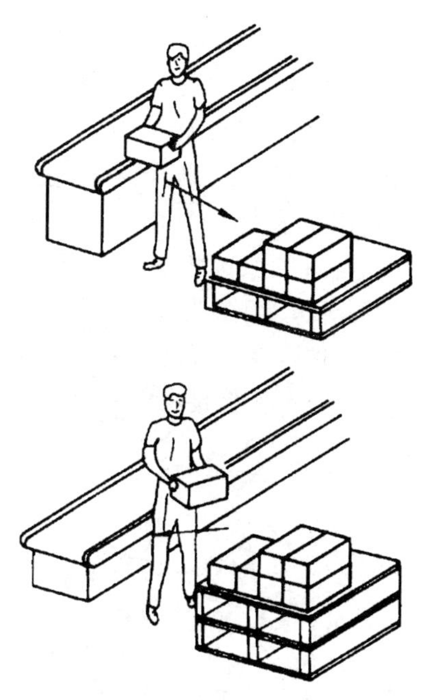

图 3-42　保持从高向低的方向装卸货物

3.3.4　避免静态施力

无论是设计机器设备、仪器、工具还是进行作业设计和工作空间设计，都应遵循避免静态肌肉施力这一人体工程学的基本设计原则。例如，应避免使操作者在控制机器时长时间地抓握物体。当静态施力无法避免时，肌肉施力的大小应低于该肌肉最大肌力的 15%。在动态作业中，如果作业动作是简单的重复性动作，则肌肉施力的大小也不得超过该肌肉最大肌力的 30%。避免静态肌肉施力的几个设计要点：

（1）避免弯腰或其他不自然的身体姿势（图 3-43）。当身体和头向两侧弯曲造

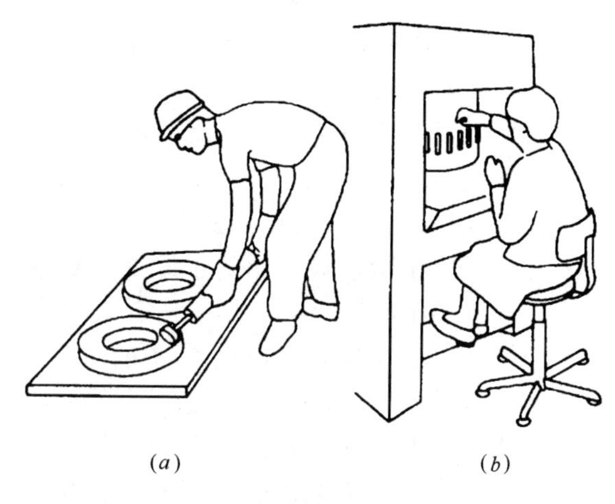

(*a*)　(*b*)

图 3-43　造成静态施力的场景

成多块肌肉静态受力时，其危害性大于身体和头向前弯曲所造成的危害性。

（2）避免长时间地抬手作业。抬手过高不仅引起疲劳，而且降低操作精度和影响人的技能的发挥。图 3-44 中，操作者的右手和右肩的肌肉状态受力容易疲劳，操作精度降低，工作效率受到影响。只有重新设计，使作业面降到肘关节以下，才能提高作业效率，保证操作者的健康。

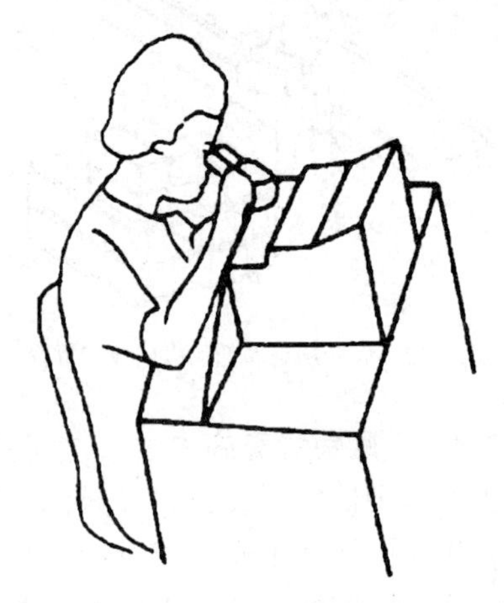

图 3-44　为手臂提供支撑

（3）坐着工作比站着工作省力。工作椅的坐面高度应调到使操作者能十分容易地改变站和坐的姿势的高度（图 3-45），这就可以减少站起和坐下时造成的疲劳，尤其对于需要频繁走动的工作，更应如此设计工作椅。

（4）双手同时操作时，手的运动方向应相反或者对称运动，单手作业本身就造成背部肌肉静态施力。另外，双手做对称运动有利于神经控制。

（5）作业位置（作业的台面或作业的空间）高度应按工作者的眼睛和观察时所需要的距离来设计。观察时所需要的距离越近，作业位置应越高。可见，作业位置的高度应保证工作者的姿势自然，身体稍微前倾，眼睛正好处在观察时要求的距离。

（6）常用工具，如钳子、手柄、工具和其他零部件、材料等，都应按其使用的频率或操作频率安放在人的附近。最频繁的操作动作，应该在肘关节弯曲的情况下就可以完成。为了保证手的用力和发挥技

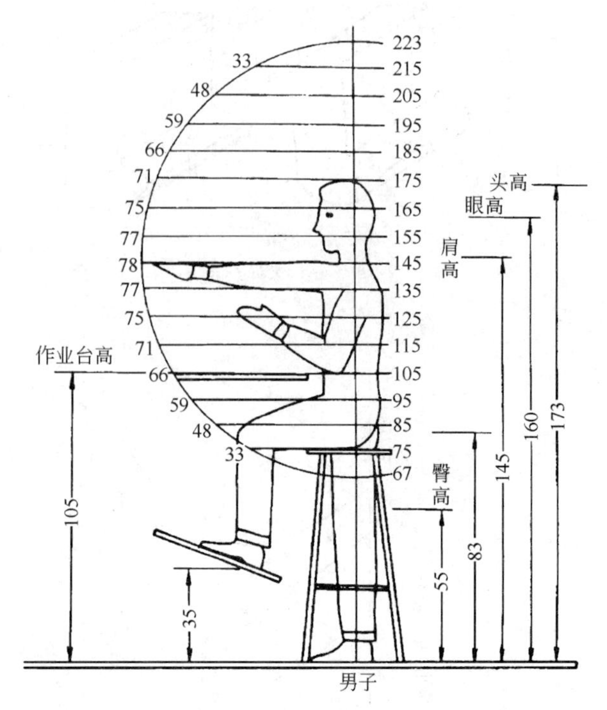

图 3-45　站坐交替作业

能，操作时手最好距离眼睛 25～30cm，肘关节呈直角，手臂自然放下。

（7）当手不得不在较高位置作业时，应使用支承物来托住肘关节、前臂或者手。支承物的表面应为毛布或其他较柔软而且不发凉的材料，支撑物应可调，以适合不同体格的人。脚的支撑物不仅应托住脚的重量，而且应允许脚做适当的移动。

（8）支持肢体。表 3-2 给出了身体各

身体各部分的重量　　表 3-2

身体各部分	重量百分比(%)	标准偏差
头	7.28	0.16
躯干	50.70	0.57
手	0.65	0.02
前臂	1.62	0.04
前臂＋手	2.27	0.06
上臂	2.63	0.06
一条手臂	4.90	0.09
两条手臂	9.80	
脚	1.47	0.03
小腿	4.36	0.10
小腿＋脚	5.83	0.12
大腿	10.27	0.23
一条腿	16.10	0.26
两条腿	32.20	
总计	99.98	

部分重量占整个身体重量的百分比。表 3-3 给出了身体某些部分重量的计算公式。人体头部的重量大约是人体重量的 0.0728 倍。如果一个人的体重是 90kg，那么头重大约为 0.0728×90≈6.6kg（图 3-46）。

身体某些部分重量的计算公式

表 3-3

部分	公式	标准偏差
躯干	$0.551x-2.837$	1.33
头+躯干	$0.580x+0.009$	1.36
一条手臂	$0.047x+0.132$	0.23
上臂	$0.030x-0.238$	0.14
大腿	$0.120x-1.123$	0.54
脚	$0.009x+0.369$	0.06

注：表中的 x 为整个身体的重量。

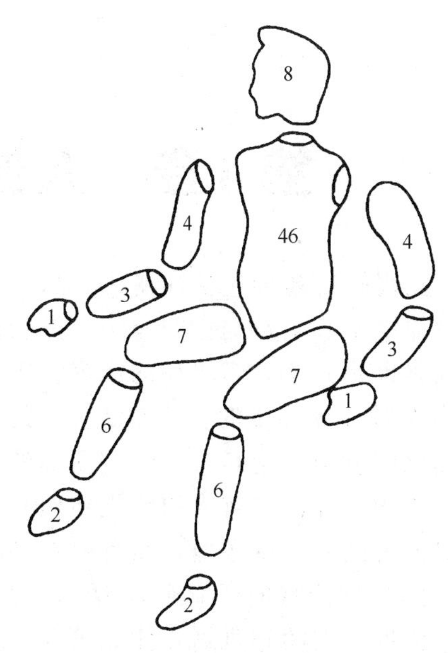

图 3-46　人体各部分重量占体重的百分比

颈支撑着头，如果一个人的体重是 90kg；那么一只手大约 0.6kg。一只手加一段前臂大约 2kg，一条手臂的重量大约为 4.4kg。需要提醒的是，当手中虽然手捏着一根 25g 的鸡毛，但已经同时支持着 4.4kg 的整个手臂。避免边长时间的敬礼姿势以及越过头顶的操作，如仰焊、油漆顶棚等。手臂的位置影响血液流动，也影响手臂的温度。当向上举直手，流到该手臂的血液最少，并且手臂温度会下降大约 1.0℃。当把手垂下或身体躺下后把手平放在身体两边，则流到手臂的血液最多。

当双手捏物需要近处细看时，必须支持两个手臂的重量。如果把该件物品置于手臂舒适的位置，则眼睛不一定能看清楚这件物品。解决办法是手持这件物品靠近眼睛，但将手腕、前臂或肘部支撑在桌子上、靠垫上或座椅上，如果一个人的体重是 90kg，那么一只脚重大约 1.3kg，一只脚加一段小腿大约 5.2kg，一条腿大约重 14.5kg。

本章小结

本章主要介绍人体活动空间与室内空间的关系的特点。室内空间是由许多不同功能的环境组成。影响环境空间大小、形状的因素最主要的因素是人体的活动范围、动作特性和体能极限以及与其相关的家具设备的组成。因此，在确定室内空间范围时，特定行为活动的活动范围，动作特性、体能的大小及对人体、对相关的设施、设备的影响，是重要的设计依据。

本章关键概念：

人体动作空间、作业域、肌肉施力、静态肌肉施力。

第4章　人体感觉与室内环境

在我们的各种生活环境中，除了人的身体结构和活动与空间有关，人的感觉因素也是一个非常重要的因素。感觉是指人对外界环境的一切刺激信息的接收和反应能力。它是人的生理活动的一个重要的方面。了解人的感觉不但有助于对人类的心理的了解，而且对在环境中人的感觉器官的适应能力的确定提供科学依据。人的感觉器官什么情况下可以感觉到刺激物，什么样的环境是可以接受的，什么样的环境是不能接受的，为室内环境设计确定适应于人的标准，有助于我们根据人的特点去创造适应于人的生活环境。

4.1　感觉与环境

人类总是生活在具体的环境中，良好的生活环境可以促进人的身心健康，提高工作效率，改善生活质量，环境与人类是息息相关的。影响人类的环境因素可分为以下三种：

(1) 物理环境：声、光、温度、湿度、力等因素；

(2) 化学环境：各种化学物质对人的影响；

(3) 生物环境：各种动植物及微生物对人的影响。

人体受外界环境的刺激，需要具备良好的感觉器官，这是能否正确接受外界刺激的前提。人的主要感觉器官有眼、耳、鼻、舌、身（躯体），因而相应也有五类感觉，即听觉、视觉、嗅觉、味觉和触觉（躯体觉）表4-1。躯体觉是个综合概念，其中包括有皮肤感觉器官接受外界刺激产生的温度觉、压觉、摩擦和痛觉，还有肌肉和关节及内耳里的感觉器官经刺激后产生的运动觉和平衡觉。建筑环境与人的相互作用见图4-1。人体感觉与环境是相互对应的，视觉——光环境、听觉——声环境、触觉——温度和湿度环境。其中感觉器官对应最多的环境因素是物理环境，也是与室内设计关系又最密切，因此，我们着重介绍物理环境的问题。

感觉器官的分类与室内设计的关系　　**表4-1**

人的感觉依作用可分为	视觉	听觉	触觉	嗅觉	味觉
与它们对应的器官	眼	耳	皮肤	鼻	口舌
在室内环境中它们作用的大小	大	大	某些	几乎无	无
由于各种感觉各自负担的信息不同，故其感觉基础不同	色彩	声强	温度	香、臭等	甜
	亮度	音高	压力		酸
	远近	音色	部位		苦
	大小	节奏	痛感		辣
	位置	方向	触感		咸
	形态	旋律	摩擦感		
	符号				

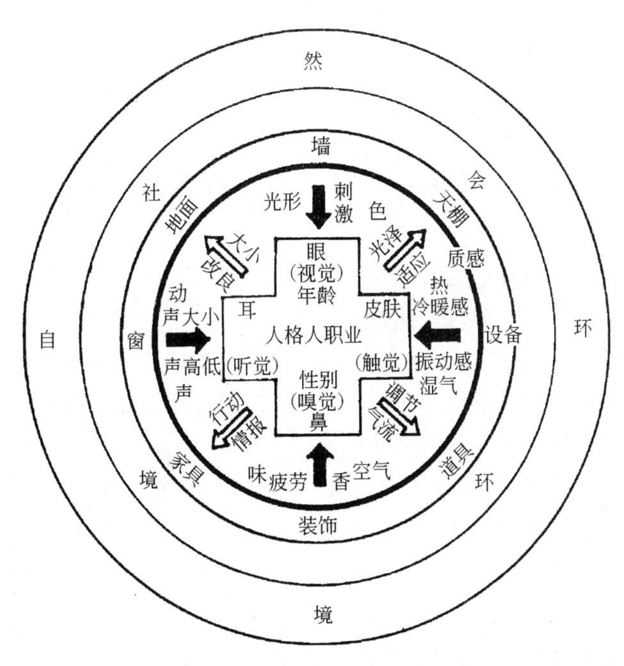

图 4-1　建筑环境与人的相互作用示意

4.2　视觉与室内环境

视觉是光进入眼睛才产生的，由于有了视觉，我们才能知道各种物体的形状、色彩、明度，一般来说，人类所获得的信息有 80%是来自视觉的。人类的视觉系统是一个从眼球到大脑的极其复杂的构成体系。

4.2.1　视觉与视觉现象

视觉系统的构造与视觉的特征有密切的关系，人眼的直径有 24mm，近似球形，眼球的前面有眼睑，很像照相机的镜头盖，在眼球的表面是透明的角膜，角膜的后面是虹膜，虹膜的作用很像镜头的光圈，由于它的调节可以改变瞳孔的直径，改变进光亮，除了由于光线的作用变化外，当观看近的物体时也能使水晶体收缩变小。虹膜后面的水晶体扮演着透镜的角色，它周围的毛状肌可以根据观察物体的远近来调节晶状体的曲率。眼球的内部并不是中空的，其间充满了透明的液体，眼球的内表面为视网膜，视网膜相当于感光胶片。外界的光景由瞳孔进入眼球内部，通过水晶体和眼球内部的液体，光线照射到视网膜上，光的能量被视网膜上的感光细胞吸收，由此产生光化学反应并产生神经刺激，在视网膜上结成影像。然后通过从视网膜发出的视神经传递给大脑，于是形成了视觉影像（图 4-2）。

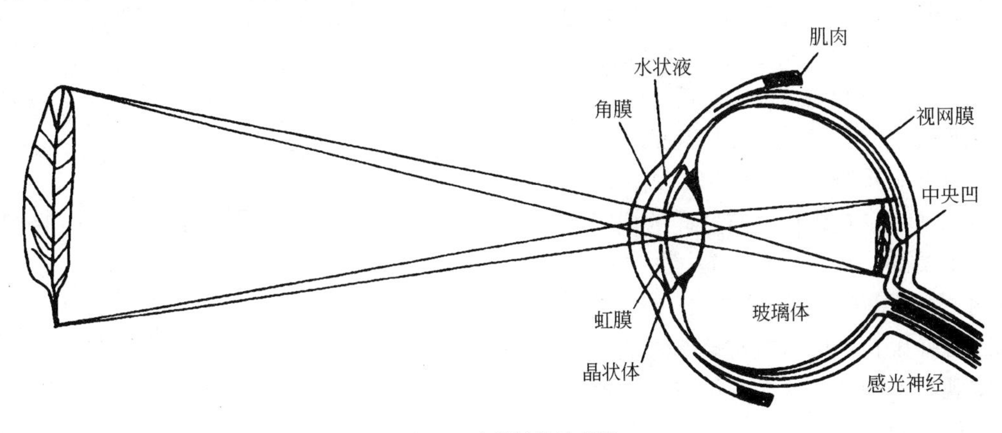

图 4-2　人眼结构示意图

（1）视野

视野是指眼睛固定于一点时所能看到的范围，若眼睛平视，主观感觉大约向上能看到眉毛，向下能看到鼻子及唇部，向上约 55°，向下约 70°，左右约各 94°（图 4-3）。视野中分为主视野、余视野。主视野位于视野的中心，分辨率较高，余视野位于视野的边缘，分辨率较低。这是由于在接近视轴中心的位置存在着密集的称为锥状体的感光细胞，呈细长的锥状，在偏离中心 5°的位置，锥状体变得短粗，数量也急剧减少。锥状体的总数有 600 万～700 万个，锥状体对日常的明亮光线敏感，具有色彩感知的能力。在这中心区域的周围广泛分布着称为杆状体的感光细胞，它因呈圆柱状而得名，杆状体总数有 25 万亿个，它没有色觉功能，但对光线很敏感，能够感知较弱的光线。因此，不同色彩的视野是不同的，人眼中绿、红、黄色的视野较小，而白、青色的视野较大。在中心部位红、黄、绿、蓝等颜色都能看得清，而稍微偏离中心、首先消失的是红和绿，再进而偏离一些，色彩就完全分辨不清了。这种现象对应了视网膜上“彩色胶片”的锥状体和“黑白胶片”的杆状体的分布规律（图 4-4～图 4-7）。

日常生活中人们感觉不到视野的存在是由于眼球和头部运动的结果，人们总是不间断地使眼球运动，对视野内进行搜寻式的观察。

视野的研究对于操作控制及视觉空间的设计非常重要，如飞机座舱、汽车驾驶室和各种控制室等。人们往往需要注视某一方向，并兼顾控制仪表。这时显示器的位置就要在不影响观察的情况下尽量安排在视野内，并且，使用频率高的、需要辨认地放在主视野内，不常用的或提示与警告性的放在余视野内。有这样的规则：

重要的：3°以内；一般的：20°～40°以内；次要的：40°～60°。一般不在 80°视野之外设置，因其视觉效率太低。对于视觉观察不利的因素应尽量安排在视野之外，如强烈的眩光。

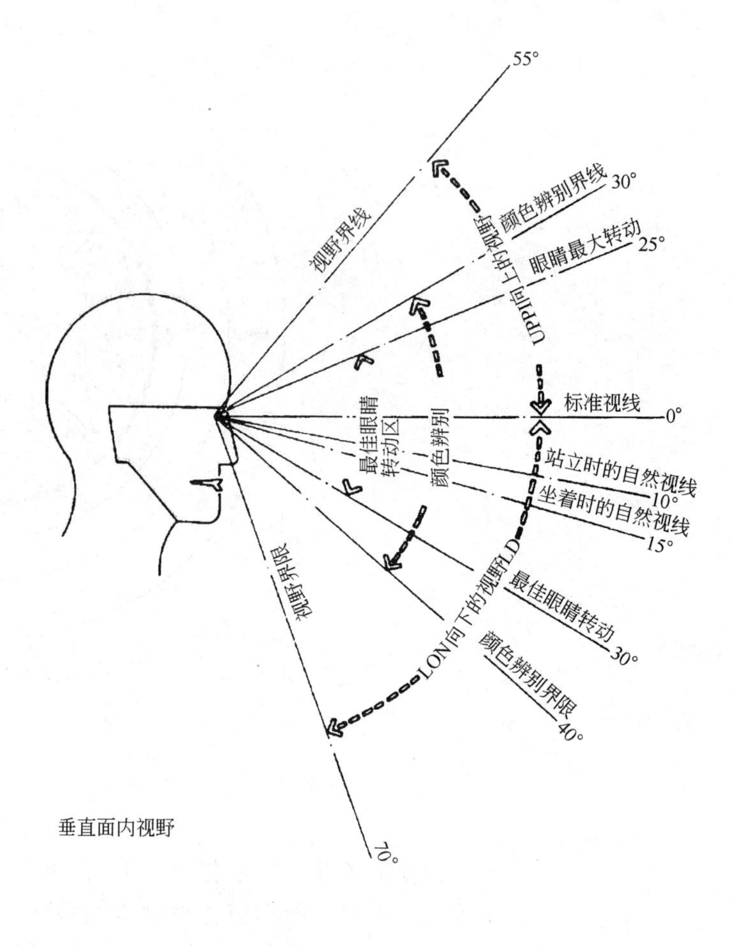

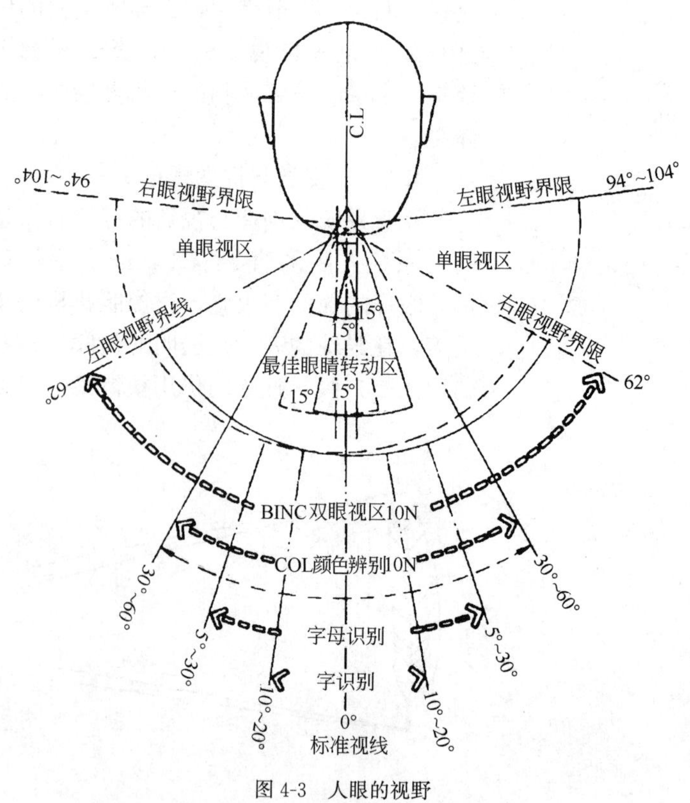

图 4-3　人眼的视野

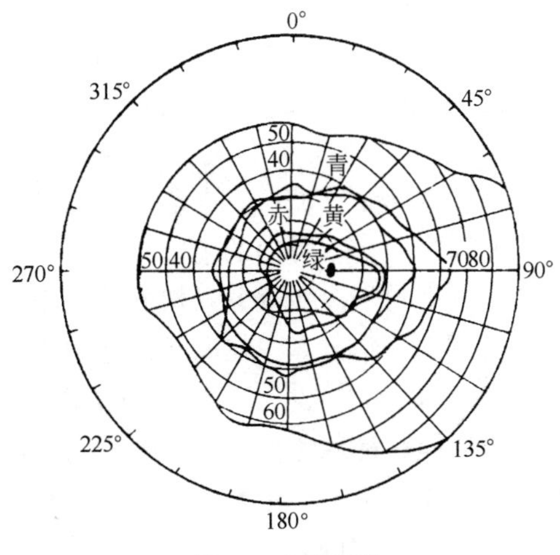

图 4-4 右眼视野

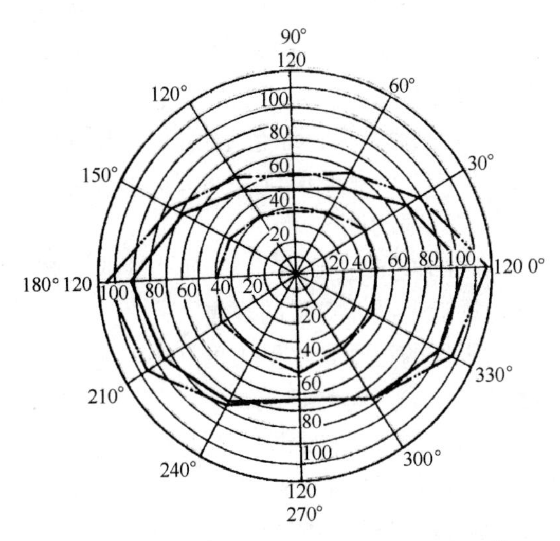

图 4-5 头部固定时的静视野、动视野和注视野

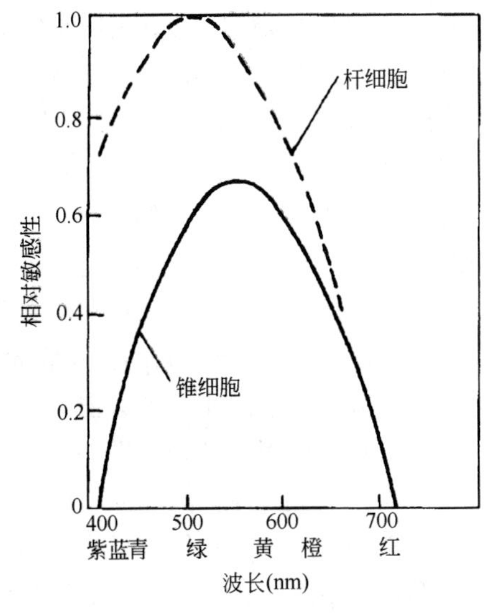

图 4-6 锥细胞和杆细胞的相对敏感性

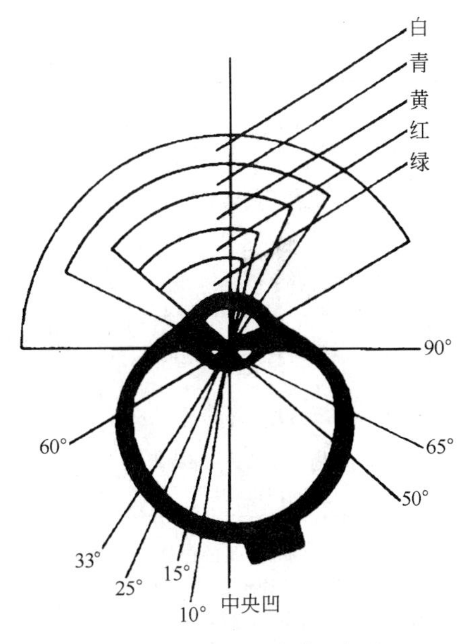

图 4-7 人眼对不同颜色的视野

（2）光感

光感是人眼对光的感觉能力，表示光感的概念有绝对亮度和相对亮度。绝对亮度是表示眼睛能感觉到光的强度。人眼是非常敏感的，其能感受到的最低亮度的值是 0.3 烛光/平方英尺的十亿分之一。直观的感受，完全暗适应的人能看见 50 英里远的火光（表 4-2）。主体的光强度与周围背景的对比关系，称为相对亮度。与光和背景之间的差别有关，即明度差。在一个暗背景中，亮度很低的光线也可以看得很清楚，而在一个亮背景中，同样的光线就可能看不出来。这种现象可以用白天看不见星星的例子来说明。对于一般的多数使用场景来说，绝对亮度意义不大，而相对亮度在多数的日常应用场景中更有意义。此外，光感不仅与光的强度有关，还与光的范围大小有关，即光亮范围，并与其成正比。

根据光感的特性，在视觉设计中，如果我们希望光或由光构成的某种信息容易被人们感觉到，就应提高它与背景的差别，增大光的面积，反之，如果不希望如此，则应相反处理。问题的关键不在于光的绝对亮度，而是它与背景的差别和面积的大小。

眼睛感觉光的能力　　表 4-2

亮度	表面	工作细胞
0.000001～0.00001	可见限	杆细胞
0.00001～0.0001	星光下的玻璃	
0.0001～0.001	星光下的雪	
0.001～0.01	满月月光下的地面	杆细胞＋锥细胞
0.01～0.1	满月月光下的雪	
0.1～1	离 1cd 光源 0.3m 地方的白纸	杆细胞＋锥细胞
1～10 10～100 100～1000 1000～10000	好的光线下的白纸，电视屏幕满月的天空，阴云的白天晴空，日光灯	锥细胞

（3）视力

视力是眼睛测量物体形态、色彩和分辨细节的能力，它随着被观察物体的大小、光谱、相对亮度和观察时间的不同而变化。视力在眼球的分布是不均匀的，中心部分视力最佳，只有 1°的视角内看得最清楚。通常医学检测视力也是指在通常的亮度范围内存在于这个区域内的视力。当稍微偏离中心，视力就急剧下降，超过这个范围则只能看到运动和对比明显的物体，这与人的主观感觉不同是因为眼球运动的关系。影响视力最明显的因素是光的亮度。视力与亮度成正比。亮度影响视力是因为在感光细胞中有各种敏感度的细胞，许多的细胞只有当亮度达到一定的程度时才起作用，因此需要细致观察的场所应提高亮度。正常人良好的情况下可以看清半英里远的一根电线。

另一方面，对于暗环境视力而言，偏离中心 5°左右为最高，这是因为该处正好处于杆状细胞的范围，杆状细胞不能精确分辨物体，但可以对暗处有没有物体进行探查。因此，在较暗的环境下眼睛的周边视力比中心视力更加重要。

（4）色彩

正常健康人的眼睛，其锥体细胞在通常亮度下具有良好的色彩分辨能力。眼睛能够感觉的光波长为 380～780μm。超过这个范围的如紫外线、红外线就不能感觉到。眼睛对各种波长不具有相同的感受性。人眼对波长 555μm 的光最敏感，介于黄和绿之间。视野内的色彩感觉并不完全相同，视野的边缘部分虽然能够察觉物体，但感觉不到色彩。在离开视觉中心点 90°的地方，除非是光线很亮的情况下，任何的物体都是灰色的。这与视野内锥体细胞和杆体细胞的分布规律有关。正常亮度情况下，人的眼睛能分辨出 10 万种不同的颜色，接近黄昏时，当人们观察鲜艳的红色花朵时最色彩鲜明，这是锥状体在发挥作用，天色渐渐暗下来时绿色的叶子会变得更显眼，这是杆状体在起作用，使红色敏感度下降、绿色敏感度上升的结果。但当光线很暗时则一切都成为灰色。

（5）眼的调节

眼的调节主要有三方面：眼球的运动，远近调节，双眼的聚焦。

眼球的运动是水平比垂直快，所以显示应以水平方向为好。

远近调节，在照明不足时视距的远点移近，远视能力下降，调节的速度和精度也会降低。另外物体与背景的对比度对眼睛的调节也产生影响，对比度越强调节的速度越快。

眼睛的聚焦是靠晶状体的曲率变化，水晶体的曲率在调节肌肉的作用下发生变化，对近距离物体聚焦时，睫状肌收缩，压缩水晶体使其曲率增加，观察远距离的物体时，睫状肌放松，水晶体扁平，调节机制处于休息状态。因此观察近距离物体时，睫状肌负荷较大，容易引起眼睛的疲劳。瞳孔也起到一定的调节作用。因为水晶体的中心部位像差最小，所以瞳孔缩小可以减小像差，获得更清晰的图像。

眼睛的调节能力随年龄的增加而降低，这主要是水晶体的弹性降低了。调节能力的降低直接影响眼睛的最短聚焦距离，年龄增大则近点远移，当距离超过 25cm 时，称为远视眼。另外年龄的增大还会延长眼睛调节所需要的时间。

（6）适应

人的感觉器官在外界条件的刺激下，会使其感受性发生一定的变化。这是为了保护感觉器官免受过强刺激的损害，并有对极弱刺激的敏感反应力；另一方面，面对几个大小不同的刺激，能够进行正确的比较。这种感觉器官感受性的变化达到的状态称为“适应”。当人眼由亮处向暗处转移的过程，称为暗适应。反之称明适应。

去过电影院的都有体会，进入黑暗环境时不能立即看清物体，一方面原因是瞳孔的直径在黑暗环境时为 8mm，到强光下缩小为 3mm，在进入黑暗环境时瞳孔经 3mm 变为 7mm 比较慢，需要 10s。另一方面原因是人眼中有两种感觉细胞：锥体和杆体。锥体在明亮时起作用，而杆体对弱光敏感，人在突然进入黑暗环境时，锥体失去了感觉功能，而杆体还不能立即工作，首先是锥状体开始适应，约经过 10s 完成，然后是杆状体开始适应，这个时间还需要 25s。因而需要一定的适应时间（图 4-8）。这个情况人们在很早以前就知道了。在童话中经常出现的使用隐身法的人，多半是一只眼睛戴着黑眼罩来吓唬人的。就是这些使用隐身法的人，也并不是因为一只眼睛出了毛病才戴眼罩的。有人认为，作为他们来说，戴着眼罩的那只眼睛是为夜间准备的。是真是假不好断言，但似乎有些道理。为了在夜间潜入内部秘密地完成某项任务，就需要有比一般人好得多的眼力。为此采用白天用的眼睛和黑夜用的眼睛分开的办法是可能的。曾经有一种叫作猫头鹰的空军特种部队。据说他们白天也戴着浓色的眼镜，为夜间行动作准备。

在住宅里，由于眼睛不适应黑暗场所，往往会发生很多不愉快的事。例如，在眼睛已经习惯户外亮光的时候，突然进入很暗的门厅，在刚刚进屋的一刹那，不只是有一种阴暗的感觉，而且由于眼睛瞬时还不适应，往往要绊倒在门槛上或碰到伞架上，甚至有时在楼梯上一脚踏空，很可能会造成伤害。所以，在明暗相差悬殊、亮

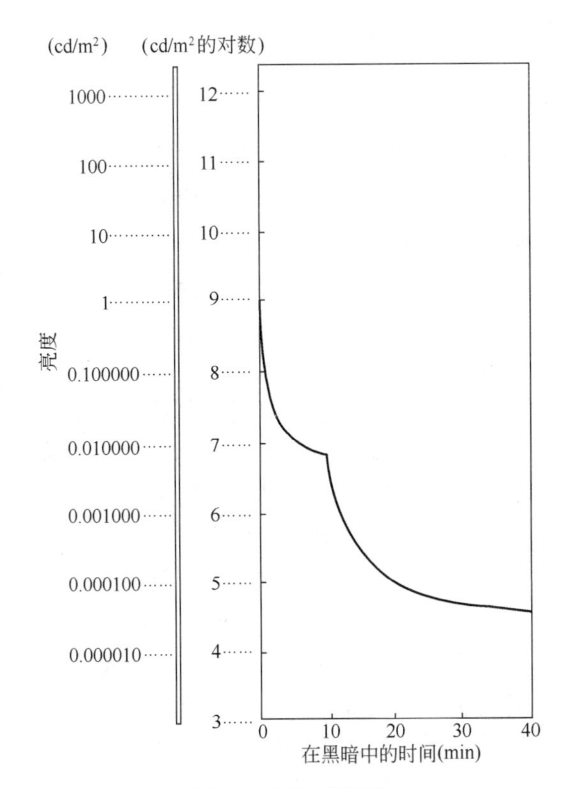

图 4-8　人眼的暗适应

度发生变化的地方，很有可能产生短时间的失明。虽然经过很短时间是可以恢复的，但发生问题可能就在这一段时间内。

自然界里亮度变化的范围，上限从最高度的直射阳光照耀下的积雪面开始，下限到星夜下的阴影部分为止，照度可达到上千亿倍的级差。人的眼睛可以自动调整光敏度，以便适应外界的平均状态。客观上具有一定辉度的物体，由于人眼对不同条件的适应，主观看起来会亮度不同，同一种辉度的物体，在适应太阳光的眼睛看起来是灰暗的，在适应月光的眼睛看起来是明亮的。所以人的主观亮度与真实的物理亮度（辉度）是不同的。比如当夜间行车时，眼睛会对黑暗的环境产生适应，这时对面汽车的大灯就会使对暗适应的眼睛感觉很亮而非常刺眼。另外人的主观感觉亮度在没有相对辉度的情况下，具有恒常性。阳光照耀下的煤炭仍然是黑色，黄昏的白雪还是白色的，实际上前者的辉度是后者的 100 倍。

（7）眩光与残像

视野中遇到过强的光线，超过眼睛当

时的适应条件，整个视野会感到刺眼，这就是眩光。克服眩光主要靠对它的适应，结果是提高了视野的适应亮度，使眼睛的敏感度降低，其结果是降低了对视野中暗的部分的视力，这样的眩光称为视力降低眩光。夜晚的汽车灯、较暗房间的窗户就是这种情况。在实际情况下会因为对黑暗的视力下降而产生不安全的危害。另外，当环境或物体的亮度超过了人眼的感受极限时也会感到不适。如直视太阳或阳光下的雪地会出现这种效果。一般认为是视网膜超过了舒适活动界限，可以说达到了饱和状态，这种现象称不适眩光。

对不适眩光的敏感度，黄种人与白种人不同的。根据实验，白种人比黄种人更加讨厌眩光，黄种人的不适眩光就光源的辉度来说是白种人的 2 倍。原因是黄种人眼睛里黑色素较多，黑色素可以吸收眼球内的散射光。

眼睛在经过强光刺激后，会有影像残留于视网膜上，这是由于视网膜的化学作用残留引起的。残像的问题主要是干扰后继影像的生成，进而影响对外界的观察，因此，应尽量避免强光和眩光的出现。

(8) 闪烁

人的眼睛要不断将外界变化的映像映现在视网膜上，所以视网膜上的映像要尽快地消失。使下面的映像继续感光，就这一点来说视网膜更像电视机的荧光屏，而不是照相机的底片。照相机可以对一幅底片进行持续的曝光以增加曝光量。而眼睛的曝光只是持续在不到 1/10 秒的极短范围。眼睛会感觉到在这个时间界限以上的光的周期变化，这种现象叫闪烁。如果闪光的速度快，眼睛就感觉不出闪光，600 次/s 的闪光是完全不觉得的。荧光灯的频率是 100Hz 或 120Hz，直接看是看不出闪光的。光线变化速度慢时就会有闪动的感觉，20 次/s 会感觉到，10 次/s 会感觉非常烦人。所以，照明光源的频率如果过慢会带来眼睛的疲劳。恰好感觉到闪光的闪动频率称为临界融合频率。电影与电视就是利用这个视觉特点，利用超过临界融合频率的刷新速度使人感觉不到图像的切换闪动。

临界融合率因为视网膜的位置不同而有变化，离开视网膜中心，靠近边缘的部位会大一些，因此，在眼睛侧面余光看到的如电视机（老式的 60Hz 刷新率）的画面就会出现闪烁。

(9) 视错觉

知觉与外界的事实不一致时，会发生知觉的错误。大部分的错觉发生在视觉方面。但这不是说视觉的差错。这里不包括那些处于精神恍惚状态出现的视觉现象。错觉是指不论是谁都会发生的视觉自然歪曲现象。错觉发生的原因有多方面：一是外界刺激的前后影响；二是脑组织的作用；三是环境的迷人现象；四是习惯；五是主观态度。心理学家发现了各式各样的错觉图形，并就错觉的发生向人们进行了简易的说明。

在一般视野内，同样的物体，上下左右看起来大小往往是不一样的，一般来说上部和下部会产生“过大视觉”倾向。铅字的 8 和 S，如果将其上下颠倒，就会由于过大视觉的作用，使上部显得更大而产生头重脚轻的不稳定感。

图 4-9 举出了有关直线方向的几个错觉，这些图不论哪一个都含有斜线相交，锐角相交时产生过大视觉，看起来直线方向会倾斜一些。

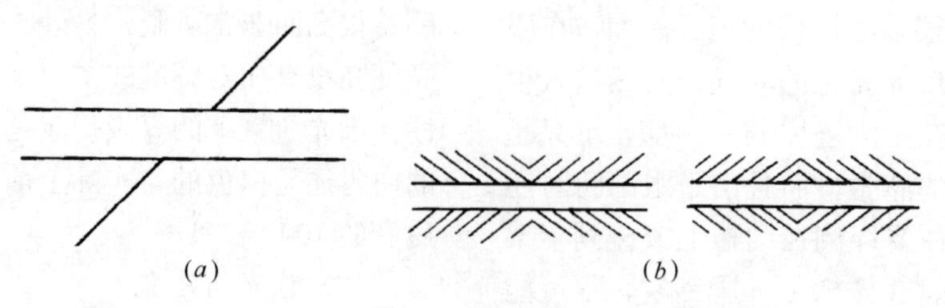

图 4-9 几个错觉

(*a*) 受到两条平行线影响，直线看起来不直；(*b*) 赫林 (Hering) 错视

图 4-10 关于直线长度的错觉，在图 4-10（b）中两水平线段相等，但两端开放外张的看起来长一些。在图 4-10（d）垂直线与水平线相等，但看起来垂直线要比水平线长一些。有许多分割线的线段看起来比单纯的线段似乎也要长一些。

图 4-10（a）由于同化、对比，使角度、大小、形状和距离发生变化的错觉。在同化作用下，左边的内圆看起来大一些，右侧的外圆则小一些。其他的图形也都是由于对比的作用产生误差。

建筑上也有很多视错觉的例子，又与视野里的不均等现象，人眼对无论是垂直和水平看起来都不一定像几何学那样的准确（图 4-11）。

特别是处于眼睛高度以上的较长水平线的两端，看起来会感觉降低。垂直向上的长方形，其顶端部分看到的效果会感觉大一些。中国传统和日本传统建筑大屋顶的檐口线，在两端部位稍微向上翘曲，除了排水技术的要求外，其本来目的是让人们看到水平线是一条不松弛的直线。另一个例子是雅典的帕特农神庙，她建在雅典卫城的山上，人要向高处仰视观看，使水平线向下弯曲正是为了强调使它看起来比实际的高度更高一些（图 4-12、图 4-13）。

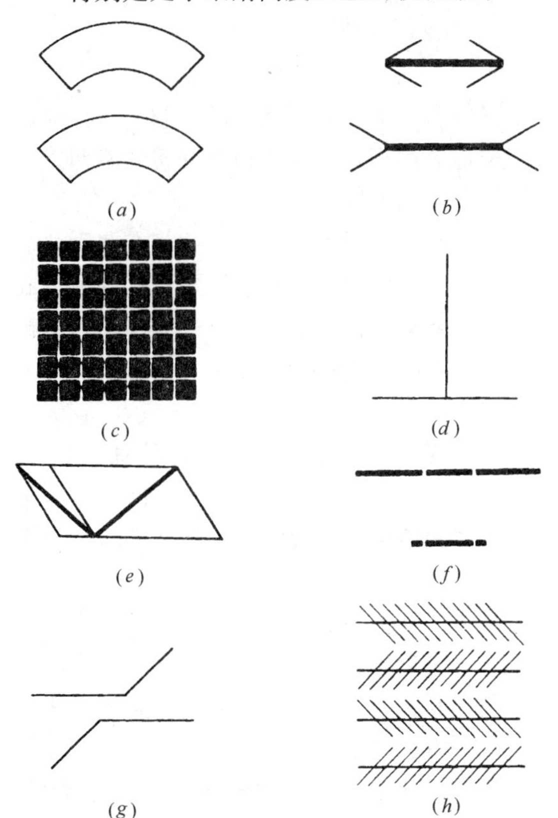

图 4-10　直线长度的错觉

（a）虽两图一般大小，但我们会认为上图在远方；（b）幕勒·里伊尔（Muller-Lyer）错视，斜折线锐角愈尖锐，错觉效果愈大；（c）白线交点上，感觉有灰点存在；（d）垂直线看起来较水平线长；（e）平行四边形愈扁错觉愈大；（f）中间线段实为相等；（g）上图斜线与下图斜线，可连接成一直线，然因受到平行线影响，故看起来不在一直线上；（h）粗线均为平行线，受到了斜线干扰，看起来就不平行了

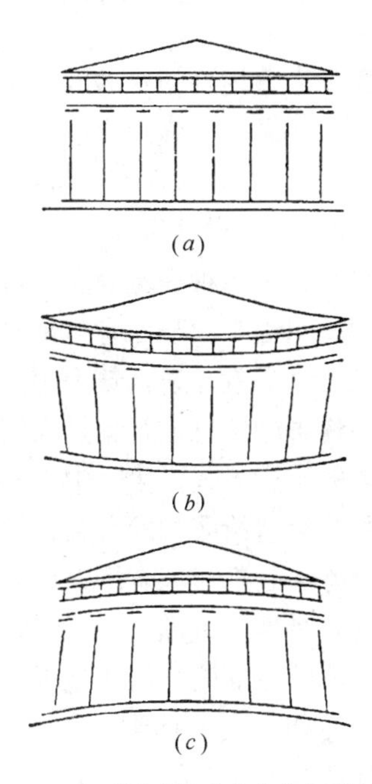

图 4-11　帕特农神庙的弯曲水平线

（a）准确的几何图形；（b）视觉变形；（c）纠正变形

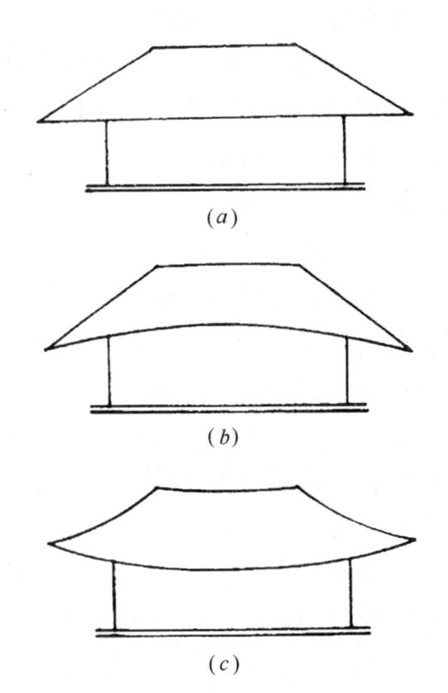

图 4-12　中、日建筑檐口曲线

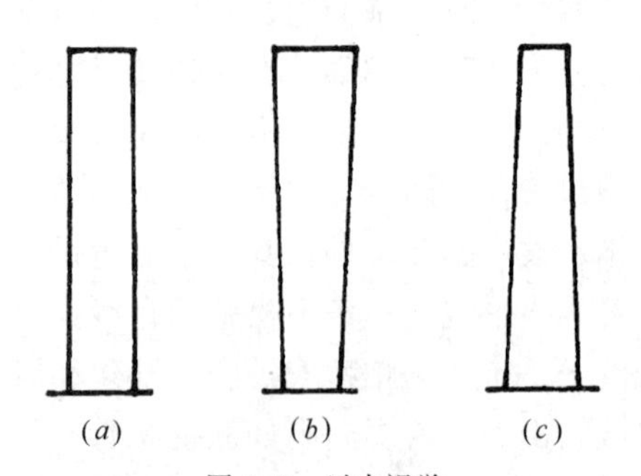

图 4-13　过大视觉
(a) 准确的几何图形；(b) 过大视觉变形；
(c) 收分纠正图形

视觉在室内环境中的问题主要分为两个问题，一是视觉显示问题，二是光环境问题。

4.2.2　视觉显示

显示是指各种视觉信息通过一定的形式陈列显示出来。显示有多种多样，视觉显示顾名思义就是以视觉为感觉方式的形式来传递各种信息。视觉是人们与周围环境接触的主要方式，生活中大量的信息都通过眼睛传递给我们的大脑，然而这大量的信息并不是都对人有用，如何根据眼睛的特征，使需要的信息更容易被视觉接收、接收的更准确，这就是视觉显示研究的问题。如：交通标志以何种形式为好；哪种光适合作夜间标志；标志的大小尺寸如何等。

视觉显示的一般原理，良好的视觉显示比只是可以看更需要选择和设计，首先，良好的显示要表现出易于使人了解和解释的形式，良好的视觉显示应注意以下几个因素：

(1) 视距

显示的视距对细节的设计、位置及色彩和照明等的处理都非常重要，如一般的书和地图都是设计成不超过 16 英寸的观看距离，而有些显示像控制台等通常为不超过手臂的长度（28 英寸）。还有些标志如路标则设计成很远。

专家对观察行为的研究表明，博物馆成年观众的视区仅仅是他水平视线 0.3～0.91m 的范围，平均视距为 7.3～8.5m（据在博物馆中所做的现场观察，观众的视距与陈列物品的尺寸有关，美术馆观众的视距远小于上述数字。当画幅在 0.6m×0.6m 左右时，观众的平均视距为 0.8～1.2m，当画幅在 1.2m×1.2m 左右时，观众的平均视距则为 2.5～3.0m）。陈列室空间形状和放置展品的位置都要考虑这个有效范围，否则会造成眼睛的疲劳、甚至造成错觉，减少可能加速眼睛疲劳的一个有效方法是改变放置展品的水平面，使眼睛在观看时可以不断调节焦距而不是固定在某一点上。有关观察行为的另一些研究还表明，眼睛喜欢在视区内进行跳跃和静止两种形式的运动，即“游览”和“凝视”。大部分接受试验的人首先凝视所看材料的上方某一点，然后移向视区中心的左边，了解这一点对布置展览很重要。

(2) 视角

一般来说，当视觉显示在水平方向上最好看，但有时因条件的限制不行，此时应注意因视角造成的视差和暧昧不明。

(3) 照明

有些显示本身是光亮的，有些则要靠其他光源的照明，有些要在较暗环境，有些则要求较佳的照明。有时需要强烈的色彩，有时则要接近自然光。

(4) 环境状况

视觉显示总是在一定的周围气氛中，如坐在汽车或火车中。良好的设计应避免不利的情况，使视觉显示在其环境中设计适当。

(5) 整体效果

视觉显示不是孤立的，这时应能保证表现方式因内容而异，人们应能迅速地找到所需的显示内容。

视觉显示的方式多种多样，如光线、显像管、仪表、图形、印刷等。通常大致可分为两种：动态和静态。随时间变化的为动态的；固定不变的为静态的。动态的多数是仪表和显像管等，静态的大多数是各种标识，如标志、图片、图形等。

(6) 视听空间

周围照明：周围照明是指屏幕外的照明，长期以来人们总以为周围的照度最好是黑暗的，其实并非如此。实验表明：屏幕黑暗部分的明度与周围的明度相一致时观察效果最优。过暗易造成视觉疲劳。

暗适应：在显示器前工作的场所应注意的问题：一是人眼要适应显示器的亮度；二是周围环境不宜过暗，以造成需要观察周围时的暗适应问题。

屏面的大小和位置：因为人的视野是一定的，在较少移动目光的情况下，人观察的范围是一定大小的，它与屏幕的有一定的关系，过大则人只能观察到中心的信息。而过小则会造成视觉疲劳且只注意边缘的信息，因此，屏幕的面积与视距是成一定比例的，成正比。屏幕的位置最好与人的视线垂直，视点在屏幕的中心（图 4-14）。

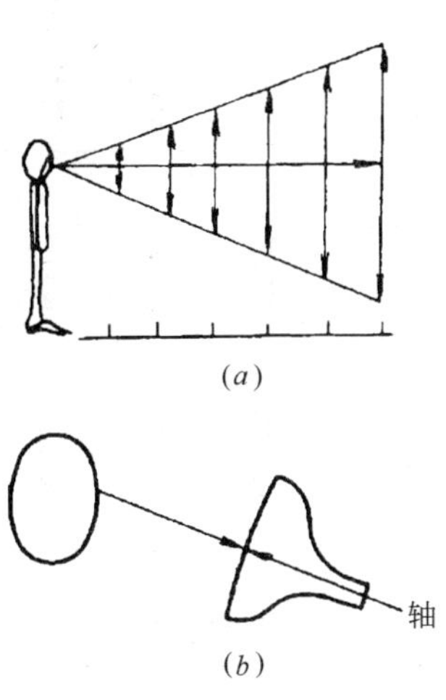

图 4-14 视点在屏幕的中心

（7）灯光的显示

主要有灯箱、信号灯和由灯组成的图形等。

亮度因素：灯光显示最主要的是亮度因素。灯光若要引起人们的注意，则其亮度至少要两倍于背景的亮度，亮度的大小取决于环境背景的要求而不是越大越好，还应避免分散注意力和眩光。因此，与环境相适应时还要控制光强的变化。同样的亮度，闪光更易引起人的注意。是否采用灯光应根据环境而定，如果照明很好，则无必要。

灯光显示的色彩：应尽量避免含糊不清的色彩同时使用，色彩也不应太多，为了使人能分辨，不应超过 22 色，最好 10 种以内。色彩的含义也要注意，比如安全色：各国均有规定。红：警告；黄：危险；绿：正常。

与周围的环境的关系：单就个别信号的清晰度而言，蓝绿色最好，受背景影响也小。但不易混淆的程度不如黄紫色。同一色彩来说，色彩饱和度高的受背景的影响也小。红光的波长长，射程远，可保证大视距。但从功率耗损而言，越纯的红光功率损失越大。而蓝绿光的功率消耗小，而且人的主观感觉亮度高，所以实际上在同等的功率下，蓝绿光的射程较远。

整体效果：强光、弱光最好不要太近，以免相互影响。单个光的显示往往最明显，光显示过多会冲淡对重要信号的注意，应当有主次。

4.2.3 光环境设计

前面我们已经讨论了视觉的机制，而光是视觉的基础，只有环境中存在光，人们才能借助光观察客观世界的一切。所以光是视觉功能不可缺少的媒介。我们生活和工作中的大量活动，都需要良好的光线，而光线的来源有两种，自然采光和人工照明。自然采光与人工照明不同，它主要是建筑空间构成的问题。而照明设计的好坏对工作和生活的影响很大。因现代建筑的内部空间越来越复杂，完全采用自然采光已不可能。因此光环境的设计更显重要。

（1）照明设计的基本概念

光源发光强度(光源的亮度)：光源的亮度单位是希提（sb），表示在 1cm 的面积上发出 1cd 时的亮度常见的光源的亮度值

白炽灯：300～500sb。

荧光灯：0.8～0.9sb。

太阳：200000sb。

晴天的天空：0.2～2sb。

亮度：是指人们感受到的物体表面发出的亮度，是人眼的主观感觉。

照度：对于被照射的物体而言，人们常用落在其单位面积上的光通量的多少的数值来衡量其照亮的程度，称为照度。照

度的大小首先决定于发光物体的发光强度，还同光源距离被照物体的距离有关，距离越远越弱、距离越近越强。其次，被照面与光源所形成的角度也会影响照度的大小。光线成 90°角时最好，倾角越大照度越弱。

发光强度和照度属于物理特性，而亮度是人们主观感觉到的亮度，与前者有一致的倾向，发光强度越大，亮度也越大。但是这里忽视了人们自身视觉因素的影响。就主观而言，观察者的视力、视距、视角都会产生重要的影响。

照明质量的要求：灯光布置并非随意布置就可以满足质量要求，必须经科学地分析和计算，照明质量由照明水平、照明均匀度、光的方向性、是否有眩光以及显色性等诸多因素决定，并且用视觉效果和视觉舒适感进行评价，其中人的主观感觉评价居于主导地位。

（2）适当的亮度

指照明的水平，是指工作面上的照度值，由视觉工作条件决定。视力是随着照度的变化而变化的（图 4-15），要保持足够的观察能力，必须提供合适的照度。不同的活动，不同的人，对照度有不同的要求。照度与视觉观察之间的对应关系：细微的工作照度高；粗放的工作照度低。观察运动物体照度高；静止物体照度低。用视觉工作照度要求高；不用视觉工作照度要求低（图 4-16、表 4-3）。儿童要求照度低；老人要求照度高。

照度低会看不清，是不是越高越好呢？不是，当超过一定的临界时视力并不随照度的提高而提高，而且会造成眩光，影响视力。还有，过亮的环境会使眼睛感到不适，增大视觉的疲劳（因虹膜的高度紧张）。因此，照度应保持在一个舒适的范围之内，大体在 50～200lx（图 4-17）。

（3）照明均匀度

照明均匀度，室内照明还应有良好的均匀度，即在给定的工作面上的最低照度与室内平均照度之比。不要过于悬殊，愈接近均匀度，其均匀度越好。

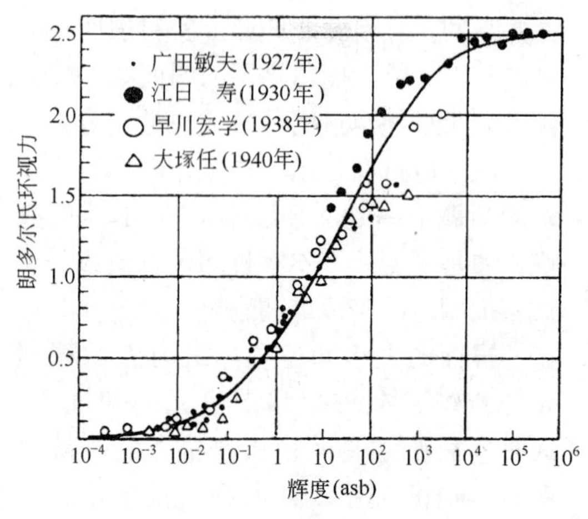

图 4-15　亮度与视力

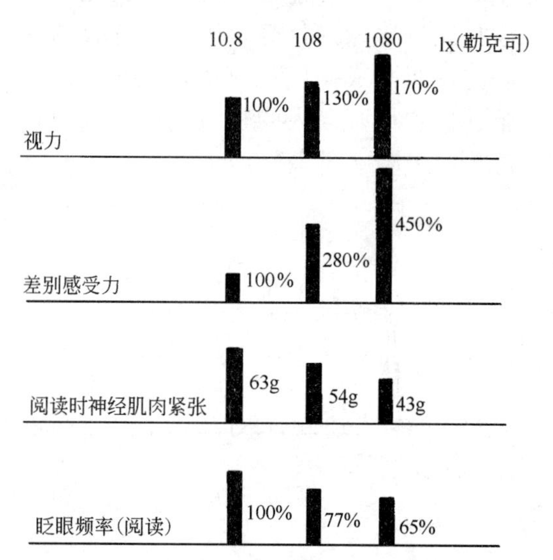

图 4-16　照明对视觉的影响

工作室的照明　　表 4-3

作业种类	举例	照明(lx)
粗	库房	80～170
中等精度	实验室，简单装配车床，木匠	200～250
精密	阅读，写作，图书馆，精密装配	500～700
非常精密	制图，色形检查，电子产品装配	1000～2000

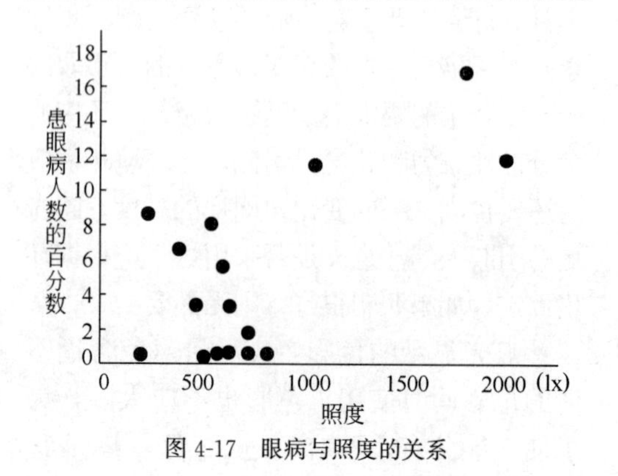

图 4-17　眼病与照度的关系

光照是否均匀，和亮度的分布直接相关。视野中最亮的部分与其周围最暗的部分的亮度比应小于10∶1。局部的照明与环境背景的亮度差别不宜过大，太大容易造成视觉疲劳，因光线变化太大眼睛需不断的调节以适应。视野内各部分的亮度比宜为：视觉观察物与工作面之间的最大亮度比为3∶1；视觉观察物与周围环境的最大亮度比为10∶1；光源与背景之间的最大亮度比为20∶1；视野中的最大亮度比为40∶1。

（4）眩光和阴影

眩光是视野范围内亮度差异悬殊时产生的，如夜间行车时对面的灯光，夏季的太阳下眺望水面等。产生眩光的因素主要有直接的发光体和间接的反射面两种。浅色的眼睛比黑眼睛更易受到眩光的干扰。眩光的主要危害在于产生残像，破坏视力，破坏暗适应，降低视力。分散注意力，降低工作效率，产生视觉疲劳。消除眩光的方法主要有两种，一是将光源移出视野，人的活动尽管是复杂多样的，但视线的活动还是有一定的规律的（图4-18～图4-20）。大部分集中于视平线以下，因而将灯光安装在正常视野以上，水平线上25°，45°以上更好。二是间接照明，反射光和漫射光都是良好的间接照明，可消除眩光，阴影也会影响视线的观察，间接照明可消除阴影。

（5）暗适应问题

A. 照度平衡；B. 黑暗环境的照明。

某些活动往往要在比较黑暗的环境中进行，如电影院、舞厅、机场塔台、声光控制室等，在这里，既要有一定亮度局部照明，以便能看清楚需要的东西，又要保持较好的对黑暗环境的暗适应，以便观察其他的较暗的环境，因此只能采用少量的光源进行照明。在上述环境下，我们采用弱光照明，然而，采用普通的灯光，其暗适应性较差，红色光是对暗适应影响最小的，因此，在暗环境下多用较暗的红光照明。

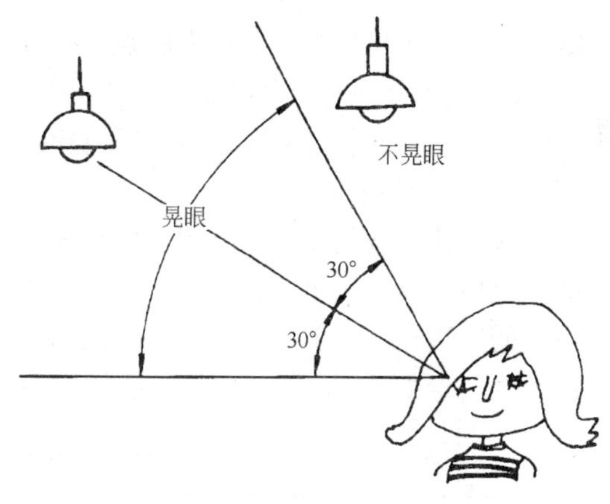

图4-18 避免光源布置在视野内

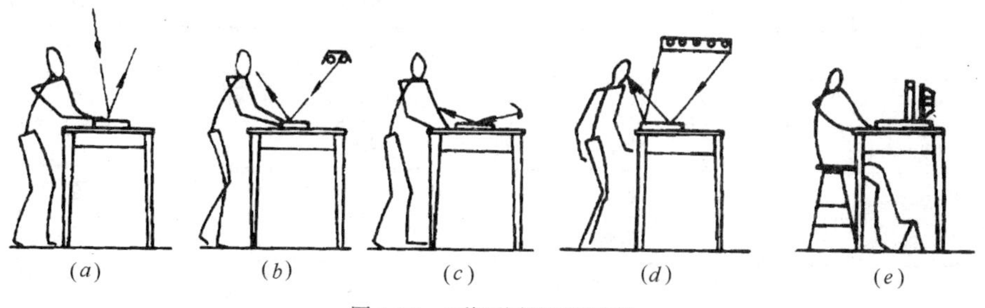

图4-19 5种不同的照明方法

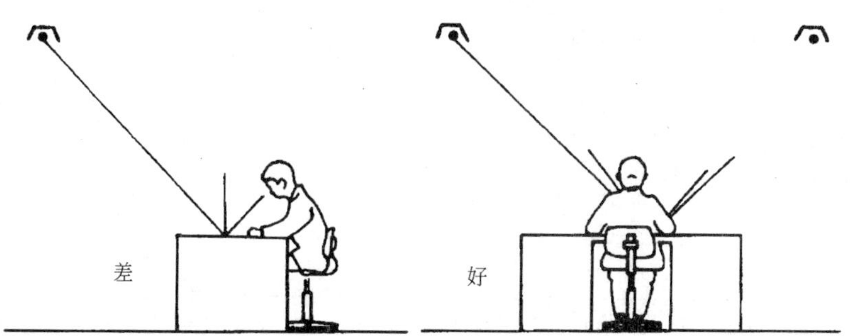

左：照明灯的光线直接反射，干扰视线
右：照明灯的光线向两侧反射，避免眩光

图4-20 避免光源反射产生眩光

（6）光的方向

在光环境设计中常常利用光的方向特性，是定向光线与漫射光线同时照射到物体上可以产生更为突出的立体效果。另一方面还可以根据需要调整光源方向，凸现出某些特征或掩盖某些瑕疵。

（7）光色与显色性

光色：光是有不同的颜色的，对照明而言，光和色是不可分的，在光色的协调和处理上必须注意的问题是色彩的计划必须注意光色的影响。其一是光色会对整个的环境色调产生影响。可以利用他去营造气氛色调。其二是光亮对色彩的影响，眼睛的色彩分辨能力是与光亮度有关的，与亮度成正比。因对黑暗敏感的杆体是色盲，在黑暗环境下眼睛几乎是色盲，色彩失去意义。因此，在一般环境下色彩可正常处理，在黑暗环境中应提高色彩的纯度或不采用色彩处理，而代之以用明暗对比的手法。

显色性：现代光环境设计十分注意光的显色性，同一颜色的物体，在不同光谱组成的照明光源照射下，可显出不同的颜色，光色会影响人对物体本来色彩的观察，造成失真。影响人对物体的印象。这种现象称为光源的显色性（表 4-4）。日光色是色彩还原的最佳光源，显色性最接近自然状况下的物体所呈现的色彩。显色性的问题的处理有两个不同的原则：

减少还原失真的原则：这一原则适用于那些对色彩的辨别要求比较严格的空间环境，如色彩设计室、化妆品柜台、服装或产品展示等。

色彩诱导原则：在特定的地方用特定色彩对心理的诱导作用增加被视误的效果，如暖色光会使食物更诱人，淡黄色的光会使绿色更翠绿，所以食物用暖色光、蔬菜用黄色光比较好。表 4-5 说明光源显色性分组，即显色性指数范围及外观感受和实际应用。

4.2.4 色彩环境

色彩的应用是非常复杂的事情，在各行各业都有其各自的规律，并有各自的着眼点，其中重要的一个原因就是人对不同的事物的主观要求不同，生理及心理的适应框架也不同，所以了解特定对象的色彩感觉规律很重要。

不同照度下光的颜色效果与感觉　　表 4-4

照度(lx)	光的颜色外观效果		
	暖	中间	冷
≤500	舒适	中等	冷
500～1000	↕	↕	↕
1000～2000	刺激	舒适	中等
2000～3000	↕	↕	↕
≥3000	不自然	刺激	舒适

光源显色性分组及适用范围　　表 4-5

显色性分组	显色指数范围	颜色外观	用途举例
1	$R_a \geqslant 85$	冷 中间 暖	纺织、油漆、印刷厂 商店、医院 住宅、旅馆、餐厅
2	$70 \leqslant Ra \leqslant 85$	冷 中间 暖	办公室、学校 精密工业
3	$R_a < 70$，但具有对一般工作室内部能接受的显色特性	—	对于显色性并不非常重要的房间
s(特殊)	具有异常显色性的灯	—	特殊用途

在建筑室内外环境中，色彩的运用除了满足美感的因素以外。更重要的还是满足安全、健康、方便、舒适的功能。在建筑空间环境中，色彩主要扮演着两个功能角色：传递信息和营造环境氛围。从传递信息的角度，主要考虑的是色彩的观察特性——色彩的诱目性和语意性——色彩的联想；从营造环境的角度，主要考虑的是色彩的心理感觉——色彩的物理感受。

（1）色彩的诱目性

眼睛没有看任何物体，而被色彩自身的性质引起注意的特性称作诱目性。眼睛容易认出预想的物体存在的性质称作认识性。眼睛阅读文字时易于读出的性质称作可读性。认识性、可读性虽与诱目性有不同，但基础仍源于诱目性。有的色彩从远处比较容易看出，有的则不容易。从经验中了解到黄色或橙色是比较容易观察到的颜色，因此，在社会生活中经常会用黄色、橙色作引起注意的标志。色彩是否容易被看出，还取决于与背景的关系。容易被看出的色彩与容易被确认的色彩并不相同，与容易被读出的文字色彩也不一样。

根据实验，色彩的诱目性从强到弱依次如下：

红＞蓝＞黄＞绿＞白

这是根据相同背景条件下测定的结果，为了突出某种颜色，可以调整背景加大反差。在上述的诱目性顺序中，黄色居中，这是各种色光的主观亮度相同的缘故，但在日常经验中，黄色最亮，其诱目性是最强的。在诱目性的实验中，当背景是黑色、中灰色时，其试验结果几乎是一样的。其强弱顺序是黄、橙、红……但是，当处于白色背景时，黄色则很难被看出，因而诱目性改变为红、橙、黄……此外，冷色系统的色彩的明度对比比较有效。比较容易被看出。综合其他因素，认为一般情况下，红色的诱目性稍微优于橙色和黄色。所以红色多被采用。

（2）色彩的认识性

根据实验结果，多种色相的高彩度色彩，在黑色和白色背景下测量认识距离，背景不同，其效果完全不同，反映出色彩的认识性取决于色彩与背景条件。明度对比大，它的认识性就强。人们观看彩色照片或彩色电影，远比黑白照片或黑白电影受欢迎，前者比后者更易于理解。更符合现实世界。

（3）色彩的可读性

色彩的可读性体现在色彩图形与背景的明度差别上，差别较大，色彩的可读性就强。可读性最强的色彩组合是黑色和白色。但是白色背景上的黑色图形和黑色背景上的白色图形相比，后者更容易被读出。这是由于黑色有后退的视觉效果，从而提高了眼睛对白色的灵敏度。在有彩色和无彩色的组合中，背景上采用高彩度的有彩色更容易被读出。以蓝色背景上的白色可读性最强。色彩的可读性主要用于环境信息标志的色彩设计。

色彩的诱目性对于环境标示及其他一些展示性的设施的观察效果有着很大的影响，设计不好的标示不易或根本达不到应有的功能，造成使用不方便甚至是安全的问题，这在现实生活中是很多的。

（4）色彩的联想与象征

联想是每个人自然具备的一种思维能力，联想过去的经验知识，也可以联想推知未来，联想虽没有实际经历，但可以推想未来事务，现实的色彩是激发联想的条件之一。这种联想也因人而异，与人们的生活经验有关。色彩联想一般来说与生活有关系。联想有抽象与具象之分。

色彩的联想意义见表 4-6、表 4-7。

色彩的抽象联想 **表 4-6**

色彩 \ 年龄段（性别）	青年（男）	青年（女）	老年（男）	老年（女）
白	清洁，神圣	清楚，纯洁	洁白，纯真	洁白，神秘
灰	阴灰，绝望	阴气，忧郁	荒废，平凡	沉默，死灰

续表

色彩 \ 年龄段（性别）	青年（男）	青年（女）	老年（男）	老年（女）
黑	死灰，刚健	悲哀，坚实	生命，严肃	阴气，冷淡
红	热情，革命	热情，危险	热烈，卑俗	热烈，幼稚
橙	焦躁，可怜	下品，温情	甜美，明朗	欢喜，华美
褐	涩味，古风	滋味，沉静	滋味，坚实	古风，素朴
黄	明快，泼辣	明快，希望	光明，明快	光明，明朗
黄绿	青春，平和	青春，新鲜	新鲜，跃动	新鲜，希望
绿	永恒，新鲜	平和，理想	深远，平和	希望，公平
蓝	无限，理想	永恒，理智	冷淡，薄情	平静，悠久
紫	高贵，古风	幽雅，高贵	古风，优美	高贵，消极

色彩的具体联想 **表 4-7**

色彩 \ 年龄段(性别)	小学生(男)	小学生(女)	青年(男)	青年(女)
白	雪,白纸	雪,白兔	雪,白云	雪,砂糖
灰	老鼠,灰烬	老鼠,阴天天空	灰烬,混凝土	阴天天空,冬季天空
黑	木炭,夜间	毛发,木炭	夜间,黑伞	墨,煤烟
红	苹果,太阳	郁金香,衣服	红旗,血液	口红,红鞋
橙	橘子,柿子	橘子汁	橘子,砖	橘子,砖
褐	土,树干	土,巧克力糖	皮包,土	栗子,鞋
黄	香蕉,向日葵	菜花,蒲公英	月亮	柠檬,月亮
黄绿	草,竹	草,叶	嫩草,春天	嫩草,衣服里衫
绿	树叶,山	草,草皮	树叶,蚊帐	草,毛线衫
蓝	天空,海	天空,水	海,秋季天空	海,湖
紫	葡萄,紫罗兰	葡萄,桔梗	裤子	茄子,紫藤花

在社会生活中，对色彩的共性联想，约定为某种特定的内容，这种情况成为色彩的象征。色彩的象征通过历史、地理、宗教、社会制度、风俗习惯、文化意识、身份地位等显示出来，这种象征意义在各民族和人种之间是不同的。

红色：火、停止、禁止、危险。

黄色：危险、警告、提示。

绿色：安全、和平、许可。

橙色：救援、救险。

蓝色：和平。

色彩的象征性被广泛应用于各种环境信息标志的设计中。因为色彩比符号和文字传达信息的距离和识别速度都要好，所以正确的使用色彩的联想意义，使人们通过对色彩的感知快速准确的理解标志的含义。

(5) 色彩的物理感觉

人们在长期的与色彩世界共处的过程中，由于主观感觉与客观环境联系的经验的建立。逐渐形成了对色彩的物理感觉特性。这里包括色彩的温度感、距离感、体量感、重量感，统称为色彩的物理感觉。

温度感：是指不同的色彩带给人的不同的温度感觉，如红色、黄色、橙色等使人感觉热或者温暖，蓝色、绿色感觉冰冷、清凉。

距离感：表现为色彩具有前进或后退

的感觉效果。前进色就是显示出来的感觉距离比实际位置接近的色彩；后退色是显示出来的感觉距离比实际位置推后的色彩。色彩的前进与后退主要与色彩的明度、色相有关系。一般来说明色显得前进、暗色显得后退；暖色是前进色，冷色是后退色。如白色是前进色，黑色是后退色。

体量感：当物体的体积看上去比实际大一些时，其色彩称为膨胀色，反之称为收缩色。其实膨胀与收缩的视觉效果与前进、后退的视觉效果是一种现象的两种表现，所以膨胀色与前进色相同，收缩色与后退色相同。膨胀与收缩的主观感觉的变化范围大约是物理面积的4%。

重量感：即所谓的重色和轻色，物体看上去显得轻一些的叫轻色，显得重一些的叫重色。一般来说重量感受明度的支配，明度越高重量越轻，反之明度越低感觉重量越重。

在室内设计中，善于应用色彩的物理感觉，使室内空间环境从视觉上形成正面的良性的空间心理感受是室内色彩设计的核心之一。如利用色彩的温度感调节室内空间的温度感觉，利用色彩的距离感调节空间的体量与心理感受，可以起到四两拨千斤的效果，有时是其他的手段无法代替的。不好的设计也会带来很多的问题，比如现在的室内设计经常在地面设计很多的图案拼花，由于色彩的前进后退感觉，经常会给人以错误的感觉，这种设计如果和真实的地面起伏相互交错，很有可能会给人错误的感觉，造成伤害。尤其是老年人与视力缺陷者就更危险。

4.3 听觉与声环境

4.3.1 听觉

听觉是除视觉以外人类第二大感觉系统，它由耳和有关神经系统组成。听觉要素主要包括：音调（频率）、响度、声强；人类的可听到的声音频率范围是20～2000Hz，但随着响度、强度会有变化，这三者互相影响。

（1）耳

作为听觉器官的耳，由三部分组成，鼓膜之前称为外耳，鼓膜与前庭之间称为中耳，从前庭向里称为内耳。外耳承担着集音器的作用，中耳的鼓膜是圆形的薄膜，由声波激发鼓膜的振动，其内侧有小听骨所在的空腔，鼓膜的振动由小听骨放大并传递到位于前庭窗的后的内耳，经过一系列复杂的机构最终传递到大脑皮质的听觉中枢，完成声音的感知过程（图4-21）。

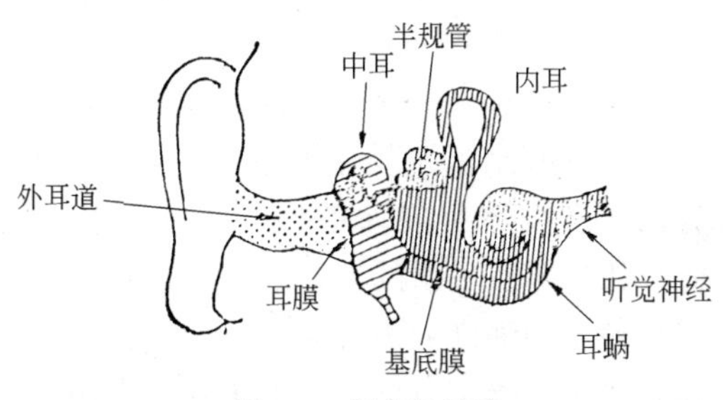

图4-21 耳的解剖图

（2）听力

听力是人耳感受声音的能力，人耳的可听范围非常广泛，声压级从0～120dB，频率从20～20000Hz都可以听到，20Hz以下的称为次声波，20000Hz以上的称为超声波。任何人的听力都不是稳定不变的，都会随着年龄的增长而逐渐衰退，人的听力在20岁前后是最好的，30多岁开始听力下降，以后健康人的听力也随着年龄的增长而下降，而且一般是频率越高损失越大，称为老年性听力下降。这是由于年龄增长，听骨小关节硬化和内耳器官敏感度下降引起的。此外，听力下降还和人所处的环境有关。科学家对非洲土著居民马班族进行的研究是一个例子。通过研究发现，马班族人与现代都市生活的人的听力比较中，马班族人的听力随年龄增长而衰退发展得非常缓慢。马班族人生活在安静的环境里，而且他们非常健康，没有高血压、心疾患，其血管机能总处于年轻状态。但是在工业比较发达的现代都市里，其听力衰退除了由于年龄增长的因素外，还有其他的重要原因是营养不均衡、生活紧张、环境噪声等积累的结果。

听觉有两个基本的机能：①传递声音信息；②引起警觉，即警报作用。

4.3.2 声环境

室内听觉环境问题主要包括了两大类，第一类是使人爱听的声音如何被人听得更清晰、效果更好，这主要是音响、音质设计的问题。第二类是人不爱听的声音，如何去消除，即建筑声学及噪声控制问题。在下面部分，我们主要介绍有关噪声控制问题。

（1）噪声的定义

就声音对人的感受而言，分为乐音与噪声。一般比较和谐悦耳的声音我们称之为乐音。物体有规律的振动可以产生乐音，如乐器所发出的声音都属于乐音。不同频率不同强度的声音无规律的组合在一起就变成了噪声。但是也不单纯是由声音的物理性质决定，也与人的生理和心理状态有关。最简单的定义是：噪声是干扰声音。凡是干扰人的活动（包括心理活动）的声音都是噪声，这是从噪声的作用来对噪声下定义的；噪声还能引起人强烈的心理反应，如果一个声音引起了人的烦恼，即使是音乐的声音，也会被人称为噪声，例如某人在专心读书，任何声音对他而言都可能是噪声。因此，也可以从人对声音的反应这个角度来定义噪声。噪声是引起烦恼的声音。

（2）噪声的生理作用

噪声可以对人的活动产生干扰：

1）警觉干扰：听觉的疲劳造成警觉性下降，敏感度降低。

2）睡眠干扰（图 4-22）干扰正常的休息，有害健康。

3）心理应激：由一系列的生理反应引起的体内改变对健康有害。

同时，噪声通过网状激活系统刺激脑的自律神经中枢，可以引起内脏器官的自律反应，如心率加快。许多生理学研究都发现，当人受噪声影响时会有如下生理

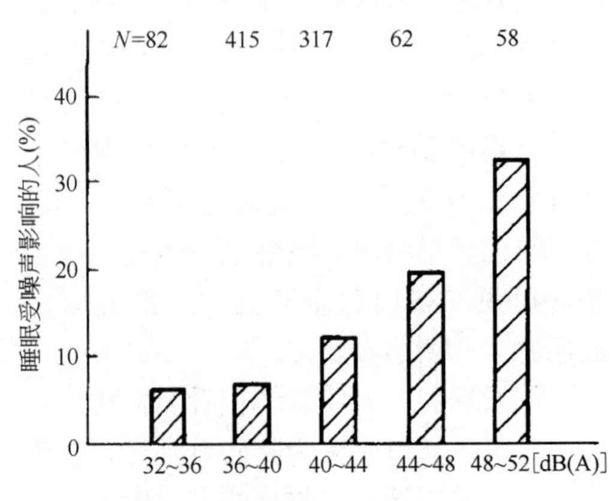

图 4-22 交通噪声对睡眠的干扰

反应：

1）血压升高；

2）心率加快；

3）皮下血管收缩；

4）代谢加快；

5）消化减慢；

6）肌肉紧张。

所有这些现象都与觉醒程度是否进入了警觉状态有密切的关系。在动物世界内，听觉是基本的报警系统，人的听觉系统的两个机能之一，是引起警觉。这些生理反应的生物意义是噪声的心理作用，噪声对人的情绪影响很大，这种情绪引起强烈的心理作用。自然界的声音，如树叶的沙沙声、流水淙淙声听起来使人心旷神怡，而噪声和噪声环境使人感到讨厌，这种讨厌的情绪决定于主观和客观的各种因素，现归纳如下：

1）噪声强度越高，高频成分越多，引起的讨厌情绪越强；

2）不熟悉和间断的噪声更令人讨厌；

3）个体对某噪声的经验也是一个重要因素，经常干扰其睡眠和工作的噪声特别讨厌；

4）个体对噪声的态度或者看法也特别重要；

5）噪声干扰作用的大小还决定于受影响的人在做什么和当时的时间。

正在做家务的妇女根本不会理会交通噪声和邻居的吵闹声，而正在午休的丈夫，就会十分讨厌这些噪声。噪声引起的

讨厌情绪是在噪声的有害性中最严重的一个。设计中必须仔细研究，避免噪声对人的心理伤害，确保作业者的身心健康。人能否逐渐适应于噪声仍不清楚，实验的结果也互相矛盾，有的说人有一定的噪声适应能力，有的说没有，甚至认为受噪声影响的时间越长越敏感。可以说，从噪声问题日趋严重和噪声引起的讨厌心理来看，只能说人是无法适应噪声的，即使存在一定的适应能力，也远远小于噪声的有害作用。

噪声与健康体力恢复是身体健康的基本保证，夜间睡眠、工间休息和午休都有利于体力恢复。如果噪声对自律神经系统的刺激作用不限于工作时间，而且延续到休息和睡眠时间，则人在应激和恢复之间的平衡就被破坏，噪声就成了造成慢性劳损、作业效能下降以及各种慢性疾痛的原因之一（表 4-8）。

交通噪声对建筑物的影响（测量位置为窗口）　表 4-8

交通情况	白天 L_{eg} [dB(A)]	夜晚 L_{eg} [dB(A)]
忙（主要街道）	65～75	55～65
中等	60～65	50～55
少（小街道）	50～55	40～45

根据世界卫生组织（WHO）的定义，健康是指生理和心理的健康。由此可见，不仅噪声造成人的耳聋，而且使人的睡眠受干扰、体力恢复不足，每日怀着对噪声讨厌的心理都是健康情况不正常的表现。

（3）噪声与听力

次强噪声只引起短时的听力丧失，但经常发生短时的听力丧失，就会导致永久性的听觉丧失，成为噪声聋。内耳的感声细胞受噪声影响，逐步退化是出现永久听力丧失的原因。

年龄与听力丧失——人随着年龄的增加听力会有所下降，听力下降是从高频部分开始的，以 3000Hz 纯音的听觉阈限为例，不同年龄的人，其听力丧失情况如下：

50 岁　　10dB

60 岁　　25dB

听力丧失预测：对于噪声负荷和听力丧失规律的研究，使我们能够预测噪声对听力的损害性，国际标准局也有表可查。预测的听力丧失成为可能，听力丧失，它与噪声强度、受噪声影响的时间有密切关系（表 4-9）。

可能听力丧失　表 4-9

L_{eg}[dB(A)]（一周工作 40h）	受噪声影响时间（年）		
	5	10	20
80	0%	0%	0%
90	4%	10%	16%
100	12%	29%	42%
110	16%	55%	78%

表中的百分数表示出现听力丧失占总人数的百分比。显然，90dB 以上的噪声对听力有损坏作用，而且噪声强度和受噪声影响的时间都直接决定了听力丧失的危险性。图 4-23 显示了听力下降与噪声的关系。

（4）噪声对语言交流的干扰

噪声还可干扰人们相互之间的语言交流。当噪声增大时，我们听到某特定声音的能力便会逐渐下降，例如在嘈杂的大厅内，想听懂别人说的话就很困难。从许多声音中听清楚一种声音，决定于对该声音的听觉阈限。当噪声在 80dB 以下时，此

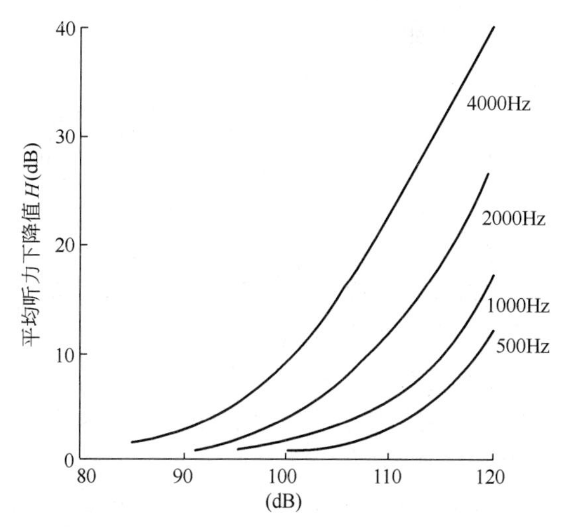

图 4-23　噪声引起的听力下降

听觉阈限与噪声程度呈线性关系，作业区的语言交流质量决定于说话的声音强度和背景噪声的强度。图 4-24 表示听懂音节（S）、噪声强度（N）、说话声音强度（P）三者之间的差的等值线。即说话声强高于噪声 10dB 时，音节的听懂率达到 40%～56%。这就是说可以听懂 93%～97%的句子含义。实验证明这种语言交流质量能够满足大部分工厂和办公室的要求，所以，只要背景噪声比说话声音小就可认为语言交流能够正常进行。如果对所交换的语言信息的内容不熟悉（如上外语课），新词多，则听懂音节的水平必须达到 80%，这就要求说话声强比噪声高 20dB。

在室内相距说话者 1m 距离进行测量，其说话声强如下：

轻声说话：60～65dB；

口　　述：65～70dB；

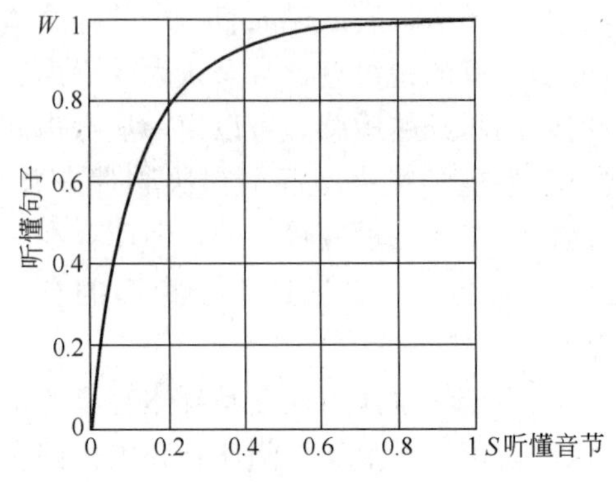

图 4-24　听懂音节与听懂句子的关系曲线

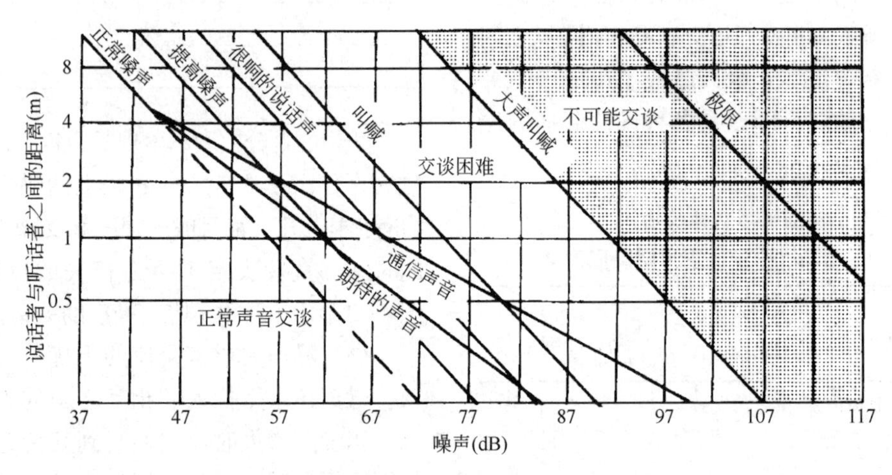

图 4-25　说话者应有的声音大小

会议讲话：65～75dB；

讲　　课：70～80dB；

叫　　喊：80～85dB。

若某职业需要频繁的语言交流，则在 1m 距离测量，讲话声音不得超过 65～70dB，由此可见，为了保证语言交流的质量，背景噪声不得超过 55～60dB。如果所交流的语言比较难懂，则背景噪声不得超过 45～50dB。街道两旁的建筑内，尤其在夏季当窗子打开后，受交通噪声的影响，室内噪声可达 70～75dB，故对语言交流有极大干扰（图 4-25）。表 4-10、表 4-11 列出了办公室内的噪声和不同地方允许的极限值。

（5）噪声与作业效能

噪声对体力作业的影响很小，但对人的思维活动和需要集中精力的活动干扰极大。噪声的有害作用更多的是损害人的作业效能。例如：

1）噪声对于一些要求高技能和处理许多信息等复杂的脑力活动都起着干扰作用；

2）噪声妨碍人学习精细灵活的活动；

3）间断性或无法预料的强噪声（90dB 以上），可使脑力活动迟钝。

办公室内的噪声　　表 4-10

办公室	L_{eg}(dB(A))
安静的小办公室及绘图室	40～45
安静的大办公室	46～52
嘈杂的大办公室	53～60

不同地方的噪声

允许极限值［dB（A）］表 4-11

dB(A)	不同地方
28	电台播音室，音乐厅
33	歌剧院（500 座位，不用扩音设备）
35	音乐室，教室，安静的办公室，大会议室
38	公寓，宾馆
40	家庭，电影院，医院，教堂，图书馆
43	接待室，小会议室
45	有扩音设备的会议室
47	零售商店
48	工矿业的办公室
50	秘书室
55	餐馆
63	打字室
65	人声嘈杂的办公室

对一些工厂进行的研究还发现：

1）加工车间的噪声降低 25dB，废品率下降 50％；

2）装配车间的噪声降低 20dB，生产率提高 30％；

3）打字室的噪声降低 25dB，打字错误下降 50％。

体育教练都知道噪声能降低运动员做高难度动作的成绩。事实上人们从日常生活的经验中都会想到噪声会降低人的作业效能和生产量，有趣的是这个不言而喻的结论却没有得到实验和现场调查的证实。对脑力作业和手眼协调的研究得出的结论互相矛盾，噪声有害也有利于作业效能，所以把噪声直接作为作业效能下降的原因时，必须仔细研究。分析噪声对作业的影响必须考虑以下因素：

1）噪声的强度；

2）噪声的性质，是连续的还是间断的，是预料之内的还是预料之外的；

3）噪声中也可能包含有用的信息，如监视机器工作就需要分辨噪声；

4）作业性质，例如单调工作还是充满刺激的活动。

噪声的有利作用是如果作业是单调的或者有许多分散注意力的刺激因素，则适当的噪声对作业是有利的。在单调作业时，噪声可提高人的觉醒程度，从而提高作业效能。噪声还能遮掩其他声音刺激，防止它们分散注意力，因而也有利于脑力作业。

这些研究说明了控制噪声的重要意义。当然，在这些研究里，作用效能的提高，除了噪声降低这个原因外，也许还有其他原因。噪声对脑力活动的影响可归纳如下：

1）间断的，尤其是无法预料的噪声比连续噪声干扰大；

2）高频噪声比低频噪声的干扰大；

正在学习某项事物比已经熟练的情况更容易受噪声干扰。

（6）噪声防护

实行噪声防护，可以从以下几个方面入手：

1）噪声防护设计；

2）减少噪声源；

3）阻止噪声传播；

4）个人防护措施。

设计噪声防护的重要技术性步骤是选用消声的建筑材料和在建筑内合理地布局房间。所以，噪声防护工作在绘图板上就已开始了，离噪声源越远，噪声强度衰减就越大。所以，办公室、绘图室和任何进行脑力作业的房间应尽量远离交通噪声。在进行设计时，应使噪声大的房间尽量远离要求集中精力和技能的房间，中间用其他房间隔开，作为噪声的缓冲区。

设计两个房间的隔层时，应考虑墙、门、窗以及天窗等对噪声的隔声作用。

可以通过加固、加重、弯曲变形、对于产生噪声的振动体，或者改用不共振材料等措施来使振动体降低噪声。运转着的机械和交通工具，不仅会产生噪声，而且能引起周围物体的振动，甚至引起整个建筑物的振动。因此，重型机械必须牢固地固定在水泥和铸铁地基上，根据机器的类型，可使用弹簧、橡胶、毛毡等消声材料。

封闭噪声源是一个有效的降低噪声

的方法。选用合适的材料建造的噪声源隔声罩和隔声间可使噪声降低 20～30dB。一般，隔声墙内应安装吸声材料，墙的自重要大，以保证隔声效果。为了便于电源引线安装和维修，可在隔声墙上开口；但一般而言，开口的面积不得超过整个隔声间面积的 10%。隔声效果见表 4-12。

各种建筑面的隔声效果　　表 4-12

	隔声作用(dB)	说明
普通单门	21～29	听到说话
普通双门	30～39	听到大声说话
重型门	40～46	听到大声说话
单层玻璃窗	20～24	
双层玻璃窗	24～28	
双层玻璃，毛毡密封	30～34	
隔墙，6～12cm 砖	37～42	
隔墙，25～38cm 砖	50～55	

房间消声，在采取了诸如声源消声、声源隔声等措施以后，还可在房间的墙和顶棚上安装吸声材料，进一步消除噪声。吸声板的作用是吸收部分声能，可以减少声音反射和回声影响。以下情况下应考虑安装吸声板：

1）安装吸声板后可使厂房内回声时间下降 1/4，办公室回声时间下降 1/3；

2）房间高度低于 3m；

3）房间高于 3m，但体积小于 $500m^3$。

目前吸声板主要用于面积 $50m^2$ 以上的办公室、财务室、银行和出纳室等。目前在作业间和厂房内装吸声板的效果尚不清楚，测量也较困难。在操作机器时，作业者离噪声源越近，主要受直接噪声传播的影响，噪声反射的作用较小，因此，吸声板的作用不明显。只有当作业者离噪声源有一定的距离时，安装吸声板才会有一定效果。不同材料表面的吸声系数见表 4-13。

不同材料表面的吸声系数　　表 4-13

材料	频率(Hz)			
	125	500	1000	4000
上釉的砖	0.01	0.01	0.01	0.02
不上釉的砖	0.08	0.03	0.01	0.07
粗糙表面的混凝土块	0.36	0.31	0.29	0.25
表面油漆过的混凝土块	0.10	0.06	0.07	0.08
铺地毯的室内地板	0.02	0.14	0.37	0.65
混凝土上面铺有毡，或橡皮，或软木	0.02	0.03	0.03	0.02
木地板	0.15	0.10	0.07	0.07
装在硬表面上的 25mm 厚的玻璃纤维表面	0.14	0.67	0.97	0.85
装在硬表面上的 76mm 厚的玻璃纤维表面	0.43	0.99	0.98	0.93
玻璃窗	0.35	0.18	0.12	0.04
抹在砖或瓦上的灰泥	0.01	0.02	0.03	0.05
抹在板条上的灰泥	0.14	0.06	0.04	0.03
胶合板	0.28	0.17	0.09	0.11
钢	0.02	0.02	0.02	0.02

（7）音乐与环境

从物理学的角度来看，音乐只是一种声音。然而多少年来，音乐一直在帮助人们减轻劳累，例如，劳动号子、战士进行曲、伏尔加河船夫曲，音调悦耳，节奏感强，能唤起人们更加努力地工作。

声音的生理作用我们已经讨论过，听觉刺激经过内耳转变为神经冲动，沿听觉神经进入中脑，也传入网状激活系统，使整个大脑皮层进入准备反应的兴奋状态。因此，声音也有兴奋大脑的作用，尤其是在工作单调的情况下。音乐有鲜明的节奏，有规律的声强变化，其效果更加显著。音乐使整个人体处于兴奋状态，而刺激性和节奏性很强的音乐，也能分散人的注意力，影响脑力作业和持续警觉的作业，所以音乐只适合于重复单调的工作。音乐分散注意力和干扰作业的情况，决定于音乐的选择，适当的音乐可以大大减轻其分散注意力的作用。工业界近几十年来为了改善工作条件，多次实验在单调的工作环境中运用音乐。英国的一项研究曾发现，音乐可以提高服装厂女工的生产速度。他们还发现，从上午10时～11时15分放音乐的效果更好。对美国人的一项调查发现，绝大多数人希望在每天工作时间内，放10～16次音乐。上午10时左右和下午3时左右，是最欢迎的放音乐的时间。青年人和女工对音乐的要求则更为强烈。例如，在某装配车间放轻音乐后，日班产量提高了17%。放古典音乐似乎不如放轻音乐的效果好。

背景音乐：上述劳动音乐有明快的节奏和曲调。近代起源于美国的所谓背景音乐，是一种在政府机关、商店、候车室、饭馆甚至宿舍内播放的音乐，这种音乐是持续不断的，声音极轻，不引人注意，几乎不容易意识到。他的作用是把人包围在一个愉快和谐的气氛里，而不分散人的注意力，因此，也适合于脑力作业。音乐可为工作创造一个愉快的气氛，唤起人的热情，对于单调重复的工作尤为有效。音乐对噪声大的厂房和脑力作业者有利作用不多。

4.4 触觉与触觉环境

就人的机体与外界环境的关系而言，皮肤处于机体的最表层，直接接触体外环境，具有保护机体、接受环境刺激，产生感觉及分泌、排泄、呼吸等功能。这里我们主要讨论皮肤的感觉器官功能，也称为触觉功能。皮肤的感觉即为触觉，机体的皮肤暴露接触外界环境，外界环境的诸多物理因素，也就是物理环境会对机体产生刺激，皮肤能反应机械刺激、化学刺激、电击、温度和压力等。皮肤会做出感觉后的知觉反应，如冷热、干湿、疼痛等。人们会产生舒服、不舒服的判断。进而对外界环境做出对应的生理与行为调整。

4.4.1 触觉

触觉包括温冷觉、压觉、痛觉，温冷觉是接触空气产生的气温感觉，压觉是由机械力作用于皮肤表面，由于力的大小不同、位置不同，会产生接触感、软硬感、粗糙感、细腻感等不同的感觉。痛觉、压力感、温感、冷感，他们是由皮肤上遍布的感觉点来感受的。感觉点的分布是不均匀的，压点约50万个，广泛分布于全身，疏密不同，舌尖、指尖、口唇最密。头部、背部最少。痛点约有200万～400万个，其中角膜最多。冷点12～15个/cm^2，温点2～3个/cm^2，在面部较多。由于感觉点的分布疏密不同，人体触觉的敏感程度在身体的各个部分是不同的，舌尖和指尖最敏感，背部和后脚跟最迟钝。指尖的敏感是由于细小的指纹，细小的纹理对细小的物体敏感，汗毛也是同样的道理。人体感觉敏感度的分布见图4-26。痛觉是最普遍分布全身的感觉，各种刺激都可以造成痛觉。温度觉：一般10～30℃刺激冷点，10℃以下刺激冷点和痛点，35～45℃刺激温点，46～50℃刺激冷温点，50℃以上刺激冷点、温点和痛点而产生痛感。痛觉实际上是各种刺激的极限，压力太大、太冷和太热、肌体内部的病变等都会产生疼痛的感觉，痛觉是维护机体健康的报警

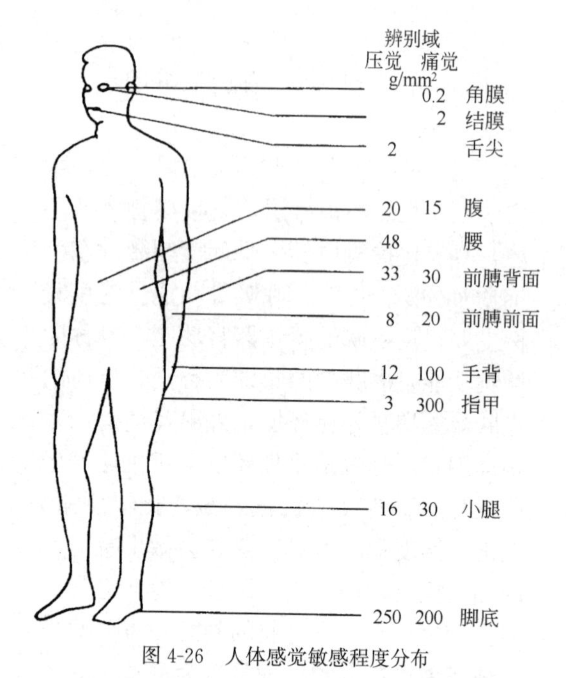

图 4-26 人体感觉敏感程度分布

信号。会使人及时发现自身受到的伤害。

触觉的主要生理机能是为人体适应周围环境，调整自身机体生理状况提供外界环境的信息。机体在通过触觉或的外界的信息后，会产生一系列的生理调节，以使人通过调节适应周围环境。例如，当外界环境温度增高，皮肤会感觉到温热，机体调节皮肤的血流量增加，体表温度升高，分泌出汗液，由于出汗与体表温度的增高，增大了水分的蒸发即增加了散热量，从而防止了体温的上升。正是由触觉引起的一系列生理调节保证了人体的环境适应性。

室内构造与材料的合理运用直接与人们的身体感受相关。如一些公共建筑采用石材做地面和墙面的材料，虽然感观的效果不错，如光滑的地面会使人行走提心吊胆，甚至滑倒跌伤。在近人的墙面装修为了美观采用粗糙坚硬的表面材料，易使人挫伤、碰伤。因此质地、材质的选择是一个科学严谨的工作。（图 4-27）

综上所述我们可知。触觉的问题主要是痛觉、压力觉和温度感觉等问题的处理。因此触觉问题也就主要表现为解决受力和温度的问题。

4.4.2 皮肤与肢体受力

（1）体感受力限度

人的身体与承托面接触面的大小会产生受力问题是家具设计中经常会遇到。这个问题常发生在各种拉手上。人体的皮肤与肢体的受力是有限度的，如食指受力 16kg，中指受力 21kg，小指受力 10kg。超过限度会造成疼痛的感觉，甚至造成肢体的损伤。问题的重要性还不仅仅于此，因为受力的问题会间接影响到其他功能的实现，比如在建筑与家具的设计中，因为受到审美风格的影响，存在着大量的尖锐、纤细的造型设计，比如栏杆、拉手，一旦出现意外情况，如结构的故障、安全的问题，很难说这些部件能够达到使用要求。（图 4-28）

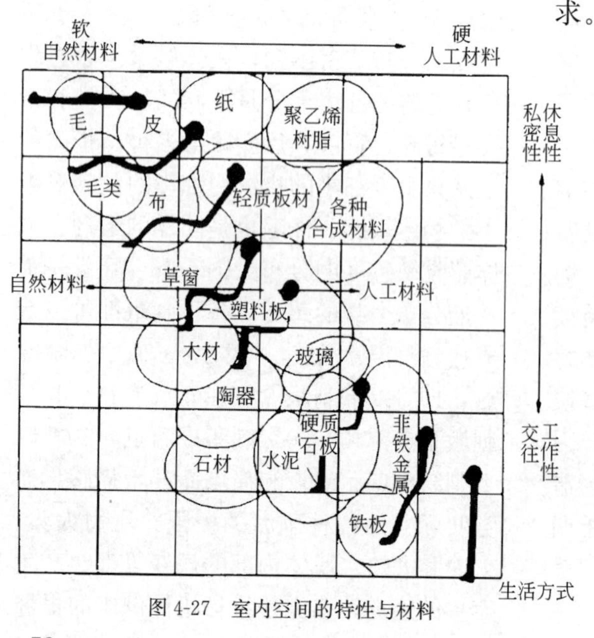

图 4-27 室内空间的特性与材料

图 4-28 过小的拉手，使人手受力过大，产生疼痛感

（2）地板打滑

风行一时的瓷砖，就是一种容易打滑的材料。如果走路不加小心，就和香蕉皮一样，有当众栽一个跟斗的危险。石材或者像水磨石一类的人造石材，也是容易打滑的。除了滑倒，关于地板打滑问题，要更多考虑的，是对腿和脚引起的疲劳问题。因为人会把注意力集中在防止摔跤上，所以腿的肌肉相当紧张，很容易引起疲劳。特别是从侧面进行观察时发现，在这种情况下步距要比正常时小 10cm。就像不会溜冰的人，穿着冰鞋在冰上行走一样不敢迈大步。

走步虽然很简单，但却是一种全身运动。用一种叫作肌肉电测仪的仪器可以测定走路时究竟有哪些部位的肌肉在活动。测定结果表明，参加活动的肌肉，比我们原来预想的要多。用肌肉电测仪检查人走步时的肌肉活动情况发现，腰部下面的臀大肌，迎面骨下的前胫骨肌，还有小腿上的腓肠肌等部位的肌肉连同其附近的肌肉，活动非常激烈，但是当大腿一旦在地面上打滑，就打乱了这些肌肉的活动状态和活动顺序，使之不再按一般的状态进行活动，而改变了活动方式。因此，地面打滑很可能不仅使腿部感到疲劳，而且也引起全身动作的紧张。

打滑的原因如图 4-29 所示，当脚跟接触地面的一瞬间，在地面和脚跟之间作用着一个水平方向的力，如果水平方向的力过大则会打滑，如果有适当的阻力则会安全。能防止打滑的阻力中最主要的是脚跟和地面装修材料之间的摩擦力。为了保持较大的摩擦力，地板应该采用有适当的摩擦力的材料。

（3）摩擦力与擦伤

地板发滑是由于摩擦力太小造成的，那是否摩擦力大一些就好了呢？实际问题是摩擦力的大小要看人的活动方式、使用的部位，在室内空间的有些部位反而会希望不要摩擦力太大。很多人可能有过这样的经历，在夏天穿衣比较少的季节，当身体的裸露部位快速的与周围环境的表面接触摩擦时，如果这些材料是摩擦力比较大的比如橡胶、塑料之类的材质，可能会出现皮肤表面的擦伤——由于这些材料的导热性不好，摩擦时产生的热量使皮肤表面造成类似烫伤的伤害。因此，在楼梯间、走廊、电梯等空间窄小、人员多、流动性大的室内环境中，墙面、扶手等经常与人接触的部位，应该注意尽量选择摩擦力小的材料。还有的情况是，设计师有时为了装饰效果的考虑在很多的墙上采用粗糙质感的材料，这仅仅考虑到了美观而忽略了人使用中的问题。当然不是说一概不能这样设计，而是应该考虑到这样的问题。如果确有可能，当然还是应该以人的使用方便、安全为前提。

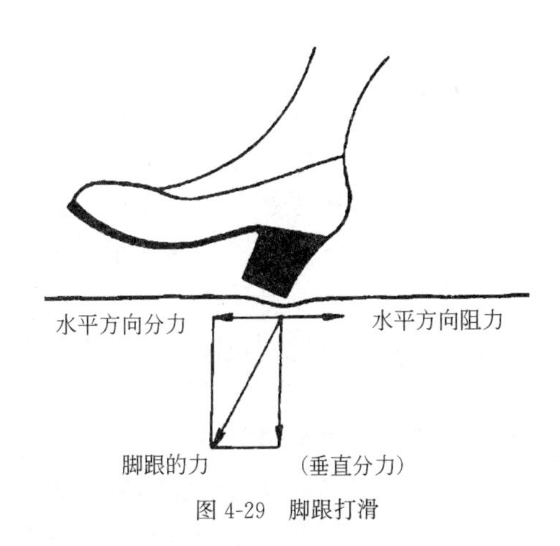

图 4-29 脚跟打滑

4.4.3 温热体感

（1）体温

鸟类与哺乳类高等动物，体温稳定在一个非常狭小的范围内，这种现象称为体温原态稳定，这对于维持健康而言是非常重要的。体温变化超过 1℃，就成为某些异常的征兆，进行这样严格控制的原因，从根本上来说是参与物质代谢的酶构成了对温度敏感性的基础。

这里所讨论的体温，是指核心温度，其体内原态稳定被保持住的内部称为核心；即身体中心部位温度，即脑、心脏、胃肠等被包藏部分的温度。为了维持核心温度稳定而随着环境温度变化的部分称为外壳。包围核心部位的外壳温度即肌肉皮肤温度，也就是容易受到环境温度变化影响的外壳温度。体温虽说是指核心温度，但是身体中心部位的温度直接测定是比较困难的。通常是用体温计，测定腋下、口腔（舌下）、直肠的温度。由于测定的部位不同多少会有些差别，一日当中，温度最低的时间，是在早晨临起床之前，所以将此时的体温称作基础体温。起床以后体温逐渐上升，从傍晚到夜间达到最高，就寝以后逐渐下降，到次日晨达到最低点。此外，饭后体温会稍微升高一点，当运动或劳动时能升高1℃以上，安静后又恢复正常，同环境温度的变化幅度相比，体温可以说稳定到惊人的程度。

（2）身体的调整与适应

身体为适应环境温度条件变化（冷或热），维持体温的原态稳定，必须增减产热量和散热量，以创造新的平衡状态。如果发生温度条件降低（即气温下降、湿度下降、气流增强、辐射降低，或者它们的综合作用）时，身体趋向冷却，体温下降。为此，需要调整身体，首先是减少散热，进而增加代谢量，力求尽快恢复平衡。具体地说，就是降低皮肤温度，减少来自皮肤的传导。另一方面，肾上腺素和新肾上腺素分泌会迅速增加，在使血管收缩的同时增加了代谢量，代谢量的增加增加了身体的产热量。人体对热的调整是对寒反应的相反过程，也就是增强散热抑制产热而产生的对热反应。皮肤血管扩张使血流增加、皮肤温度上升，其结果增加了辐射对流散热，进而出汗，由于蒸发使散热加速。气温越高、皮肤温度越高，蒸发越迅速。发汗的速度因季节有不同，夏天比冬天的发汗快。人种的不同也会不一样，居住在热带地区的人发汗的速度比较慢，而温带、寒带的居民发汗就较快。

散热量。在普通气温条件下，散热的途径，通过皮肤的传导、对流辐射散热占一大半，有七成以上；其次是通过皮肤的蒸发散热，约占二成；剩余10%左右，是其他方式散热。就是说，从皮肤散发的热量占九成，所以，受环境温度条件影响最大的是皮肤。

（3）最佳温度条件

由于对寒暑条件的调整与适应，身体不可避免要承受一些负担，而能够调整的温度范围也是有限的，所以自古以来人们就利用住房、衣服和供暖来不断地减轻体温调节的负担。在这个过程中自然会探索最佳的温度条件。

在环境温度条条件中，影响最大的当然是气温，但是并不是惟有气温决定冷暖。首先湿度影响也是很大的，低湿度条件下汗易蒸发，而高湿度则排汗受到妨碍。气温在30℃条件下，湿度按30%、50%逐渐上升，在感觉上大约会提高2℃。因此，特别是在夏天表现闷热的程度，采用湿球温度（WBT）比干球温度（DBT）更符合实际感觉。影响因素还有气流的影响，一般来说，气流增大会促进对流和蒸发，增加凉爽感或寒冷感，当存在1m/s气流时，会感觉到气温似乎降低了2℃左右。作为气温、湿度、气流三者的综合指标，亚古洛氏制成了有效温度图（1923年），自有效温度发表以来，一直广泛应用，有效温度对湿度影响估计过高，在这里因为没有考虑辐射的影响。因此在1972年对此进行了修订，发表了新有效温度（图4-30），使温度条件的四个因素（气温、湿度、气流、辐射）综合的参与对体温的调节或寒暑感觉的影响。不论有效温度还是新有效温度，都是以被试者的主观评价为基础，以寻求获得相等温

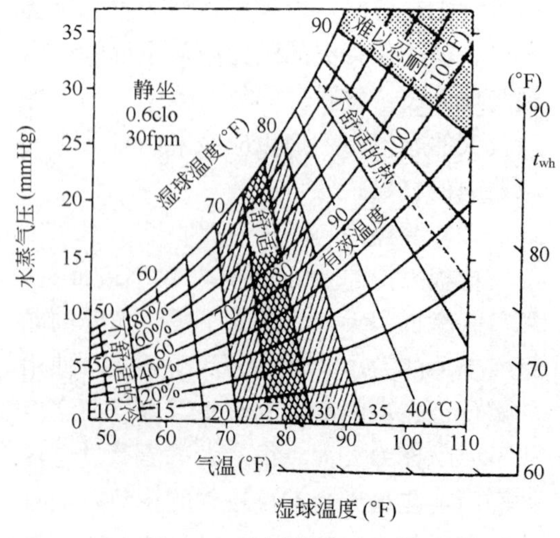

图4-30　新有效温度（ET*）

度感觉的气温、湿度、气流、辐射的综合结果，这可以说是对最舒适温度条件的概率性研究。

还有美国康奈尔大学的研究人员对室温22～35℃逐渐过渡条件下的男女试验者进行测试，显示出裸体状态下，29～31℃时处于中性区域（舒适域），在此域以下为寒冷域，产热增加，在此域以上为温暖域，由于蒸发缘故引起散热增加。其他的研究显示，衣着条件下的中性域为27～29℃（图4-31）。

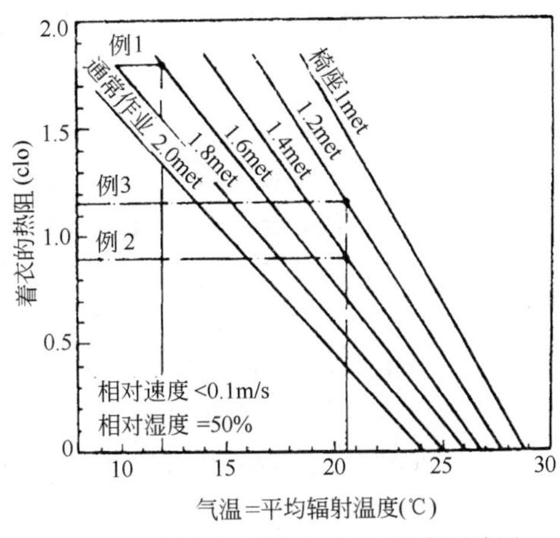

图4-31 气温与衣服综合作用下的舒适线图（参数为作业强度）

除了衣着会使舒适条件温度不同，人体处于不同的活动状态时，由于身体代谢量的不同，对舒适温度的要求也不同。由于操作和运动量代谢量增加，所以最佳温度理应降低。日本的三浦氏就较宽温度范围的坐态脑力劳动和立态体力劳动进行试验研究，结论认为，气流在10cm/s以下，湿度为50%～60%，穿普通衣服时。脑力劳动以25℃，体力劳动以20℃左右为感觉最舒适。

就已经介绍的实验结果来看，都看不出对最佳温度的性别差异与季节差异。不过从实际的办公室调查来看，夏季比冬天、女性比男性喜欢较高的室温。图4-32是对机械化办公室的问卷调查结果，夏天比冬天高出2℃，女性比男性高出1～2℃。就年龄而言，老年人比年轻人怕冷，喜欢较高的温度，这不难理解。一般认为

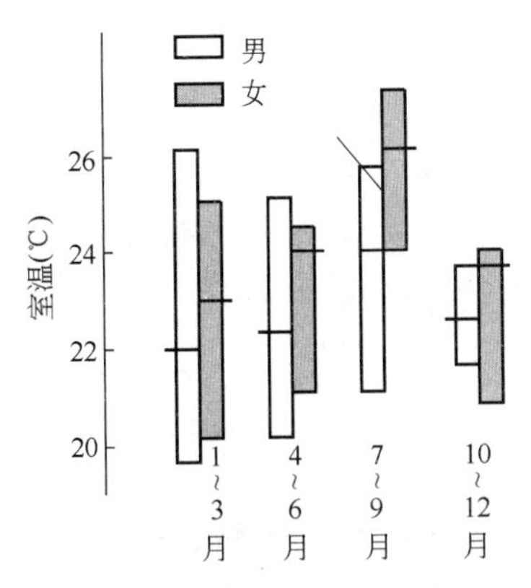

图4-32 机械化办公作业，从感到“稍凉”到“稍热”的不同季节的温度范围

这种差异是由于着衣和身体活动量（代谢量）的不同而引起的，而这种差异是很大的。男性比女性、中年比青年、冬天比夏天衣服厚些。但是并不是所有的性别差、年龄差、季节差都能用着衣量和代谢量的差别来说明。在条件不同的实际建筑物内，由于具体场所不同，其气温、气流、辐射的差别是很大的。人们在实际生活中，环境温度条件在不断变化，身体的调整也在反复地进行。是波动状态的反反复复，所以就显出性别、年龄和季节差。女性比男性对温度变化的感觉要敏锐些，年纪大的人比年轻人不仅基础代谢量少，而且劳动量也小，所以喜欢较高的温度。随着季节而变化的最佳温度差，人们对季节温度的适应往往有一个延伸期。如初春和秋末，在室外气温相同的条件下，会感觉初春寒意更浓，而秋末还有余热在身之感。

（4）供暖与送冷

从人体的调整与适应的观点来考察供暖与送冷问题。供暖时首要是保证室温，在实验性的研究中认为舒适温度与季节没有关系，但是考虑到衣着状态有季节差、室外温度差异即对寒冷的适应能力，应考虑按照大致明确的目标，使室内供热温度超过一些。因为实际上存在个人差异、衣着差异、作业差异，要使在室内的人都感到满意是不太可能的，只能以大多数人为基准。供热条件的问题一般在建筑上会有统一的考虑。因此，室内设计师一般不会

涉及。

确立室温后的下一步问题，是温度条件的分布。由于室温的自然现象，从地面到顶棚在竖向上，不同部位的差异是很大的。在房间与房间、房间与走道、客房与大堂、卧室与客厅等建筑内部的不同部位之间温度也是存在差别的。在住宅中，若其中只有一间卧室供暖时，与之相邻的门厅、厕所、浴室的温度差可达10℃以上。温度差别的问题是，增加了人体的调剂负担。有试验表明，在这种条件下，30多岁的年轻人从供暖19℃的卧室到厕所、门厅去，血压就会上升10mmHg以上。在烧好热水的浴室中，室温达到14℃，脱衣服时的血压上升了14mmHg。年轻人尚且如此，对患有动脉硬化的老年人是很不安全的（图4-33、图4-34）。

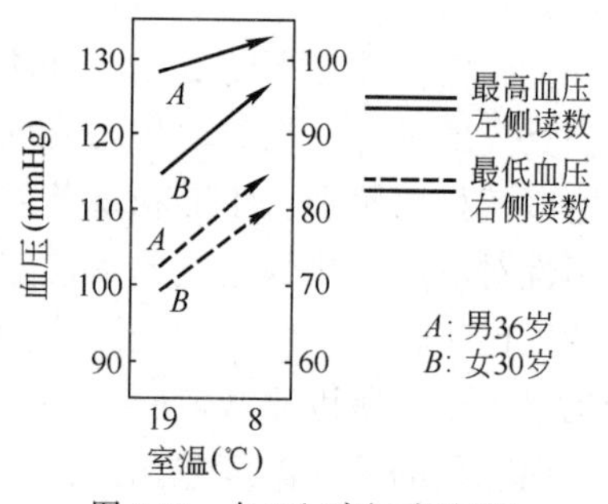

图4-33　自19℃房间移到8℃房间血压的变化

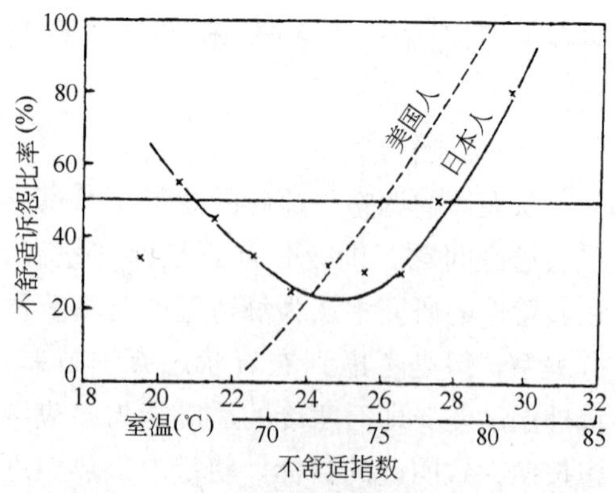

图4-34　夏季空调感觉不舒适者的比率和不舒适指数的关系

供热的同时会影响到室内的湿度。湿度降低的问题就是增加了粉尘与致病微生物的飞扬传播。

基于上述的考虑，供暖供热问题是温度的均衡分布，因此，对于气流方向和强度的控制是很重要的。室内供暖的热源位置应注意均衡分布。另一方面力求充分发挥热效能，一些为了装修好看将暖气封闭起来的设计是不可取的。

夏季送冷与供暖相反，供暖宁愿超过一些而不要不足，送冷则宁愿不足，而不要使室温下降过快。本来人为了适应季节，夏季衣服穿得就比较单薄，室温过低、过冷会感到不舒适。还要适当控制室温与户外温度差，避免温差过大。温差过大也会使人感到不适，年纪大或体弱的人还可能引发疾患。一般室内外温差应该控制在5℃以内，最多也不应超过7℃。其次要注意的是气流问题，有空调出风口直接送风时，在2m的距离内风速可达1m/s左右，而出口冷气温度只有15～17℃，所以在出风口处会因过强的冷风直吹感到过冷。所以送风口的位置和方向应该尽量避免对人，尤其是一些人们长时间停留的位置，如办公桌、床等（表4-14）。

4.4.4　皮肤的触感

（1）材料的体感

在冷天，我们的皮肤接触浴室里冰冷的瓷砖时，身体觉得发冷，会产生一种畏缩的感觉。我们所以会感到发冷，或者感到温暖，是因为在人的皮肤上分布有称作冷点和热点的组织，它们对周围的温度敏感，使人产生了冷或热的感觉。很显然，这些冷点或热点都是为接受感觉而准备的，这就是通常所说的鲁菲尼小体和克劳斯氏小体。由于皮肤上分布有感觉接收器，人对冷热的感觉，在很大程度上被皮肤的温度所左右。从而作为恒温动物的体温调节机构，也是为了控制皮肤表面温度而设置的。例如，热的时候可以出汗散热，冷的时候要起鸡皮疙瘩使皮肤收缩，按道理当汗毛一竖起来，会立即抑制皮肤的散热反应。此外，人虽然穿衣服，但露着的部分接触各种东西的机会还是相当多的。以光脚为例，如果冬天地板是凉的，

(1) 某银行冷气障碍的诉怨调查 表 4-14

		头痛	头沉	全身懒倦	脚懒倦	手懒倦	脚痛	手痛	关节痛	容易腹痛	容易泻肚	食欲不振	喉痛	容易感冒	其他
T 支店（中央式）	男	0	1	4	4	0	0	1	1	0	0	2	3	4	1
	女	9	4	11	11	2	2	1	5	6	4	4	8	5	1
K 支店（Package）	男	0	9	9	8	3	1	1	2	4	7	4	3	7	2
	女	3	11	15	16	3	0	0	2	4	2	2	2	5	1
合计		12	25	39	39	8	3	3	10	14	13	12	16	21	5

(2)

	有障碍		无障碍	
	男	女	男	女
T 支店	15	23	14	2
K 支店	24	25	12	3
合计	39	48	26	5

自然会感到不舒服。但夏天就不同了，本来是使人感到不舒服的冰凉，却变成了说不清的凉爽。在住宅里，皮肤经常直接接触的地方很多，这些地方使用什么材料，才不至于在冷的时候使人感到不适。关于这个问题万德尔海德（VandLrh）提出很有趣的答案。当皮肤接触物质的时候，之所以产生不愉快的感觉，应当认为是由于接触的瞬间，皮肤温度迅速下降所致。其下降的程度，因材料而异。于是就会产生舒服或不舒服的不同感觉。他还实际测量了在脚掌和地面装修材料之间温度下降的情况，发表了一幅曲线，纵轴表示接触瞬间的脚掌温度下降程度，横轴表示接触瞬间的地面温度（图 4-35）。例如当地而温度为 20℃时，如果是木地板，则脚掌温度下降 1℃。从这个图明显地看出、由于材料不同，温度下降的程度不同，由此我们可以做出以下的推论。从实验结果和日常生活经验得知，当地面为木地板，表面具有 17～18℃的温度时，才能使人感到舒适。因此，脚掌的瞬时下降温度如能在 1℃以内则对人才是适宜的。由此可知，由于夏季和冬季地板的表面温度不同，夏季本来感觉很舒服的地板，到了冬季，由于温度显著下降，就会使人感到发凉。从这幅曲线可以看出，对地板的接触感觉与

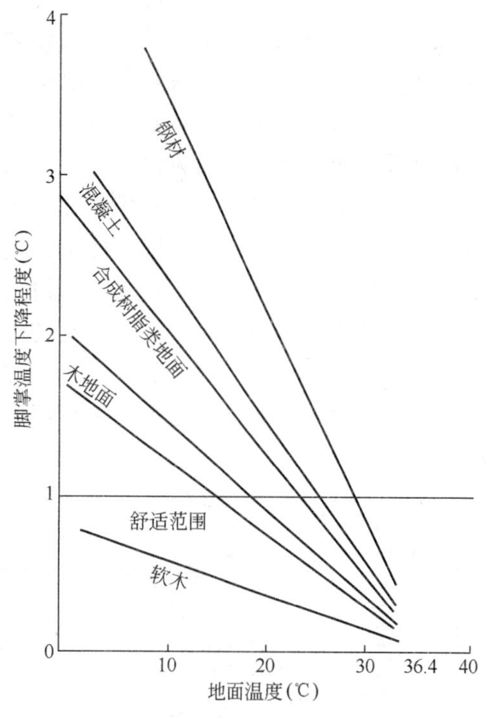

图 4-35 脚掌和地面装饰材料之间温度下降曲线

地板表面温度有关。例如当冬季室内的温度为 18～22℃时，设地面的温度是 18℃，自然就可以决定地面用什么材料合适。但是如果不适当地提高室内温度，或者地面保温不好，热量就容易散失。因此在冬季要保持地面温度为 18℃也很困难。何况皮肤的触感，并不单纯由表面温度条件来决定。材料表面的凸凹也有影响。例如在湿的浴室入口，地面上用粗糙的草垫子，

比起光滑的材料，触感要好些。反之汗津津地在潮湿地方去接触表面光滑的材料，也会使人感到不舒适。触感问题是不容易解决的。希望能够有一些不但对幼儿和儿童，就是对成年人也能够在地板上心情愉快地休息和娱乐的装修材料出现。

（2）静电

静电一般在物体相互摩擦时产生，在日常生活中，擦镜子或擦玻璃时，都能够亲自看到这种现象。不是都经历过越擦会吸附灰尘越多的例子吗？如果使用旧尼龙袜子一类的东西擦镜子或玻璃，这种现象就会更严重。这是因为摩擦引起静电，由于无处可逃，停留在玻璃上。静电和磁铁一样有吸引东西的能力，像灰尘这样的物质就可以被吸附上，近年来使用一种化学抹布，这是一种涂在布上的药液，用化学方法使之能带上静电的方法，它可以吸附很微小的灰尘。这种方法巧妙地利用了物质的性质，是一种被动的方法。

静电还会带来危害，当它积累到一定数量时，就会放出火花。问题是停留在人身上的静电，一旦找到出路就毫不留情地放电。人体之所以有静电，在走路时鞋底和地板摩擦是一个很重要的原因。在这种情况下，人体上产生的电压虽然因材料而异、有时甚至可达1万V以上。若是一般的，电加到这样高的电压，那将是很不得了的，但是由于电流很小，还是安全的。关于电火花，当人体电压达到3000V以上时，就会和门的金属把手之间产生放电。手指尖感到有些刺痛，在一、二月份空气干燥的时候，这种令人不愉快的现象发生较多（图4-36）。为了防止这种现象发生，可以采用很多方法，首先需要研究地面的装修材料。生产地毯的公司发表了人在各种地毯上行走时可能带上的静电量的实验数值。由图4-37可知，羊毛和尼龙地毯在空气干燥时产生的静电量大；而且容易放电。与此相反，近来开始常用的聚丙烯，或过去一直用的乙烯树脂等在这个问题上可以大体使人放心，不论哪一种地毯，在冬季使用时都需要注意。最近有一种特制的，不易产生静电的地毯问世，收到了一定的效果。防止产生静电的另一种方法，是控制温度。如果室内温度高，就不易产生静电。例如当室内温度为20℃，湿度大于60％时，就不能发生静电打人现象，据说美国有人用皮子包上门把手以防止静电打人。也可能是文化越发达，这种静电打人现象越多，总之不是值得庆幸的。

图4-36　经常出现的静电烦扰

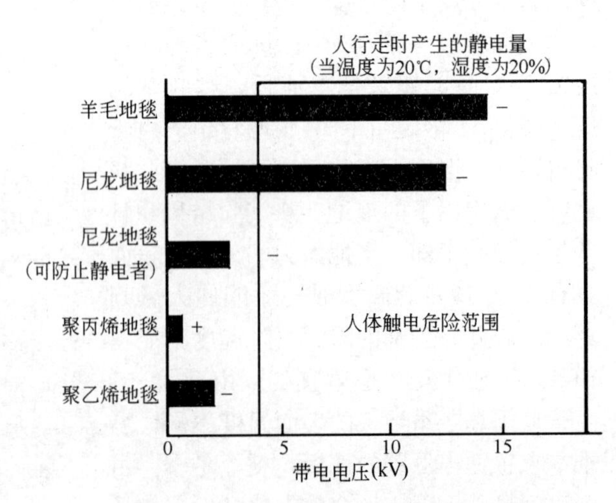

图4-37　不同材料产生的静电程度

本章小结

感觉是人对外界环境的一切刺激信息的接收和反应能力。是人的生理活动的一个重要的方面。了解人的感觉器官在各种生活环境中的特征，为确定环境如何适应人的需求提供科学依据。本章主要围绕人与空间环境密切相关的感觉器官，重点介绍了视觉、听觉、触觉及关联的视觉显示设计、光环境设计、噪声环境、触觉与材料等问题。

本章关键概念：

（1）视觉：视野（主视野、余视野）光感（相对亮度）、色彩、视力、眩光（残像）、暗适应、视错觉。视觉显示设计、光环境设计的基本要素及一般原理。

（2）听觉：听力、噪声、噪声的危害、噪声防护。

（3）触觉：皮肤的触觉、皮肤与肢体受力、摩擦、温热体感、材料体感。

第5章　家具设计中的人体因素

家具在现代建筑的室内空间中扮演着多样的角色，既是实用品，同时又是艺术品。但其最主要的功能还是实用，因此，无论是什么类型的家具都要满足基本的使用要求。家具按照与人体使用的密切程度可分为人体家具、依靠家具、贮藏家具。属于人体家具的如椅、床等，由于与人体的接触比较密切，要让人坐着舒适、睡得香甜、安全可靠、减少疲劳感。属于依靠家具的如书桌、工作台等，他们是人们活动依托的平台，使用方便、舒适是很重要的。属于贮藏家具的柜、橱、架等，要有适合贮存各种衣物的空间，并且便于人们存取。为满足上述的要求，设计家具时必须以人体工学作为指导，使家具符合人体的基本尺寸、生理特征和从事各种活动需要的空间环境。为了讨论的方便，我们按照家具与人体关系大的类型，主要讨论工作面、座椅和床具的问题。

5.1　工作面的设计

5.1.1　工作面的平面布置

各种桌、台类的家具主要是为人的日常活动提供支撑。除了为满足不同功能的各种形态结构，其最主要的作用是提供水平的平面。人无论是在厨房还是在办公室里，都会在一定的空间范围内做各种活动，手臂伸展的范围叫作作业域。作业域包括水平作业域、垂直作业域。这个区域的边界是站立或坐姿时手所能达到的范围。在工作面的平面布局及尺寸上都要参考水平作业域。若设计对平面考虑得不合理，不仅会引起躯体的弯曲扭动，还会降低人的操作精度、速度。这个范围的尺寸一般用比较小的尺寸，以满足多数人的需要。

水平作业域是人在各类日常操作平台面前（包括各类桌面、操作台），在台面上左右运动手臂而形成的轨迹范围，手尽量外伸所形成的区域为最大作业域。而手臂自然放松运动所形成的区域为通常作业域。如写字板、键盘等手活动频繁的活动区应安排在此区域内。从属于这些活动的器物则应安排在最大作业域内。以通常的手臂活动范围，桌子的宽度有 40cm 就够了，由于需要摆放各种用具，所以实际的桌子要大得多。但水平作业域对于确定台面上的各种设备和物品的摆放位置还是很有用的。如收款台、计算机工作台、绘图桌等。

5.1.2　工作面的高度

工作面的高度是决定人工作时的身体姿势的重要因素。不正确的工作面高度将影响工人的姿势，引起身体的歪曲，以致腰酸背痛。无论是坐着工作还是站立工作，都存在一个最佳工作面高度的问题。这里需要强调，工作面高度不等于桌面高度，因为工作物件本身是有高度的。例如，打字机的键盘高度，一般有 25～50mm。工作面是指作业时手的活动面（图 5-1）。工作面可以是工作台的台面，也可以是主要作业区域。工作面的高度决定于作业时手的活动面的高度，例如绣花时，绣面的高度。不考虑具体的工作人

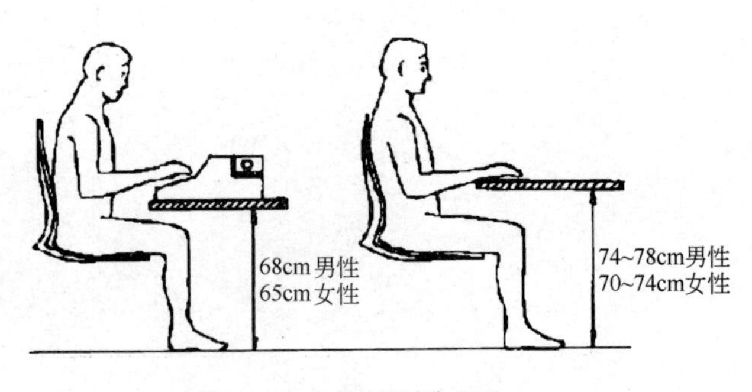

图 5-1　办公桌的设计参考图

员，一概采用固定的工作面高度，这不是一项好的设计，影响工作面高度的因素主要有以下几方面。

（1）肘部高度

很早就有人研究后指出，工作面在肘下25～76mm是合适的。随后许多研究都证明了这一点。重要的结论是：1）工作面高度应由人体肘部高度来确定，而不是由地面以上的高度来确定。由于不同人的肘部高度是不一样的，所以使用一个固定的数字来设计工作面高度显然是不合理的；2）工作面的最佳高度略低于人的肘部。虽然不同的研究者提出了不同的肘下距离，但是一致的看法是工作面在人的肘下。有人提出工作面的高度是人体高度的60%，也有人认为工作面高度是人体高度的57%。有人曾对4062个人进行统计研究，人的肘部高度是人体高度的63%（图5-2）。

（2）能量消耗

有人对熨衣板高度与工作人员生理方面的关系做了实验研究。实验中使用了人的能量消耗（kW）、心跳次数、呼吸次数等指标。多数受实验者选择熨衣板距肘下150mm为宜。如果把熨衣板置于距肘下250mm，出现了受实验者呼吸情况稍有变化的现象。还有人对不同高度的搁架做过实验研究。实验中使用了距地面以上100mm、300mm、500mm、700mm、1100mm、1300mm、1500mm和1700mm的不同搁架。实验结果表明，最佳的搁架高度是距地面1100mm。这个高度即为高出人体肘部150mm。受实验者使用这个高度的搁架能量消耗（kW）最小。其他一些人的类似实验都一致指出，当搁架高度低于肘部时，随着搁架高度的下降，人的能量消耗增加较快。这是由于人体自身的重量造成的。例如一个58kg体重的女工，搬运0.5kg的罐头到高于肘部的搁架上，她必须举起0.5kg的罐头，1kg重的前臂，1.5kg重的上臂。为了搬动0.5kg的罐头到低于肘部的搁架上，需要不同程度地移动身体，则能量消耗增加很快。

（3）作业技能

作业面的高度影响人的作业技能。一般认为，手在身前作业，肘部自然放下，手臂内收呈直角时，作业速度最快，即这个作业面高度最有利于技能作业。但另一个对食品包装的研究的结果与以上观点稍有不同。由图5-3可见，当手臂在身体两侧，外展角度为8°～23°，前臂内收平放在工作台上时，食品包装的作业效能最高，即包装速度快，质量好，而且人体消耗的能量也随之减少。如果座椅太低，上臂外展角度达45°时，肩承受了身体的平衡重量，将导致肌肉疲劳，所以作业效能下降，人体能耗增加。

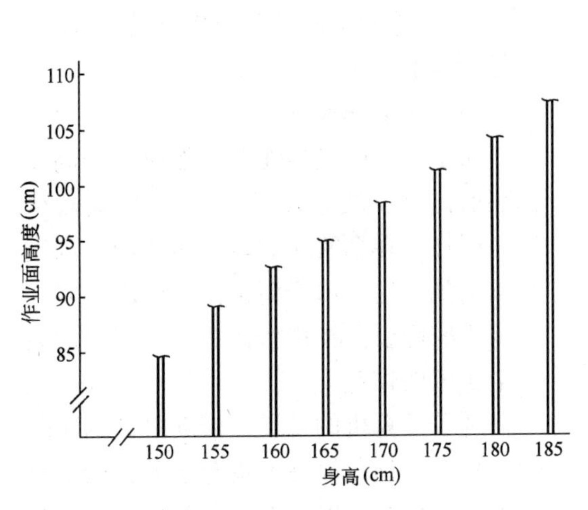

图5-2　轻负荷作业，身高与作业面高度

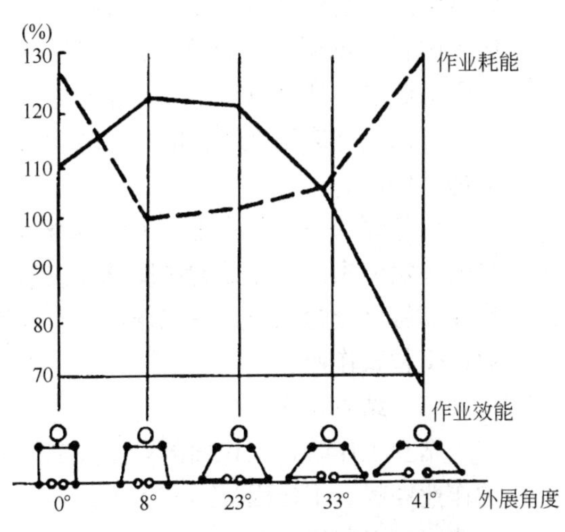

图5-3　上臂姿势对作业效能和能耗的影响

（4）头的姿势

作业时，人的视觉注意的区域决定头的姿势。头的姿势要舒服，视线与水平线的夹角应在规定的范围内。坐姿时，此夹角为 32°～44°，站姿时为 23°～34°。由于视线倾斜的角度包括头的倾斜和眼球转动两个角度。

可调工作台从适应性而言，是理想的人体工程学的设计。在轻负荷作业条件下，不同身高的人应采用不同的调节高度。

调节操作人员肘部的离地高度。如果操作人员是坐着工作的，调节坐椅的高度。如果操作人员是站立工作的，可在脚下设置不同高度的踏脚板或铺设不同张数的地毯。

只要头部是垂直的或向前稍有倾斜，颈部不会感到疲劳。对五个办公室的工作人员在阅读和书写时所拍摄的 1650 张照片的统计结果。平均视角为头向下倾斜离垂直位置 25°，阅读和书写几乎都是这个倾斜角。

从眼睛到纸面的平均距离是 300mm。其中有两个工作人员的读写距离测量得比较精确。一个是书写距离为 275mm 和阅读距离为 325mm。另一个书写和阅读距离都是 325mm。

当头后仰 15°角时，问题就会产生。第一个问题是来自灯源和窗的耀眼，第二个问题是颈部肌肉感到疲劳和酸痛，字能看得清楚。这就会造成颈部的酸痛。所以应该配备两副眼镜，近视和远视各一副。用于显微胶卷和计算机末端装置的电视屏幕，可以设计成稍微倾斜的，以减少人的头部后仰。

工作面的高度是决定人工作时身体姿势的决定因素。工作面的高度设计按基本作业姿势可分为三类：站立作业：坐姿作业；交替式作业。

（5）站立作业

站立工作时，工作面的高度决定了人的作业姿势。工作面过高，人不得不抬肩作业，可引起肩、背、颈部等部位疼痛性肌肉痉挛。工作面太低，迫使人弯腰弯背，引起腰痛。站立作业的最佳工作面高度为肘高以下 5～10cm。男性的平均肘高约为 105cm，女性平均肘高约为 98cm。因此，按人体尺寸考虑，男性的最佳作业面高度为 95～100cm，女性的最佳作业面高度为 88～98cm。作业性质也可影响作业面高度的设计（图 5-4）。

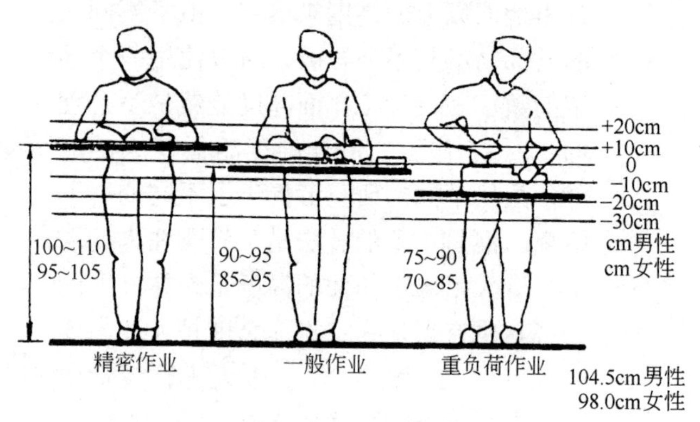

图 5-4　作业性质与工作台高度

1）对于精密作业（例如绘图），作业面应上升到肘高以上 5～10cm，以适应眼睛的观察距离。同时，给肘关节部位一定的支承，以减轻背部肌肉的静态负荷。

2）对于工作台，如果台面还要放置工具、材料等，台面高度应降到肘高以下 10～15cm。

3）若作业体力强度高，例如需要借助身体的重量（木工、瓦工）；作业面应降到肘高以下 15～40cm。对于不同的作业性质，设计者必须具体分析其特点，以确定最佳作业面高度。

4）工作台面应按身材较高的人设计，身材较低的人可使用垫脚台。

（6）坐姿作业

对于一般的坐姿作业，作业面的高度仍在肘高（坐姿）以下 5～10cm 比较合适。同样，在精密作业时，作业面的高度必须增加，这是由于精密作业要求手眼之间的精密配合。在精密作业中，视觉距离决定了人的作业姿势。

随着计算机的发展，借助电脑的工作越来越多。作业面高度决定于电脑的键盘高度和工作台高度。然而，降低工作台的高度受到腿所必需的空间的限制。最低的工作台高度可由以下公式求得：

$$L_H = K + R + T$$

式中 L_H——最低工作台高度；

K——髌骨上缘高（坐姿）；

R——活动空隙，男性为 5cm，女性为 7cm；

T——工作台面厚度。

办公室工作由于受到视觉距离和手的较精密工作（如书写、打字等）的要求，一般办公桌的高度都应在肘高以上。办公桌的高度是否合适，还取决于另外两个因素：面与桌面的距离和桌下腿的活动空间。前者影响人的腰部姿势；后者决定腿是否舒服。

一般而言，办公桌应按身材较大的人的人体尺寸设计，这是因为身材较小的人可以加高椅面和使用垫脚台。而身材较大的人使用低办公桌就会导致腰腿的疲劳和不舒服。

设计办公桌时应保证办公人员有足够的腿的活动空间。因为，腿能适当移动或交叉对血液循环是有利的。抽屉应在办公人员两边，而不应在桌子中间，以免影响腿的活动。

办公桌高度设计可参考表 5-1。

坐姿作业的作业面高度（cm）　　表 5-1

作业类型	男性	女性
精密，近距离观察	90～110	80～100
读，写	74～78	70～74
打字，手工施力	68	65

由表可见，重要的和需要经常注意的视觉工作必须设计在舒服的视线范围内。从而，避免由于头的姿势不自然而引起颈部肌肉疼痛。

（7）坐立交替式作业

这是指工作者在作业区内，既可坐也可站，可坐立交替地工作（图 5-5）。这种工作方式很符合生理学和矫形学（研究人体，尤其是儿童骨骼系统变形的学科）的观点。坐姿解除了站立时人的下肢的肌肉负荷，而站立时可以放松坐姿引起的肌肉紧张，坐与站各导致不同肌肉的疲劳和疼痛，所以坐立之间的交替可以解除部分肌肉的负荷，坐立交替还可使脊椎中的椎间盘获得营养。图 5-5 是一个坐立交替式作业的机床设计。有关尺寸如下：

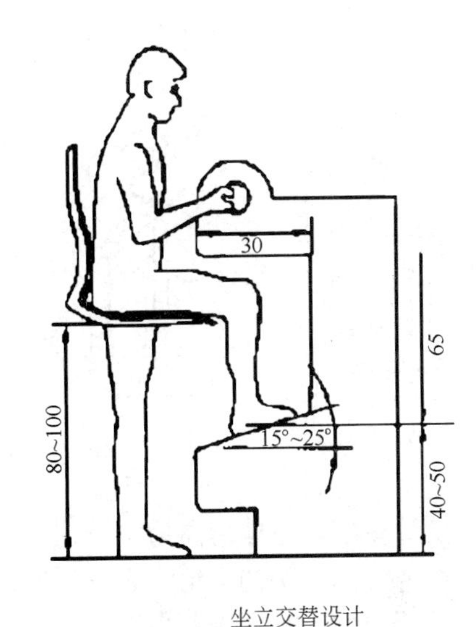

(1) 膝活动空间：30cm×65cm;

(2) 作业面-椅面：30~60cm;

图 5-5　坐立交替式作业的设计

1）膝活动空间：30cm×65cm；

2）作业面至椅面：30～60cm；

3）作业面：100～120cm；

4）座椅可调范围：80～100cm。

另外，坐立交替设计还很适合需频繁坐立的工作。例如美国 UPS 邮政车司机的座椅就比一般汽车司机的座椅高，它可以坐立交替，从而大大减轻了频繁坐立的劳动强度。

5.1.3　斜作业面

实际工作中，头的姿势很难保持在图 5-5 所示的范围内，如最常见的在写字台上读写书画，头的倾角就超过了舒服的范围（即 8°～22°，），因此，出现了桌面或者作业面倾斜的设计。此时人的头和躯体的姿势受作业面高度和倾斜角度两个因素影响。图 5-6 中的绘图桌都是已经批量生产的产品。研究者根据人的作业姿势，选出 4 张设计好的和 4 张设计差的绘图桌进行比较，通过测量发现如下结果：

设计好的，躯体弯曲为 7°～9°；

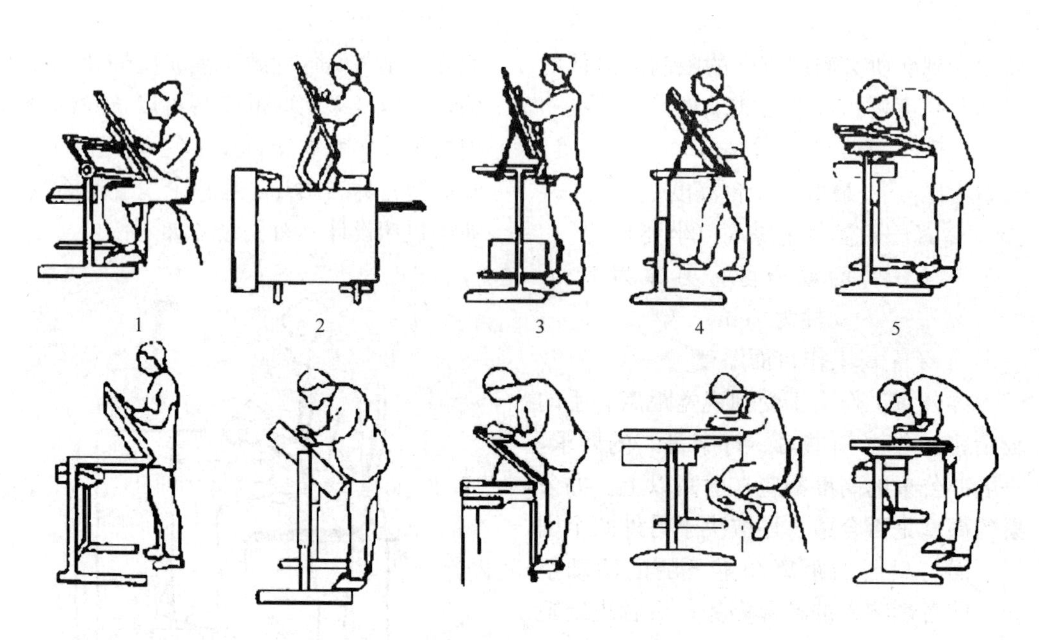

图 5-6　桌面角度与人体姿态的关系

设计差的，躯体弯曲为 19°～42°；

设计好的，头的倾角为 29°～33°；

设计差的，头的倾角为 30°～36°。

特别是当水平作业面过低时，由于头的倾角不可能过多超过 30°，人不得不增加躯体的弯曲程度。因此，绘图桌的设计应注意以下几条要求：

高度和倾斜度都可调；

桌面前缘的高度应在 65～130cm 内可调；

桌面倾斜度应在 0～75°内可调。

对学生使用课桌时的姿势的研究已经发现，躯体倾斜（第 12 节胸椎与眼睛的连线同水平面之间的夹角）程度与桌面倾斜有关系：

水平桌面：35°～45°；

倾斜 12°桌面：37°～48°；

倾斜 24°桌面：40°～50°。

可见，倾斜桌面有利于保持躯体自然姿势，避免弯曲过度。另外，肌电图和个体主观感受测量都证明了倾斜桌面的优越性，倾斜桌面还有利于视觉活动。但桌面斜了，放东西就困难，这一点设计时亦应予以考虑。

5.2　座具的设计

原始人只会蹲、跪、伏，并不会坐。那么座椅是怎么产生的？经过人类学家研究，人类最早使用座椅完全是权力、地位的象征，坐的功能是次要的。以后座椅逐步发展成一种礼仪工具，不同地位的人座椅的大小不同。座椅的地位象征至今仍然存在。直到 20 世纪初，人们才开始认识到坐着工作可以提高工作效率，减轻劳动强度。不论在工作、在家中、在公共汽车中或任何其他地方，每人在他的一生中有很大一部分时间是花在坐的上面，我们从经验可知椅子和座位必须舒适并配合不同工作的需要，这不仅与工作效率有关，而且与人体的健康有着密切的关系。今天在工业发达国家几乎 3/4 的工作是坐姿作业，因此座椅的研究设计受到广泛的重视。本节拟从一般的座位设计原理谈起，进一步介绍一些有关坐的解剖学和生理学，由此提出合理的工作座位的设计和课桌椅设计。座椅对人有以下的好处：

减轻腿部肌肉的负担；

防止不自然的躯体姿势；

降低人的耗能量；

减轻血液系统负担。

但不正确的坐姿也会影响健康，长期坐着的人，腹部肌肉松弛，脊柱变形弯曲，进而影响消化器官和呼吸器官。

5.2.1 座具设计的一般原理

在很多情况下，座椅与餐桌、书桌、柜台或各种各样的工作面有直接关系，但这一部分仅仅涉及椅子本身。当然与座位和椅子有关的舒适程度和功能效用是它们的设计与人体的身体结构和生物力学的关系所构成的。椅子和座位的用途不同（从看电视的躺椅至运动场的露天看台）显然要求不同的设计，并且由于个别人的差别更使这个设计问题复杂化了。但仍然有些一般的准则，可以帮助我们选择设计并满足我们预期的目标。椅子设计的关键包括座高、座深、座宽和斜度、扶手高度和间隔，重量分布，侧面的轮廓（图 5-7）。

（1）座的高度

座椅的高度是很重要的。应该根据工作面高度决定座椅高度。常常出现的错误是从地面起量座椅的高度。决定座椅高度最重要的因素是人的肘部及工作面与座面之间有一个合适距离是 275±25mm，在这个距离内，大腿的厚度占据了一定高度。95%美国男性和女性的大腿厚度是 175mm。

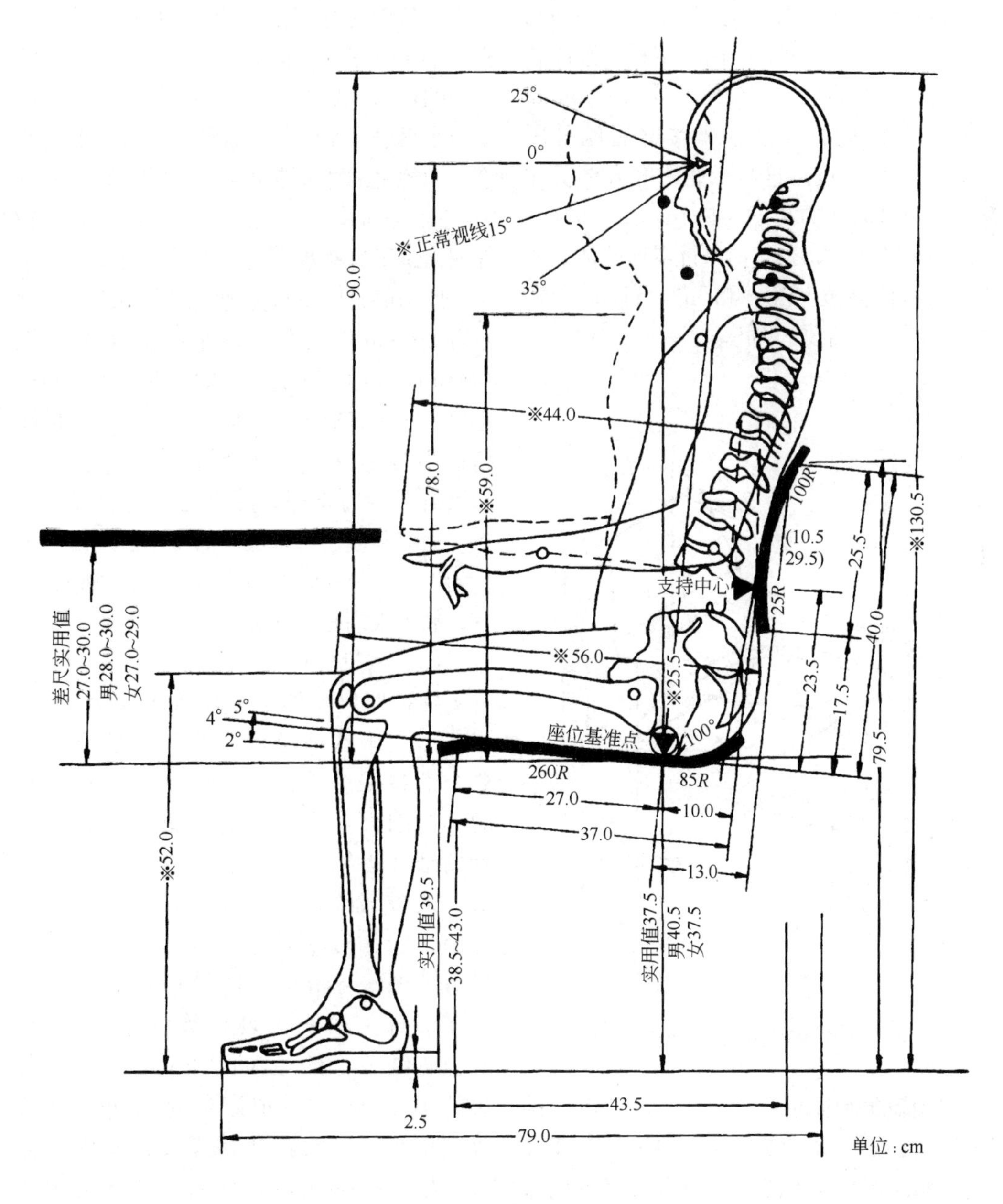

图 5-7　座椅的几何尺寸

当上半身有了好的位置后，再注意下肢。舒服的坐姿是大腿近乎水平以及两脚被地面所支持。由于考虑到工作面的需要，可能椅子高度造成人脚达不到地面，这时应该使用脚垫。

为了避免大腿下有过高的压力（一般发生在座位的前部），座位前沿的高度不应大于坐着时从地板到大腿下面的距离（脚弯处和高度）。这个尺寸的选择一般应适合所有第 5 百分位以上的人。然而这个值对于固定座位的高度来说，可能会使较高的人的腰背部分成凸出而不是凹进去的姿势。因此将脚后跟最好比第 5 百分位的值略提高 3～5cm（妇女要多一些）。根据美国的资料，男性和女性这个尺寸的第 5 百分位，分别为 39mm 和 36cm。因此在实践中非常普遍地采用 43cm 的座位高度。这与专业研究人员所建议的多用途椅子的高度（43cm）十分吻合。这是倾斜的座位。当然如果行得通的话，能调节的座位高度（38～48cm）可以适合各种高度的人的需要（图 5-8）。

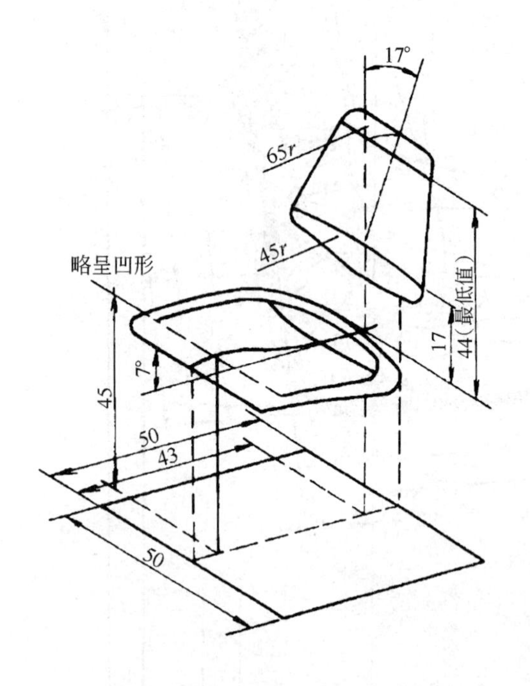

图 5-8　座位的几何尺寸（单位：cm）

转椅的转轴可使椅子转动，适应人的姿势改变或转动。转椅也增加了坐者能伸手达到的范围。转椅还能使坐者接近或者离开工作对象，而不需要前后移动椅子。对于要操作脚踏开关的工作人员，不要使用转椅。

（2）座的深度和宽度

座位的深度和宽度应取决于座位的类型（不论是多用途的椅子或是打字员用的椅子甚至躺椅等）。然而，一般讲，这个规定的深度应适合小个子（为小腿提供余隙，并且减少大腿压力），座椅的深度要恰当。如果座椅太深，坐者不能靠背。通常的深度是 375～400mm 为宜。专业研究人员根据对于椅子的不同设计的舒适评价，建议多用途椅子的深度不应超过 43cm。

座位面的宽度不能小于 40cm，虽然这样一个座位宽度对于单只座位来讲，可达到预期的目的；如果是排成一行的，或者座位是一个靠着一个的，还必须考虑肘与肘的宽度，而规定的宽度应适合大个子。即使采用第 95 百分位的值也会产生一定的拥挤。在任何情况下这些数字是带靠手的椅子的最小值。座椅的宽度是从宽为好。宽的座椅允许坐者姿势可以变化。最小的椅子宽度是 400mm 再加上 50mm 的衣服和口袋装物的距离。对于有靠手的座椅，两靠手之间的距离最小是 475mm，不会妨碍手臂的运动。如果需要手臂支撑，可以把手臂放在桌子上，手臂下面还可以放小的垫子。对于有靠手的坐椅，靠手高度在椅面以上 200mm 为宜。靠手太高是错误的设计。

（3）重量分布

各种对座位的研究导致了这个结论，当一个人坐在椅子内，他身体的重量并非全部在整个臀部上，而是在两块坐骨的小范围内。当人体的重量主要是由坐骨的结节支承时，人们通常就感到最舒适。从臀部的骨结构和从它们的解剖学方面来看，似乎很适合这个支承重量的任务。图 5-9 给出了座椅所受到的压力分布。每一根线代表相等的压力分布，从坐骨结节下的最大值 $90g/cm^2$ 至最外边的 $10g/cm^2$。一把好的座椅可以适应改变姿势。软的座垫是需要的，因为它可以增加接触表面，从而减小压力分布的不均匀性。一般座垫高度是 25mm。

太软太高的座垫造成身体不易平衡稳定，反而不好。椅子表面的材料应采用纤维材料。既可透气，又可减少身体下滑。不要采用塑料面。塑料面不透气，表面太滑，使人坐着感到不舒服。图 5-10 为某种座椅压力分布示意图，图 5-11 为座位面的体压分布的不良状况，座面体压分布于座板高度的关系见图 5-12。

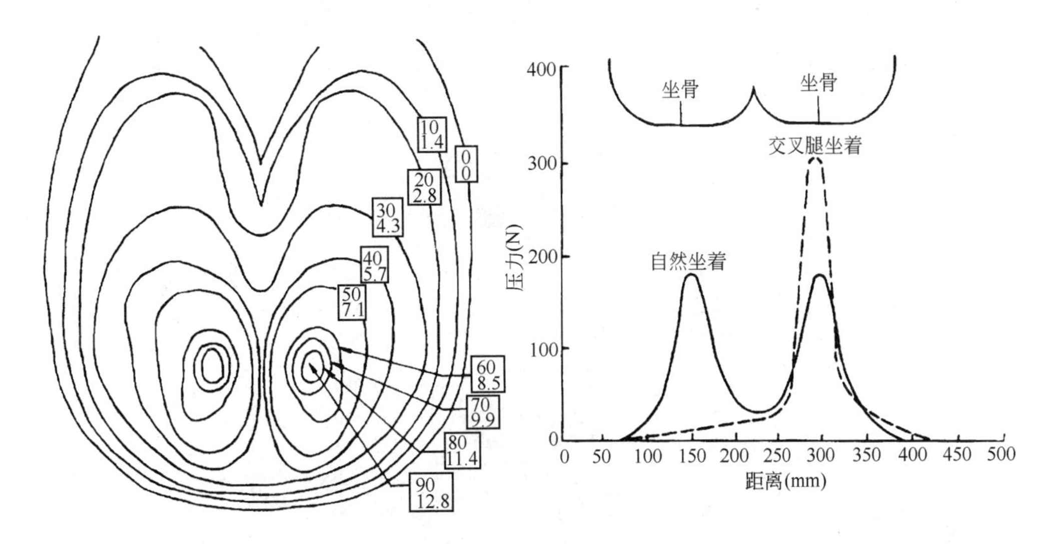

图 5-9 座椅上的压力分布

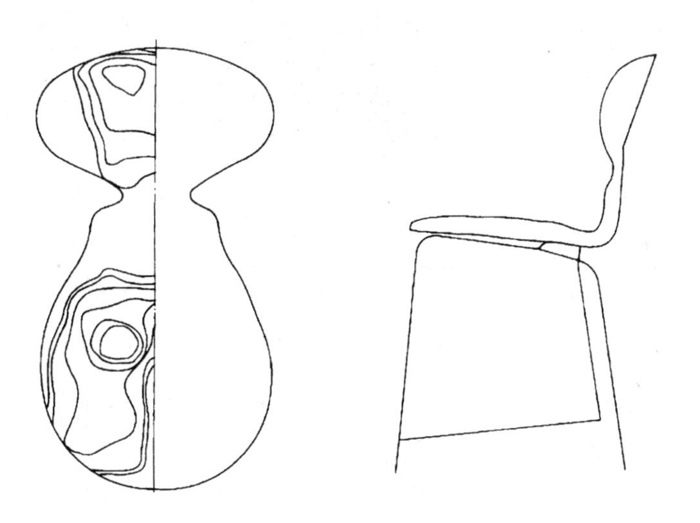

图 5-10 座椅压力分布

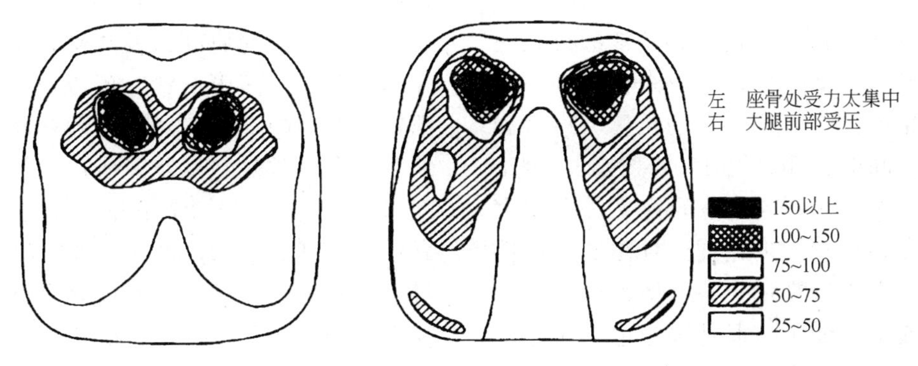

图 5-11 座位面的体压分布的不良状况（g/cm^2）

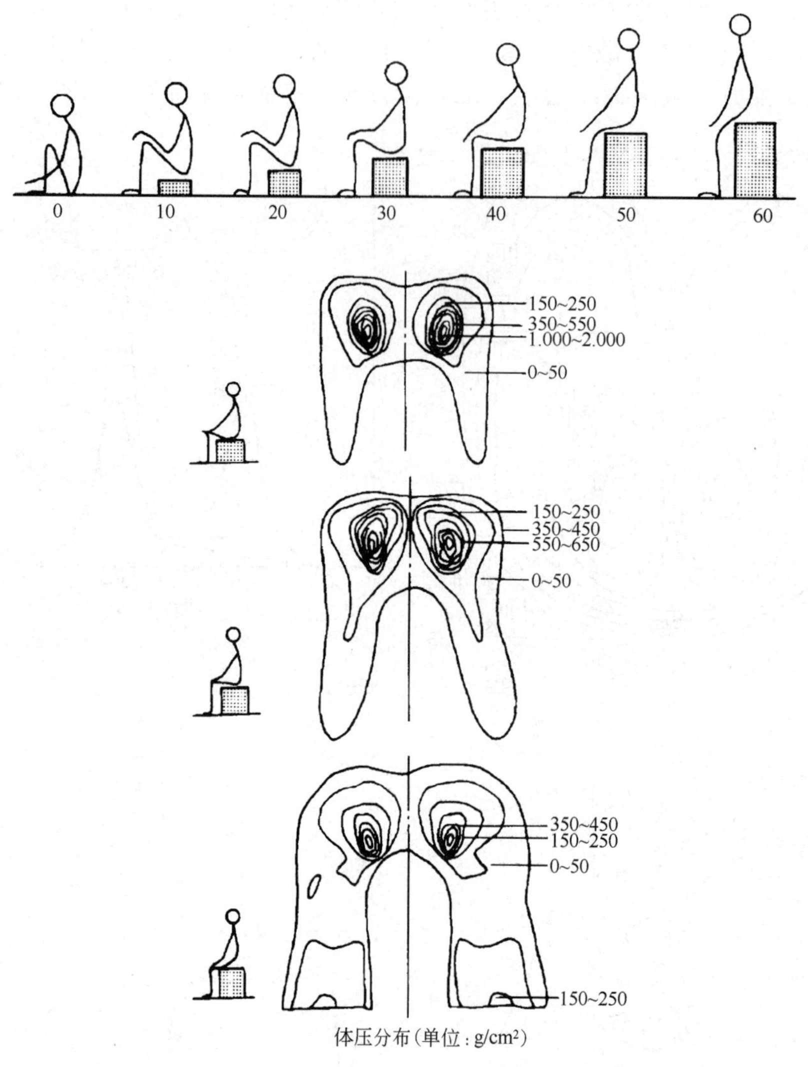

图 5-12　坐面体压分布与坐板高度的关系

(4) 支撑与稳定性

身体的稳定性大部分是由设计决定的，设计应使主要的重量是由围绕坐骨结节的面积来承受。关于这一点，座位的角度和靠背的角度起着重要的作用（图 5-13），座位靠背的曲线也有关系。然而这些方面又与座位的功能缠绕在一起。例如，就办公室座位来讲。推荐的座位角度为 3°，而靠背的角度（靠背和座位之间的夹角）为 100°。然而，对于休息和阅读来讲，专业研究人员发现大多数人喜欢较大的角度。身体的稳定性也可以靠手来帮助，甚至将手臂先靠在桌子或工作面上，但是这些也应在能使手臂自然地垂下的高度，而使肘部能在一种自然的位置上休息。良好支撑应考虑的部位见图 5-14。

理想的椅子靠背应该在水平和垂直两个方向均可调节。非常好的设计是，座椅的靠背具有弹簧作用，可以随人体背部的移进移出而相应移动。有的坐椅靠背能支持人的肩部以及腰部，具有较高的高度和呈凹面形状，可以给整个背部较大面积的支撑。对于工作座椅，人的肘部会经常碰到靠背，所以，靠背宽度以不大于 325～375mm 为宜。简单靠背的高度，大约 125mm 就可以了。对于工矿用椅，靠背与座椅面之间的角度为 95°～110°之间，一般以 100°为宜（表 5-2）。

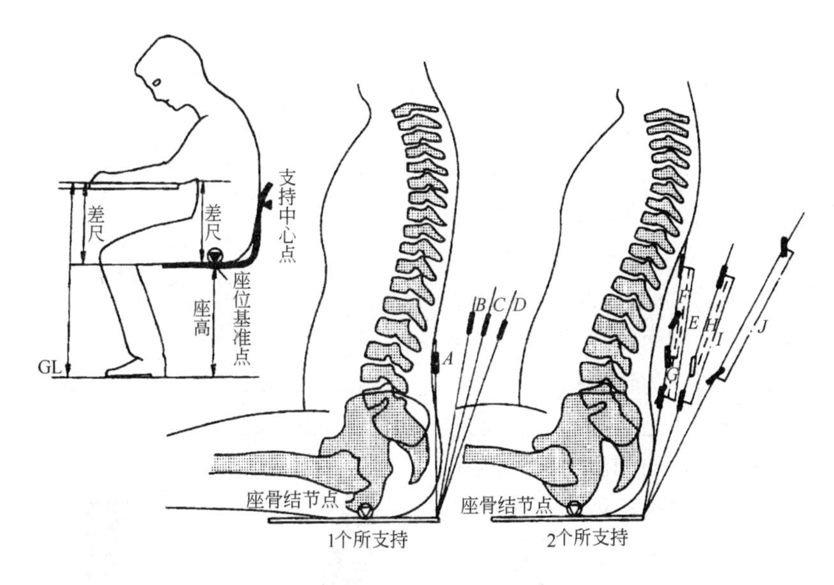

图 5-13　座椅靠背角度与支撑

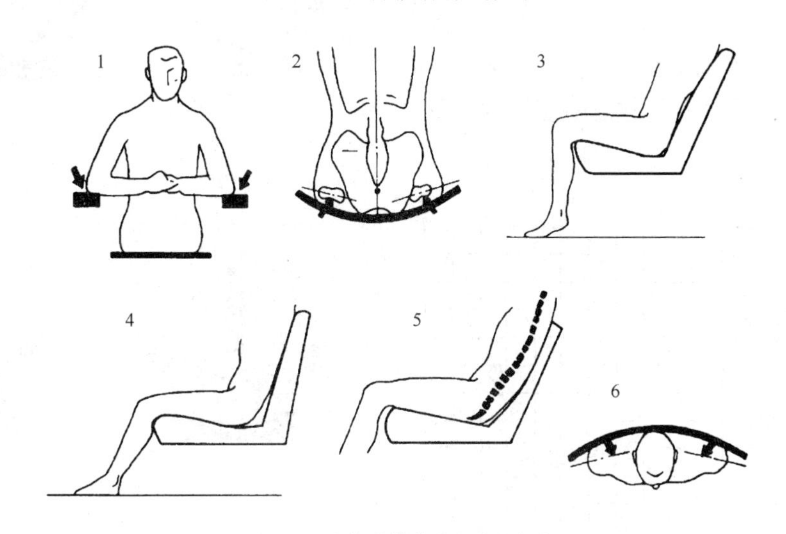

图 5-14　良好支撑的应考虑的部位

良好的背部支持位置与角度　　　　**表 5-2**

支持点 \ 条件		上体角度	上部		下部	
			支持点高(cm)	支持面角度	支持点高(cm)	支持面角度
一个所支持	*A*	90°	25	90°	—	—
	B	100°	31	98°	—	—
	C	105°	31	104°	—	—
	D	110°	31	105°	—	—
两个所支持	*E*	100°	40	95°	19	100°
	F	100°	40	98°	25	94°
	G	100°	31	105°	19	94°
	H	100°	40	110°	25	104°
	I	100°	40	104°	19	105°
	J	100°	50	94°	25	129°

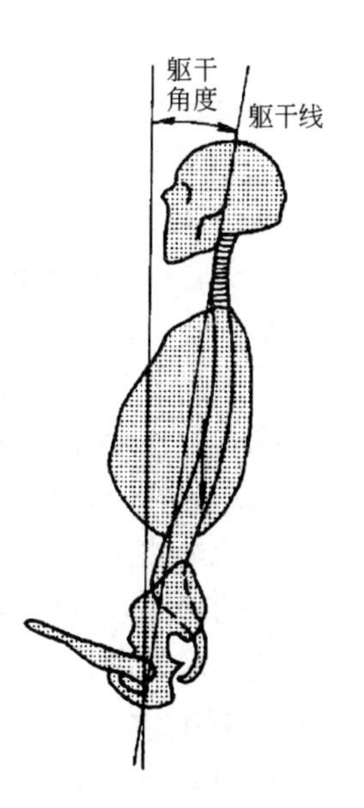

（5）侧面的轮廓

从人体工程学的角度来看，椅子是坐的机器。从简单的凳子到牙科诊所复杂的治疗椅，它的复杂程度以及与人的关系大不相同。对人体影响最大的是座椅的侧面轮廓，如图 5-15 左侧是多功能椅，右侧是休息椅。在椅子的设计过程中必须进行试验，已确定座椅的侧面轮廓是否感觉舒服。用来休息的座椅称为休息椅，由于椎间盘内压力和肌肉疲劳是引起不适感觉的主要原因，因此，座椅的侧面轮廓若能降低椎间盘内的压力和肌肉负荷，并使之降到尽可能小的程度，就能产生舒服的感觉。当靠背倾角达到 110°时，人体的肌电图的波动明显减少，被试者有舒服的感觉。人越躺下感觉越舒服，完全躺下就是床的设计问题了。设计休息椅应注意以下几点：

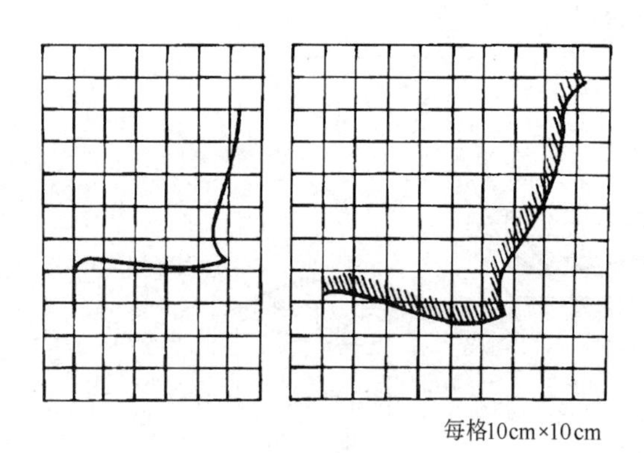

图 5-15 座椅的侧面轮廓

为了防止臀部的前滑，座面应后倾一个角度，一般为 14°～24°；靠背倾斜角度：相对于坐面为 105°～110°；相对于水平面为 110°～130°。

靠背应有垫腰的凸缘，凸缘的顶点应在第三腰椎骨与第四腰椎骨之间的部位，即顶点高于坐面后缘 10～18cm。垫腰的凸缘有保持腰椎柱自然曲线的作用。对于有软垫的椅子，其侧面轮廓是指人坐下后产生的最终形状。图 5-17 左侧显示的是良好的软椅，右侧显示的是不好的。虽然可能原来的形状很好，但人坐下后的最终形状不好。图 5-16 显示了 DC-8 客机座椅改良前后的对比。

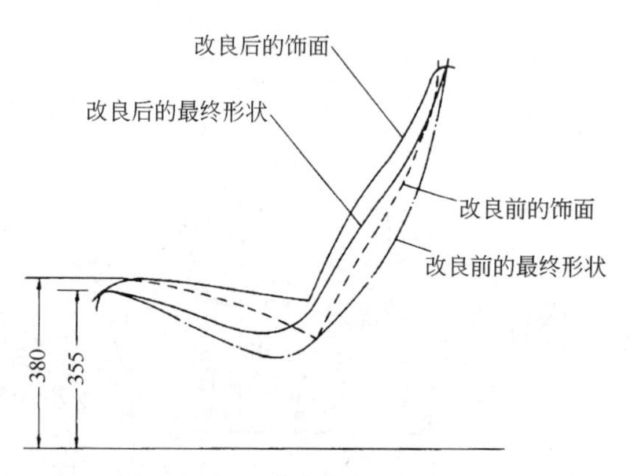

图 5-16 DC-8 客机椅改良前后的对比

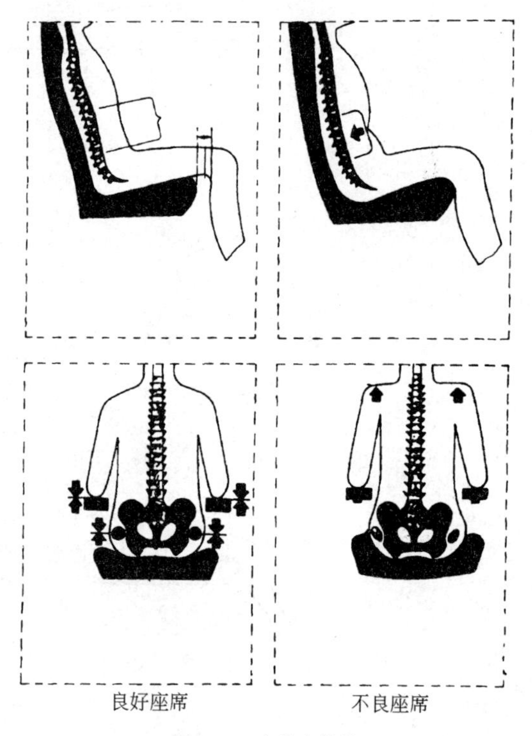

图 5-17 座椅支撑性

（6）按用途设计座椅

因为座位的细节问题是必须由其特定的用途决定的，故我们只能选择几种来说明。

办公室椅子：一般认为可调节的工作椅是人体工程学的最佳结果。专业研究人员根据许多办公室人员关于使用座位舒适资料的报告，提出了如图 5-18 所示的设计特点，其中也说明了座位尺寸和工作面高度之间的关系。

工作椅：人工作时坐着的座椅叫工作椅。多功能工作椅具有高靠背和垫腰凸缘。人在工作时，身体前倾，凸缘支承住腰部，而放松休息时人体后靠，靠背又保持了脊柱的自然“S”形曲线。工作椅并不一定需要靠背，工厂车间和医院的工作椅一般就没有靠背，而办公室的工作椅一般需要靠背，这取决于工作性质。图 5-18 是一种典型的工作椅。

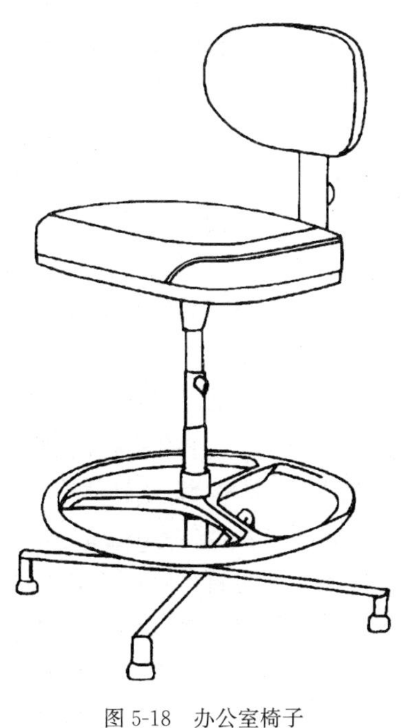

图 5-18　办公室椅子

就这两种座椅对 66 个办公室工作人员的征询调查表明，大多数人更喜欢高靠背工作椅。因此，只要工作环境和性质允许，就应使用高靠背的工作椅。设计工作椅应注意：

1）高度可调。办公椅的高度调节范围为 38～53cm。

2）可防止座椅滑动和翻到。椅脚应设计 5 个，平分在直径为 40～45cm 的圆周上。

3）给人留有足够的活动空间。需要经常站起的座椅应采用小脚轮。

4）应保证腿的活动空间，以减轻腿的疲劳。

5）坐面应为 40～45cm 宽，38～42cm 长，坐面中部稍微下凹，前缘呈弧曲面，坐面后倾 4°～6°。

6）坐面的材料应透气而且不打滑（例如毛料），以增加坐面的舒服感。

多用途椅子：研究人员曾经要求 50 名男、女被试对象进行试验的 12 种不同设计的多用途椅子对身体上的 11 个部分的舒适度进行评价。此外，每个被试者还对每两只椅子进行成对比较，求出其总的舒适度评分。其中两只最受人喜欢的椅子，并附有根据全部资料进行分析作出的设计建议，建议中还包括在整个座位上铺设 2～4cm 厚的泡沫橡胶。

休息和阅读用的椅子：用作休息和阅读的椅子的设计特点当然与活动较多的椅子显然不同。专业研究人员曾进行过一项研究。在这项研究中他们使用了一种“坐的机器”，以便得出被试者对于各种座位设计的舒适度的判断。这种“坐的机器”的特点是能够调节实际上的任何外形。他们还未总结全部结果，就已经发现对于阅读和休息，表 5-3 所示角度和尺寸能为较多的被试者所喜欢。

角度和尺寸比较　　表 5-3

	阅读	休息
座位的倾斜(°)	23～24	25～26
靠背的斜度(°)	101～104	105～108
座位高度(cm)	39～40	37～38

这种椅子的外形必须指出，靠背和座位的不同角度是为了整个靠背对脊椎下部（腰部）给予特殊的支承。

5.2.2　坐的解剖和生理

上节介绍的座位设计的一般原理主要是建立在舒适的判断上的，但是，现实情况却是在我们这个工业化世界中，近乎一半的人口忍受着某种方式的腰背的疾苦。每年为病假支付的工资、医药费等耗费大量的钱财。过去 20 年中对办公室、工厂等方面的椅子已做了大量工作，打字员的椅子似乎是这类椅子的典范。其特点是能够调节它的高度和靠背，并且很轻，可以移动，座位的坡度大约向后倾斜 5°，这为打字和休息提供了一个最适宜的姿势。

然而工作中的绝大多数是形成弯曲的姿势（图 5-19），例如阅读、书写、绘图、

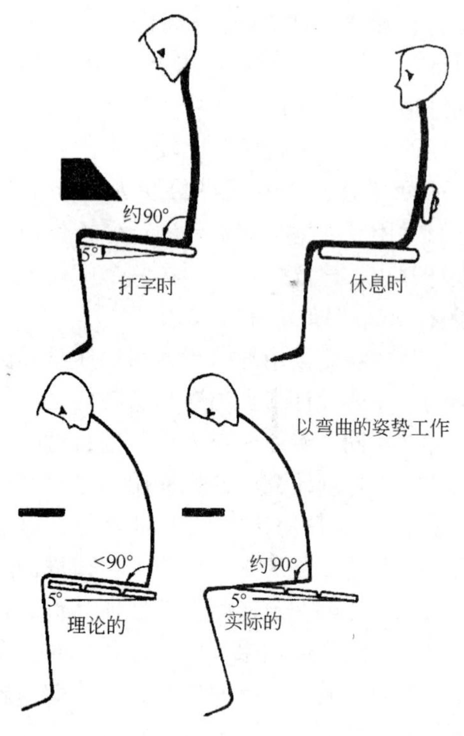

图 5-19　伏案工作时腰部的角度

装配和钳工等，并且眼睛应离物体大约30cm，向后倾斜的椅子使得向前弯曲很困难。这种问题极少引起人们的注意。说来也奇怪，在过去的几十年内在学校中强调所谓垂直的姿势，即臀部、膝部和踝部保持直角，这被认为是正确的姿势。所有人体测量和所有家具的尺寸都围绕这个特定的姿势发展出来的。国际标准化组织(ISO)对于教育用家具的尺寸的新草案都是用一个小学生笔直地坐着的姿势来说明的，但是没有一个正常的小学生能够用这个姿势坐上1～2min的，并且当他们的视轴是水平的时候，他们很难做任何工作。当孩子们要阅读、书写或做算术时，他们就弯背地伏在桌子上，以便使他们的眼睛能与书保持一个相当的距离20～30cm，而不是原来端坐时的50～60cm。儿童们坐的姿势有各种各样，就是没有“笔直”的这一种。但是我们可以发现当孩子们伏在桌子上写作业时，往往将他的椅子的前脚支地并向前倾斜（图5-23）。我们自己也可能有这种生活经验，当工作得较累时，偶尔翘起椅子（支在前脚上）可以舒适一些，我们从中可以获得某些启发。

(1) 腰椎曲线

为了了解坐的姿势中存在的问题，我们必须研究当一个人从站立的姿势改变为坐的姿势时，所发生的解剖学上的变化。当一个人从站立的姿势改变成坐得笔直的姿势时（图5-20），大多数人想象为臀部关节转动了90°，然而这个动作是比较复杂的，因为这个弯曲中只有60°是来自臀部关节的，而另外的30°是来自腰椎曲线的变平。我们从图5-20中可以清楚地看到，当坐在一只普通的椅子上时，他的躯干和大腿成直角，腰椎曲线显著地变平了。这种腰部和臀部关节的改变可以从图5-21中看得很清楚。图5-21（*b*）为我们侧睡时所采取的放松的姿势。臀部关节弯曲了45°（如果笔直的姿势是180°的话，则为135°）。这是臀部关节休息的姿势，此时大腿前部和背部的肌肉都是处于放松平衡的状态。这时背部有一个向后凸出的曲线。如果大腿的臀部关节向上弯曲时如图5-21（*d*）、（*e*）所示，大腿背面的肌肉（旁腱和臀肌）张紧了。这些肌肉附着在臀上的背部和坐骨上，由此使骨盆围绕一根纵向轴线产生一个旋转。所以腰椎曲线改变到图5-21（*d*）所示的稍微凹进去的形状，至图5-21（*e*）所示则凹进去更加显著，大腿正面的肌肉十分放松。如果大腿在臀部关节处向后弯曲如图5-21（*b*）所示，大腿前面的肌肉张紧，造成腰椎曲线的凹度增加。站直后由于骨盆的旋转而增加了这根腰椎曲线。图5-21（*a*）相当于站立的姿势，而当变到直角坐的姿势如图5-21（*d*）时，首先产生臀部关节60°的弯曲，接着腰椎曲线变得平了30°，脊柱的形状见图5-22。

专业研究人员曾对学龄儿童的工作姿势做过仔细考察，在一般放松地坐的姿势时，他发现在1035个儿童中并无一人保持腰椎曲线。如果告知孩子们要端端正正地坐（即自觉地肌肉紧张），他发现腰椎曲线为30.5°。由于孩子们的背部比成年人来得更加柔软，故儿童特别适宜于用来说明坐的姿势问题。

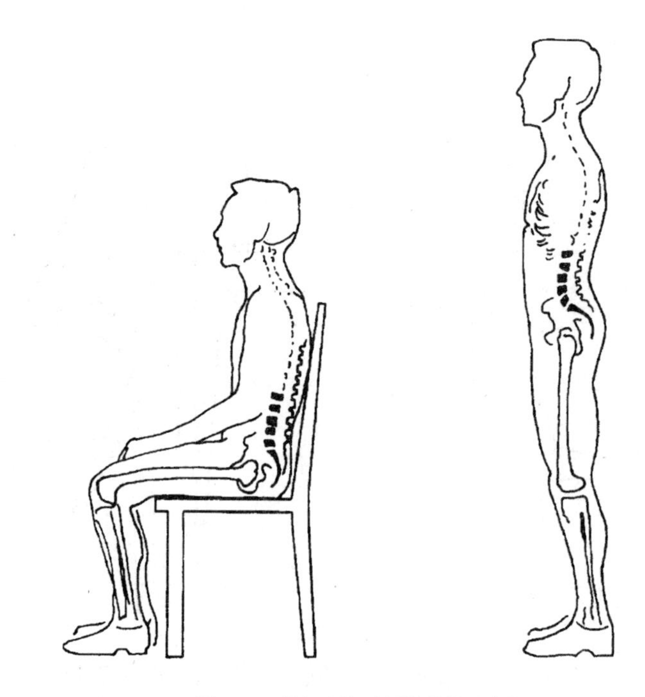

图 5-20　站与坐姿时腰椎曲线的变化

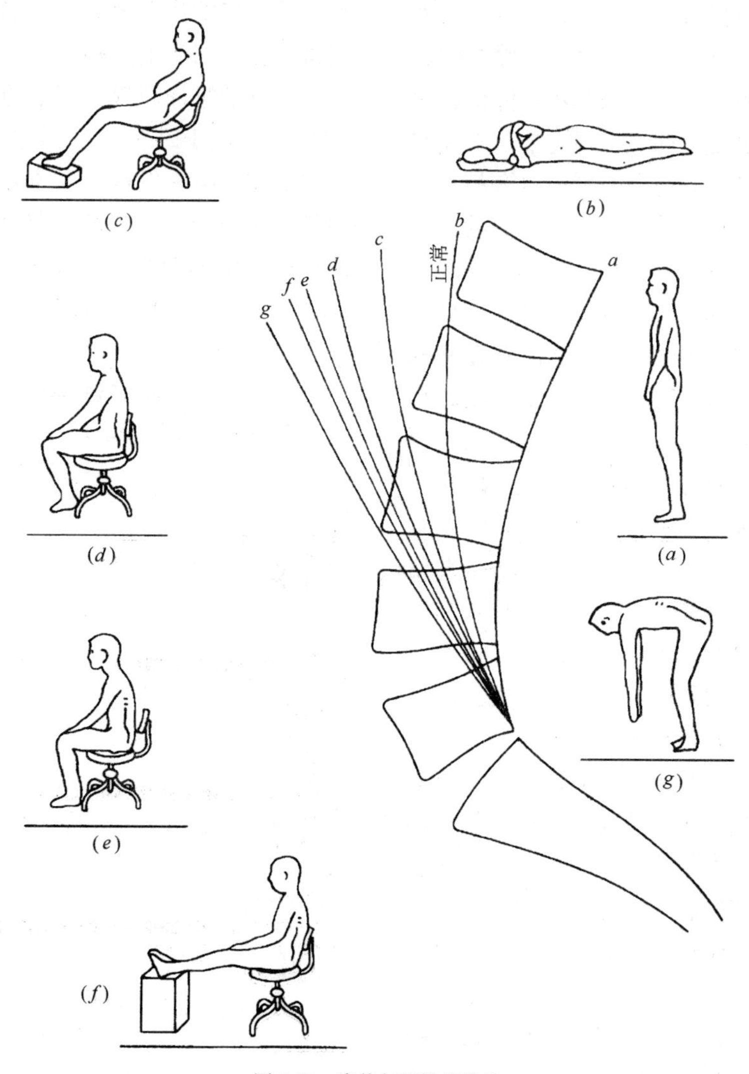

图 5-21　姿势与腰椎的形状

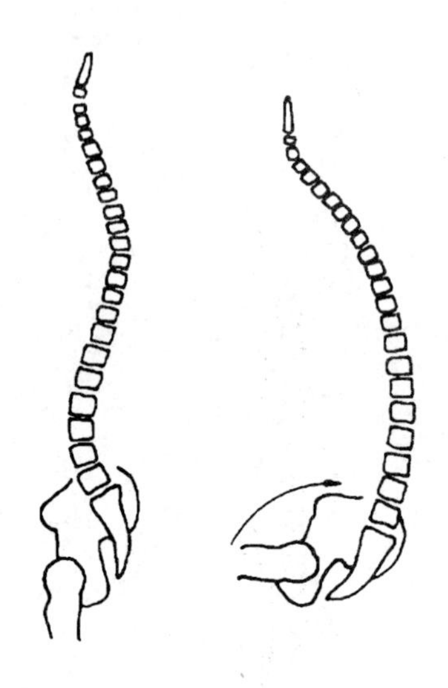

图 5-22　脊柱的形状

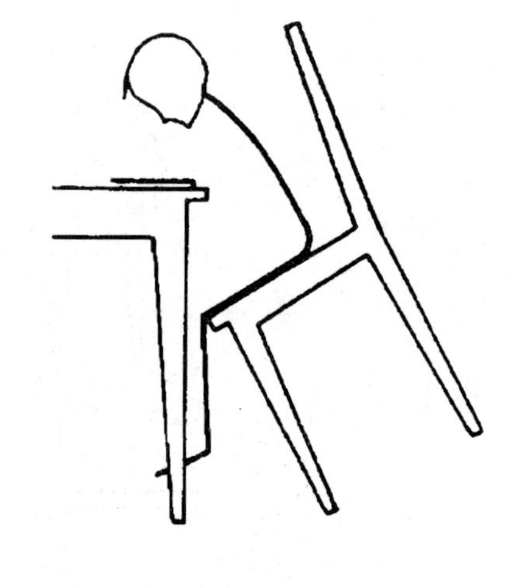

图 5-23　孩子们学习时

专业研究人员用 X 光片检查了 25 个人，发现在坐下时腰椎曲线平均变平了 30.5°，这样的腰椎弯曲几乎都发生第四和第五个腰椎盘上。恰好这两个腰椎间盘是发生脱盘最多之处。因此尽可能地减少这个部位的过度弯曲显得很重要。即使在一般放松休息的姿势时，那里也有相当的荷载。如果必须进一步向前弯曲的话（儿童们常常在阅读、书写或绘画时所表现出来的那样，大部分移动可能也是发生在第四和第五个腰椎盘上的），这样就有了额外的负担。当弯腰时腰椎骨的前沿彼此相压，有相当的力量（50～100kg），因此腰椎骨将盘压向脊骨，而脊椎的后沿以相应的力量推开去。慢性的腰背痛常常就发生在下部腰范围内，并且患者的特点是发现他们不能以笔直的姿势坐随便怎样长的时间。即使一个健康的背，30°的弯曲似乎是背部能容忍较长时间的最大负担。

（2）椎间盘内压力

坐姿的最严重问题是对腰椎和腰部肌肉的有害影响，不正确坐姿不但不能减轻腰的负荷，反而加重了这一负荷。椎间盘 60％的大都有过腰痛的体验，其中最常见的痛因就是椎间盘的问题。由于某种原因，椎间盘也可能退化，从而丧失强度，这时椎间盘变得扁平；严重时黏液还可被挤出，整个脊柱的机能因此受到损害，造成一些组织和神经受挤压，引起各种骨盆部位的病症以及腰部风湿病，甚至腿瘫痪，不正确的作业姿势和坐姿可能加速椎间盘退化，引起上述种种病痛。

矫形学家使用现代复杂的科学仪器测量了人在不同姿势和坐姿下椎间盘的内部压力变化，结果发现，人体姿势是决定椎间盘内压力的主要因素，椎间盘内压力过高是损坏椎间盘的直接原因。图 5-24 列出了 4 种姿势下椎间盘内压力。

1）大腿相当于杠杆；

2）骨盆上部向后转动；

3）骶骨向上转动；

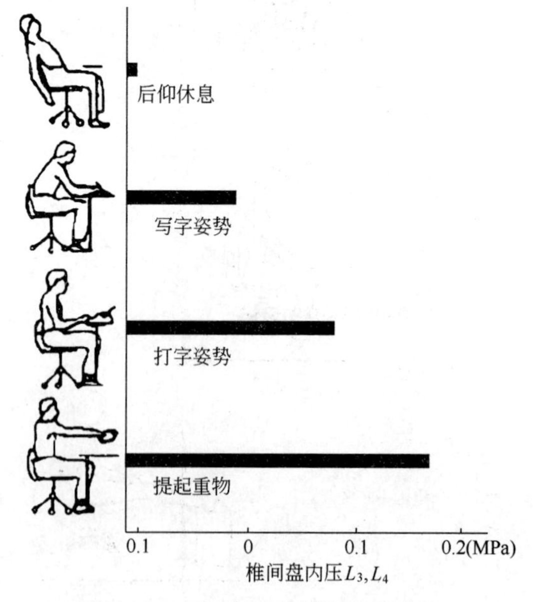

图 5-24　不同坐姿下的椎间盘内压力

4）腰脊椎由朝前弯曲变为朝后弯曲。

由于这些位置的变化改变了脊椎受力状态，因而造成了椎间盘内应力的增大。图 5-22 中左侧是站立时的脊柱形状，右侧是坐姿时脊柱的形状，头表示转动方向。

许多人建议人应直腰坐着，以保持脊柱的自然 S 形。在人直腰坐着时，椎间盘内压力比弯腰坐时小。但是，在坐着时适当放松，稍微弯曲身体，可以解除背部肌肉的负荷，使整个身体感觉舒服。由肌电图可以很容易地证明这一点，如图 5-26 所示，当直腰坐时肌电图波形变化大，而放松坐时机电图波形平稳，这说明，身体稍微前倾的放松坐姿，有利于整个身体的平衡。事实上，多数人的坐姿是放松的。细心的人一定已经发现，肌肉和椎间盘对坐姿的要求是矛盾的。直腰坐有利于降低椎间盘内压力、但肌肉负荷增大，弯腰坐有利于肌肉放松，却增加了椎间盘的内压力。所以，坐姿的问题并不仅背倾角，靠背倾角和靠背的形状都可影响椎间盘和背部肌肉。靠背倾角是指靠背与坐面的夹角。图 5-25 是不同靠背倾角下的肌电图和椎间盘内压力。图中椎间盘的内压力以靠背倾角为 90°时的压力值为零点，其绝对压力为 0.5MPa（$=5kg/cm^2$），所以，图中为相对压力。在不同坐姿下，椎间盘的内压力如图 5-25 所示，图中零点的绝对压力为 0.5MPa，它是参考压力，其他是相对压力比。综合上述内容和图中的数据，可以得出以下几点结论：

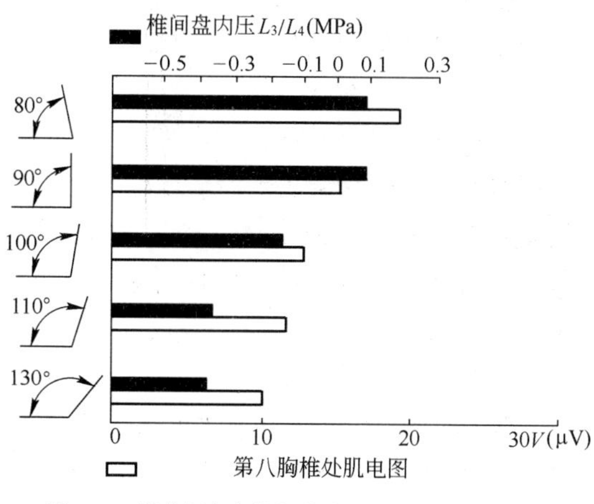

图 5-25　靠背倾角与椎间盘内压力和肌电图的关系

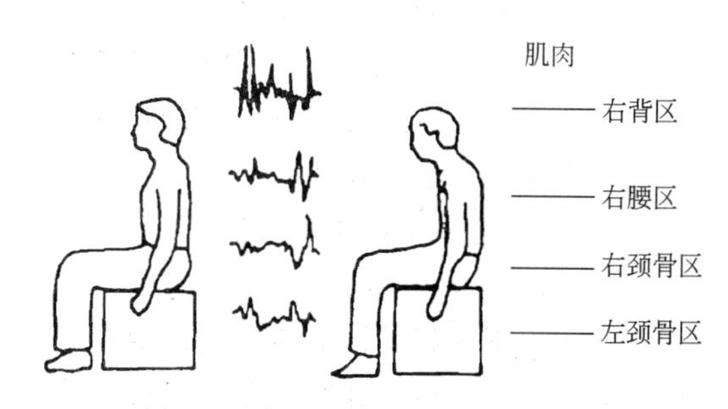

图 5-26　直腰和放松坐时背肌的肌电图

1）人向背后仰和放松时，椎间盘内压力最小；

2）靠背倾角越大，肌肉负荷越小；

3）5cm 厚的短靠腰（也叫低靠腰）与平面的靠背相比，可降低椎间盘压力，减轻肌肉负荷。

4）靠背最佳倾角（与水平面夹角）为 120°，坐面最佳角度（与水平面夹角）为 14°，靠背应有 5cm 厚的低靠腰。当靠背倾角超过 110°后，倾斜的靠背支承着身体上部分的重量，从而减小了椎间盘内压力。

（3）腰背疼痛

坐姿工作的人有一些经常疼痛的部位，图 5-28 是对 246 个坐姿工作的人进行调查的结果，调查还发现：

1）座椅高度为 38～54cm 能使躯体上部感觉舒服。

2）造成大腿疼痛的原因主要是工作时体重压在大腿上，其次才是座椅的高度。

3）如果座椅可调并备有脚垫台，桌子高度应为 74～78cm，以提供最大的调节范围。

4）57％的坐姿工作人员有腰痛症状。

5）肩痛和颈痛的占 24％，手和手臂痛的占 15％，大多数打字员抱怨桌子太高；

6）在坐着工作人员中：有 29％的有膝痛和脚痛的症状，其中大多数是身材不高的人，这是因为没有垫脚台，人只好坐在椅子前缘。

7）无论身材大小，绝大多数大都希望坐面要低于桌面 27～30cm，人倾向于优先保证躯体部分的自然姿势。

8）坐姿人员中腰痛的占57%，图5-27中靠在靠背上的时间占整个工作时间的42%，说明靠背的重要性。

5.2.3　如何改善工作姿势

设计好座椅只解决了坐的问题的一个方面，如果不了解人们坐的方式，特别是没有教育人们保持正确的坐姿，座椅设计得再好也是徒劳的。图5-27是261个男性和117个女性办公人员的习惯坐姿。图5-27中的百分数为办公人员在工作时间内，处于某种坐姿的时间比。

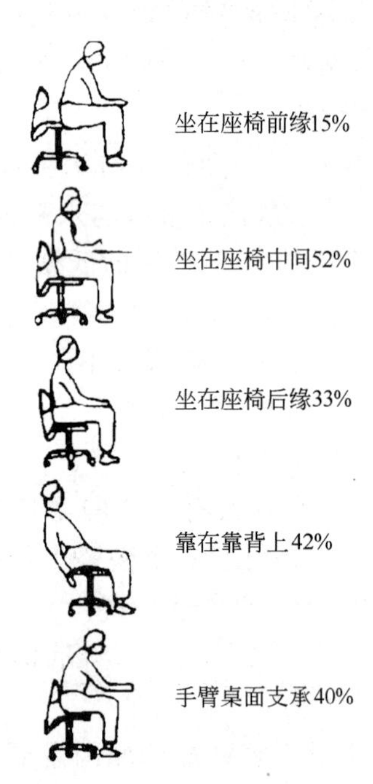

图5-27　办公人员的习惯坐姿

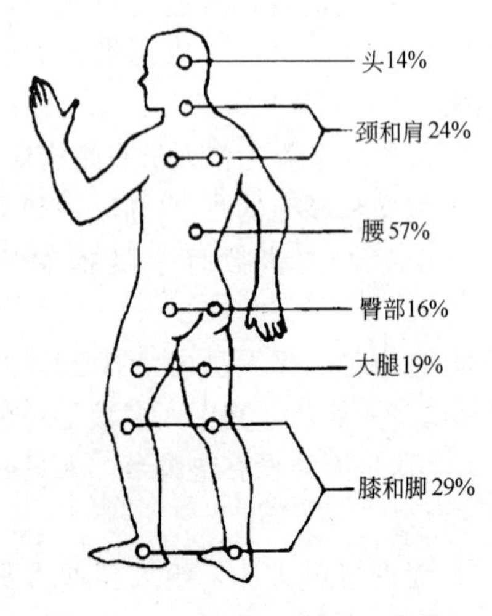

图5-28　坐姿工作者疼痛部位百分比

通常我们可发现大多数儿童正确地使用一只倾斜的椅子而无任何指导。同样，背部和腿有病痛的人使用倾斜的椅子后，立刻感到抽紧和不舒适感觉的减少。我们再来看一下坐姿与工作的关系。当以直角向后倾斜的姿势端坐时，只能有两种方法工作，即将腰椎弯曲20°，因而弯曲了背部。增加脊椎骨盘上的荷载或者在膝部的夹角加大20°，如同使用一只倾斜的椅子那样，这样才能在弯曲的姿势时保持直的背部。为了能进一步了解各种坐姿对人体的影响，研究人员进行了两项工作——测量了各种坐姿时背部肌肉的伸长和座位上的压力分布。这些数据来自10个身高为160～170cm的被试者。如果将直角坐的姿势作为休息的姿势，当持实际的阅读和书写姿势时，即坐在座位的前缘上，并且眼睛离开书本30cm时，背部肌肉伸长4.8cm。如果座位倾斜后，肌肉的伸长减少至不足原来的一半。若桌面再倾斜10°，肌肉几乎不伸长了。

座位上的压力（以mmHg表示）分布是用三只可膨胀的血压计封套分别放在座位的前、中、后三个区域测量的。实际的阅读和书写姿势由于坐在座位前部的边沿上，故大部分压力集中在前部区域。这种姿势是最常见的，我们在传统的办公室中看到，几乎的所有办公用椅子的座位套子只有前面一部分是磨破的，而后面部分大约从未碰过，仍旧保持很新。当倾斜后，在三个部分上的压力分布比较平均。

根据上面的分析和试验结果可以提出改善工作姿势的建议如下：

（1）将桌面倾斜

桌面坡度成10°时，工作姿势也相应地减少10°的弯曲背部。当坡度成30°时，大多数人在书写和阅读时可有一正确的姿势，并可使书本与视线大致保持垂直，如图5-29（*c*）所示。

（2）用较高的椅子

如果一个人坐在一只普通桌子的边上（72cm高）或者一只高凳上，大多数人可以保持原来的腰椎曲线不变，臀部关节实际上接近于他们正常的休息姿势时的45°。当坐在一只普通椅子（43cm高）上时，即使其躯体垂直，他的腰椎曲线将会大约变平30°。最后坐在一只低的凳子（30cm）上时，每个人都会驼背，如图5-29（*d*）所示。

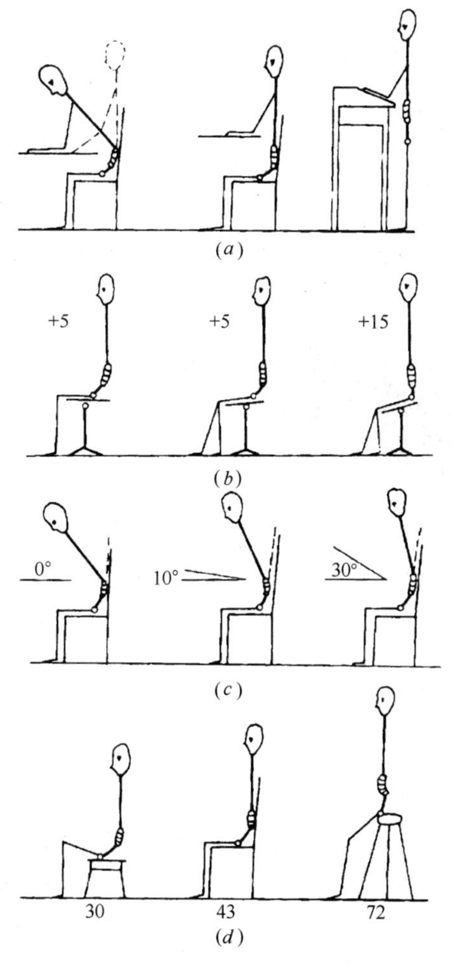

图5-29　影响腰椎的各种因素

理想的椅子高度当然必须根据学生和桌子的高度来决定，但是一般可以说，椅子每做高1cm，臀部要弯曲1°不到一点。传统课桌的座位大约为47cm高。

（3）较高的桌子

当身体向前俯在桌子上进行书写时，肘部应与桌子的表面接触，并且为了能把肘部放下来搁在72cm高的桌子上，个别人就会完全折起来，故应该使用较高的桌子，如图5-29（*a*）所示。

（4）向前倾斜的座位

倾斜的椅子使臀部比其他任何工作椅子更明显地接近休息时的姿势（135°弯曲），在丹麦近10年来已有5000只以上的倾斜椅子使用在许多办公室、车间和手术室。大多数人很快地适应这种新的工作姿势。只有少数人开始几天内可能表现出很难找到他们平衡的方式，因而感到疲劳。所以最好在头几天，这种椅子只用几个小时，大体上几天以后，这种获得的新的行动自由即将感到有很大的好处，如图5-21（*b*）所示。

目前的工作椅子结构的现状为：人们使用它们后背部产生过度的负担。由于大多数人每天要坐许多小时，这意味着背部比任何其他地方受到更加长期的紧张。如果我们企图减少这种情况，工作椅子的结构主要应该建立在坐着的人的解剖知识的基础上，而不应由传统和时髦所决定。

5.3　床的设计

睡眠是每个人每天都进行的一种生理过程。每个人的一生大约有1/3的时间在睡眠。而睡眠是为了更好的、有更充分的精力去进行人生活动的基本休息方式，因而与睡眠直接有关的床的设计就非常重要了。就像椅子的好坏可以影响到人的工作、生活质量和健康状况一样，床的好坏也同样会产生这样的问题。

5.3.1　睡眠的生理

睡眠的生理机制十分复杂，至今科学家也没有完全揭开其中的秘密，只是对他有一些初步的了解。我们可以简单地把睡眠这样描述：睡眠是人的中枢神经系统兴奋与抑制的调节产生的现象，日常活动中，人的神经系统总是处于兴奋状态。到了夜晚为了使人的机体获得休息，中枢神经通过抑制神经系统的兴奋性使人进入睡眠。休息的好坏取决于神经抑制的深度也就是睡眠的深度。图5-30是通过对人的生理测量获得的睡眠过程的变化，通过测量发现人的睡眠深度不是始终如一的，而是进行周期性变化的。

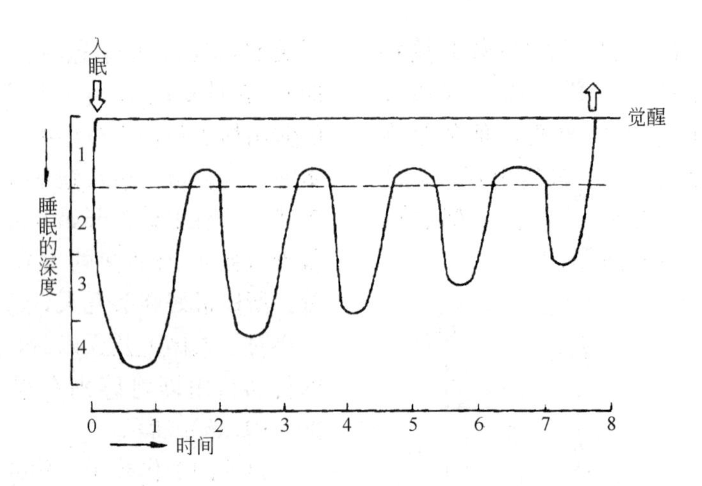

图 5-30　睡眠的时间的变化

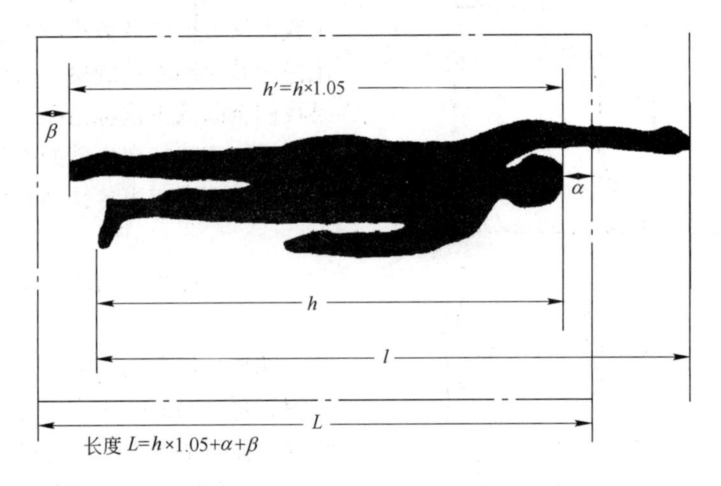

图 5-31　床的尺寸

睡眠质量的客观指标主要有：

一是对睡眠深度的生理量的测量，二是对睡眠的研究发现，人在睡眠时身体也在不断地运动，见图 5-33，而睡眠的深度与活动的频率有直接的关系，频率越高，睡眠深度越浅。

5.3.2　床的尺寸

在长度上，考虑到人在躺下时的肢体的伸展，所以实际比站立的尺寸要长一些，再加上头顶和脚下要留出部分的空余空间，所以床的尺度要比人体的最大高度要多一些。见图 5-31。

到底多宽的尺寸合适，在床的设计中并不像其他的家具那样以人的外廓尺寸为准。其一是，人在睡眠时的身体活动空间大于身体本身，见图 5-34，不规则的图形是人体活动区，其二是，科学家进行了不同尺度的床与睡眠深度的相关试验，在床的宽度上表现出不同宽度与睡眠深度的关联性。见图 5-32，47cm 的宽度虽然大于人体的最大宽度尺寸，但从图中可以看出并不理想。70cm 显然要好得多，当然这也只是满足了最低的要求。所以实际上在日常生活中床的尺寸都大于这个尺寸。

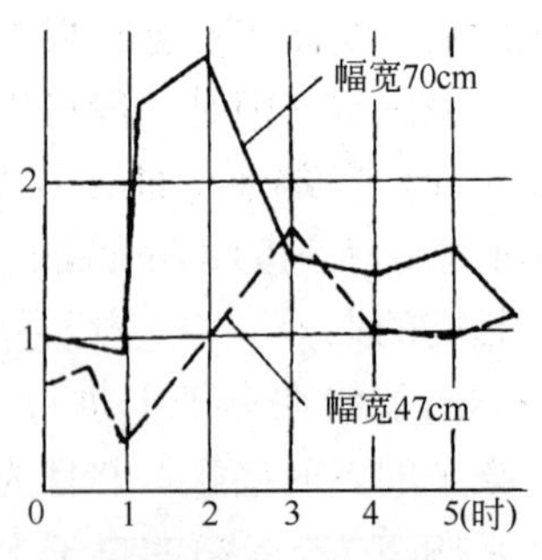

图 5-32　器具的幅宽与睡眠的深度

5.3.3　床面材料

偶尔在公园或车站的长凳上躺下休息时，起来会觉得浑身的不舒服，身上被木板压得生疼，因此，像座椅一样，我们常常在床面上加一层柔软材料，而软硬的舒适程度与体压的分布直接相关，体压分布均匀的舒适度较好，反之则不好。见图5-35，他们使用不同的方法测量出来的身体重量压力在床面的分布情况，床面比较硬时，显示压力分布不均匀，集中在几个小区域。造成肌肉受力不适，局部血液循环不好。较软的床面可以解决这些问题。那么是不是床面越软越好呢，睡过老式软床的人，很多人会有腰酸不适的感觉，这是为什么，这要从人的脊柱形状说起，正常人站立时脊柱的形状是S形的，后背即腰部的曲线也随着起伏。当人躺下后重心位于腰部附近，如果睡在太软的床上，由于重力作用腰部会下沉。造成腰椎曲线变直，背部和腰部肌肉受力，产生不适感觉，进而影响睡眠质量。图5-36是在不同软硬程度的床上人睡眠时翻身的情况。

图5-33　睡眠时的运动

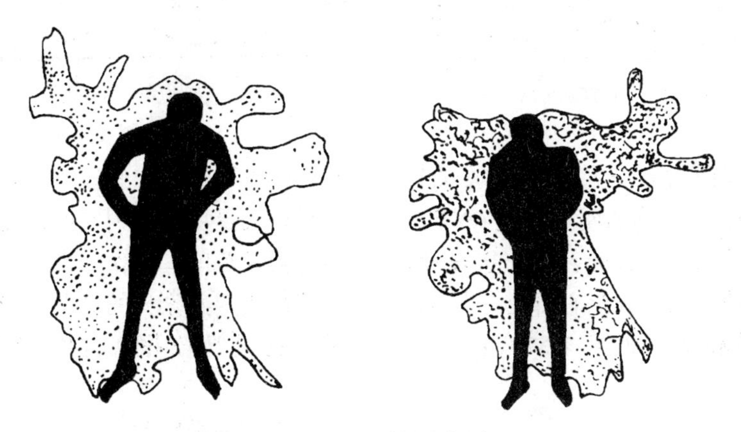

图5-34　睡眠时的活动空间

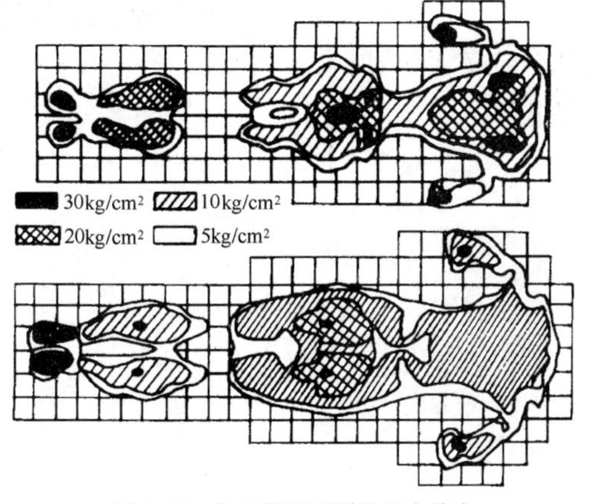

图5-35　床面软硬不同的压力分布

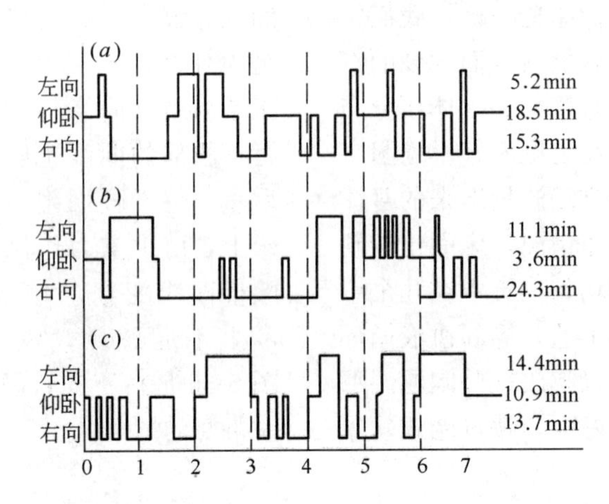

图 5-36　在不同软硬程度的床上人睡眠时翻身的情况

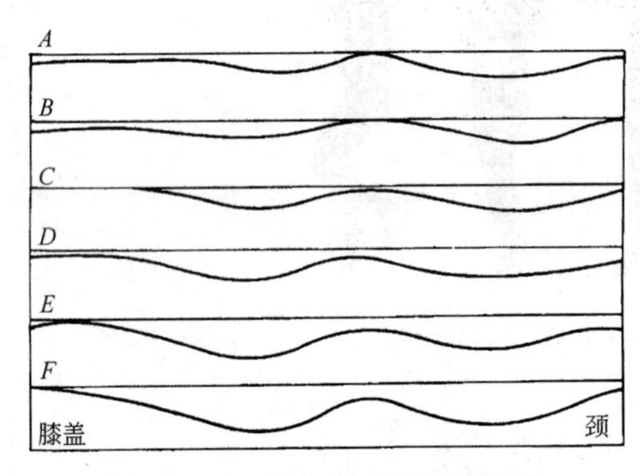

图 5-37　床面软硬引起腰背部形状变化

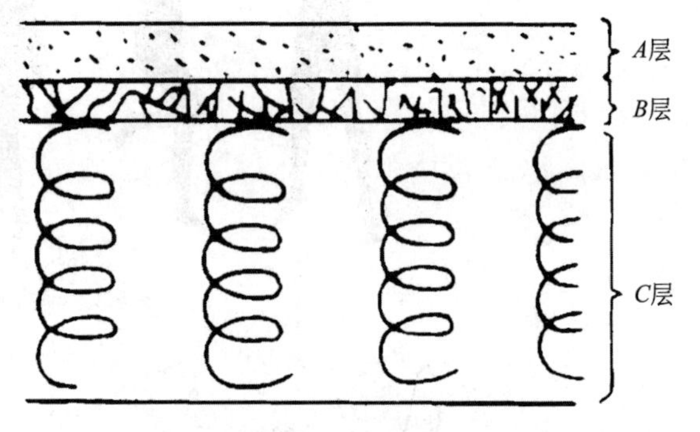

图 5-38　床的结构

因此，床面材料应在提供足够柔软性的同时，保持整体的刚性。这就需要多层的复杂结构。今天的各种床垫设计，不论采用何种结构，其核心都是一样的，使人睡得更舒适，如图 5-37、图 5-38 所示。

本章小结

本章主要介绍与人体活动关系密切的室内设施与家具。家具是联系人体与室内空间的重要纽带，它既是人体活动的直接承载，又是决定室内空间的主要因素。人体的活动范围、动作特性、体能极限和生理特征决定着家具的细节与形态。是家具重要的设计依据。也间接影响了室内空间。

本章关键概念：

工作面、工作面的高度及影响因素、坐的生理、座位设计一般原理，卧具的设计。

第 6 章　心理、行为与空间环境

空间与环境是两个有关系又有区别的概念。空间可以是独立存在的，而环境必定是围绕一定的核心或主体，就建筑而言，空间与环境是联系在一起的，可以这样说，建筑是由空间构成的以人为核心的并为人服务的环境。所以人的心理与行为与建筑这种空间环境形成了相互紧密联系又互相影响的关系。人的心理或行为对建筑的空间环境具有决定性的作用，如一个房间如何去使用，最终呈现的空间形态都是由人决定的。比如卧室、会议厅、餐厅，由于人的不同行为方式必定会成为不同形态。但反过来环境也会影响人的心理感受或行为方式，如一个安静并且尺度亲切的环境会使人流连忘返，而一个空旷而又嘈杂的环境会使人敬而远之。这种空间环境与人的心理或行为的对应关系是建筑或室内设计师在处理空间形态时的重要依据，因为空间是为人所用的。

人的行为特征因人类社会的复杂多样，受到各种因素的影响，诸如文化、社会制度、民族、地区等，因而呈现出复杂多样的行为特征。但它们很多都超出了我们讨论范围，在这里我们只讨论与我们的设计有关的那部分人的行为特征。

6.1　人的心理与空间环境之关系

6.1.1　心理空间

在前面的章节里我们讲了人体尺寸及人体活动空间，这些决定了人们生活的基本空间范围。然而，人们并不仅仅以生理的尺度去衡量空间，对空间的满意程度及使用方式还决定于人们的心理尺度，这就是心理空间。空间对人的心理影响很大，其表现形式也有很多种。英国的心理学家 D. 肯特说过：“人们不以随意的方式使用空间。”意思是说人们在空间中采取什么样的行为并不是随意的，而是有特定的方式。这些方式有些是受生理和心理的影响，有些则是人类从生物进化的背景中带来的。如领域性。了解人的这些行为特征对于空间环境的设计有很大的帮助，见图 6-1。

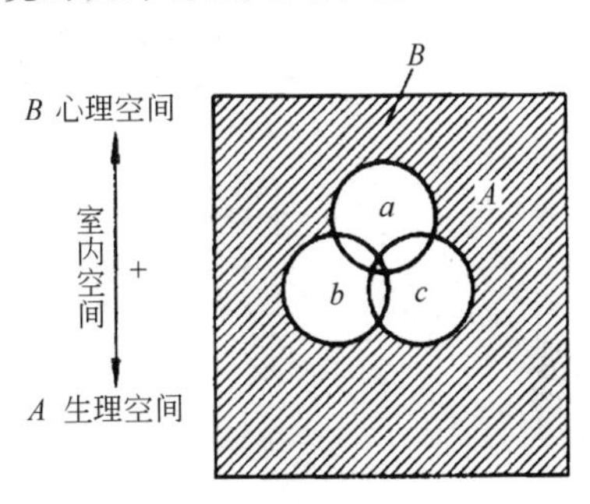

图 6-1　室内空间的构成

6.1.2　个人空间

每个人都有自己的个人空间，他被描述为是围绕个人而存在的有限空间，有限是指适当的距离。这是直接在每个人的周围的空间，图 6-2、图 6-3 所示通常是具有看不见的边界，在边界以内不允许“闯入者”进来。它可以随着人移动，其内涵表达出个人空间，它是相对稳定的，同时又会根据环境具有灵活的伸缩性。在某些情况下（例如在地铁或球赛中）人们可以比在其他情况下（例如在办公室中）允许他人靠得近些。其次，它是人际的，而非个人的，只有人们与其他人交往时个人空间才存在。他强调了距离，有时还会有角度和视线。

图 6-2　个人空间

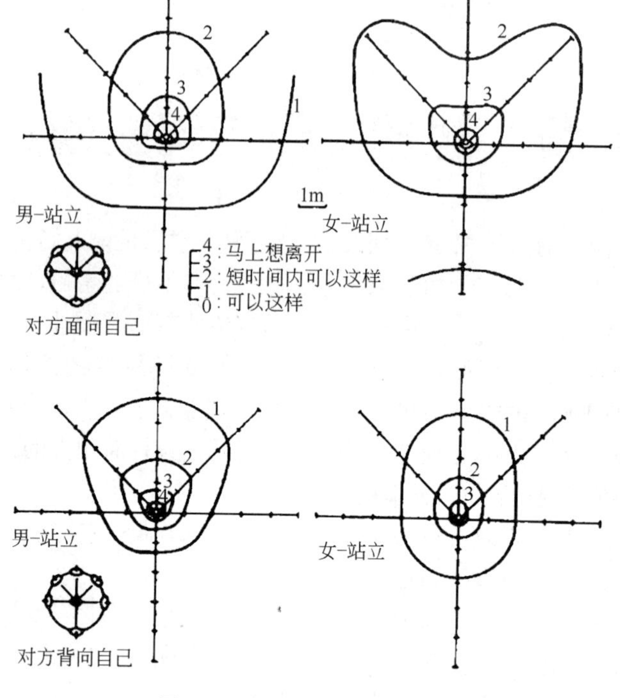

图 6-3　根据实验调查的个人空间
注：以日本大学生实验对象得出的实验结果，对方面向自己的情况与对方背向自己的情况。

个人空间的存在可以有很多的证明。如你在一群交谈的人中、在图书馆中、在公共汽车上或在公园中找一个座位时，总是想找一个与其他不相关的人分开的座位；在人行道上与别人保持一定的距离。人们用各种不同的方法来限定空间，例如在公园长凳对坐得太近的陌生人怒目而视，或者将手提包或帽子放在自己和陌生人之间作为界限。人与人之间的密切程度就反映在个人空间的交叉和排斥上。不适当的距离会引起不舒服、缺乏保护、激动、紧张、刺激过度、焦急、交流受阻和自由受限。产生一种或更多的反面效果；而适当的距离通常能产生正面的、积极的效果。

个人空间所具有的作用表现为：

舒服，人们在交谈时离得太近或离得太远会觉得不舒服。人在近距离交流时具有一定的空间限制。

保护，可将个人空间看成是一种保护措施，这里引进了威胁概念，当对一个人的身体或自尊心受到的威胁增长时，个人空间也扩大了。据吉福德（R・Gifford）（美）研究发现，孩子们在教师办公室这种轻度威胁的环境里，如果他们互相熟悉，就会彼此靠拢，如果他们互相陌生，就会彼此离开。互相关系密切的人在创造一个防御外来威胁的共同保护区时，不是扩大他们的身体缓冲区，而是彼此更加靠拢。

交流，在个人空间中的交流，除了语言之外，还在于别人的面孔、身体、气味、声调和其他方面的感觉和感性认识。假如你所面对的人是一位不想交流的人，但距离很近时，你所不想要的各种信息会通过各种的感知渠道向你压来。反之，你期望交流的人如果离得太远，所传递的信息就不足以满足你的所需。从这个方面来说，个人空间是一个交流的渠道或过滤器，通过空间的调整加强或减弱信息量的多少。个人空间的这种特点实际上与视觉的尺度、听觉的尺度、嗅觉的尺度和触觉的尺度（后面论述）等生理方面的特征有直接的关系。

紧张，埃文斯（G・Evans）认为个人空间可以作为一种直至攻击的措施而发挥作用。过度拥挤是引起攻击行为的激发因素。

6.1.3　人际距离

个人空间被解释为人际关系中的距离部分，是一种空间机制，一种个人的、可活动的领域。在豪尔（E. Hall）看来，人际距离会告诉当事人和局外人关于当事人之间关系的真正性质。

人与人之间的距离的大小因人们所在的社会集团（文化背景）和所处情况的不同而相异。无论熟人还是生人，人的身份不同（平级人员较近，上下级较远）。身份越相似，距离越近。有实验对等车的人进行观察，男人比女人站得离他人更远，异性比同性更远些。雷伯曼证实妇女决定坐的位置受到位置附近的人的情况的影响。人际距离的大小也会随地点的不同而变化，如在办公室里和在街道上是不同的。索莫的研究证明两个人面对面非正式谈话的距离为3.3英尺。还有一项研究表明了讲演者与听众的人际距离，当讲演者站在距离第一排听众10英尺以上的位置时，学生们愿意坐在前三排。当他距离第一排1.5英尺时，学生们则愿意坐在后三排。

豪尔把人际距离分为8个等级，每个等级都表明了当事人之间的席位关系。见图6-4。

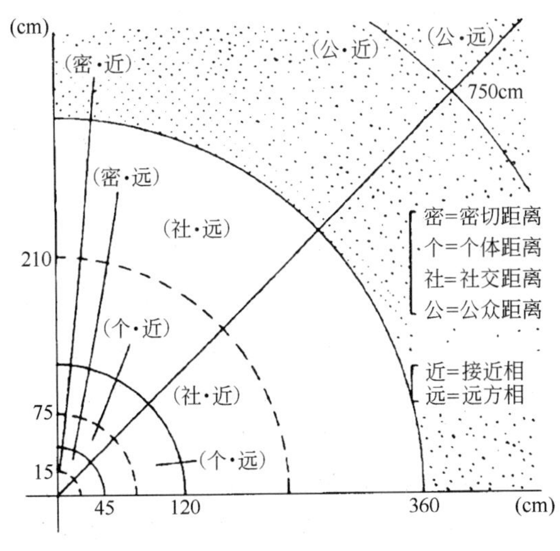

图6-4 人际距离（一）

亲近距离：亲近距离近程为0～15cm，是安危、保护、拥抱和其他全面亲密接触活动的距离。亲近距离远程为15～45cm，有密切关系的人才使用这个距离，这个距离的典型性为耳语时。

个体距离：个体距离近程为45～75cm，互相熟悉、关系好的个人、朋友之间或情人之间的距离。个体距离远程为75～120cm，是一般性朋友和熟人之间的交往距离。

社交距离：社交距离近程为1.2～2m，社交距离更多的是不相识的人之间的交往距离，如社会交往中某个人被介绍给另一个人认识，或者在商店里选购商品时。社交远程距离为2～3.5m，这正是商务活动、礼仪活动的场合的距离，这里有礼貌，但不一定有友谊。两个团体在会晤时的距离就是这种交往距离的例子。

公众距离：公共距离多指公众场合讲演者与听众之间、学校课堂上教师与学生之间的距离。公众近程距离为3.5～7m，如讲演距离。公众距离远程为7m。严格说来公众距离远程已经脱离了个人空间，跨越进公共空间领域。在国家、组织之间的交往中，多属于这种空间，这里由礼仪、仪式的观念来控制。

1. 视觉尺度

眼睛能够看清对象的距离，称为视觉尺度。人眼的视力因人而异，特别是老年人与年轻人差距最大，一般假定以成年人的视力所能达到的距离为准。

人是从自己所处的位置通过眼睛来认识外界空间的，反过来也可以说是在外界空间中找准个人自己的位置。这种对外界空间的由近及远的知觉顺序是对空间的基本认识过程。

观察外界事务，判断尺度，首要的一点是视点的位置。人所处的位置差别具有决定性影响，如从高处向下看，或者从低处向上看，其判断结果差别极大。在水平距离上人们对各种感知对象的观察距离，有豪尔和斯普雷根的研究绘制的如图6-6所示，由人头正前方延伸的水平线为视轴，视轴上的刻度表示了不同的尺度。

人类早期对空间距离的认知是从人体本身为基准开始的，常以身长为度量单位。人对不同距离观察对象的细节的辨别力实际上不仅与距离的判别有关，也是人在相互关系中人际距离的基础之一，见图6-5。

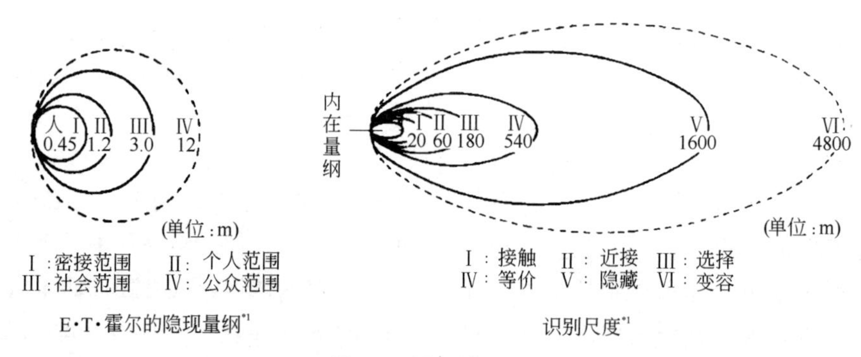

图 6-5　人际距离（二）

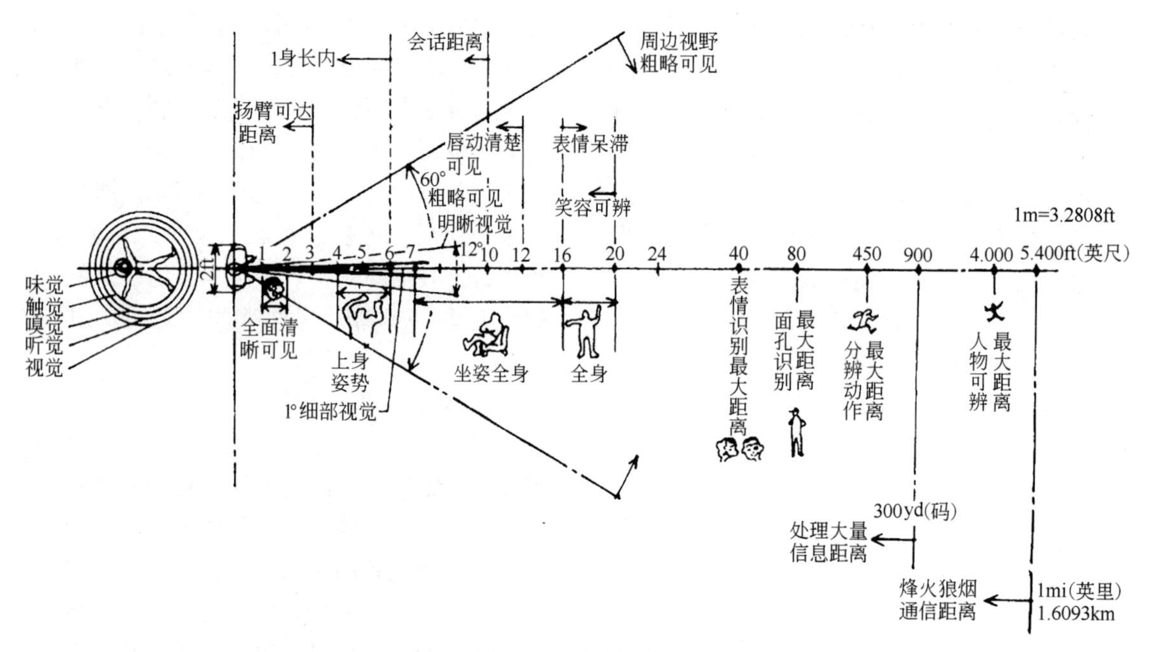

图 6-6　视觉尺度汇集

面部全貌：30～60cm；

上体姿态：1.2～1.8m；

坐态全貌：2.1～4.9m；

站立全貌：5～6m；

唇动可见距离：3.7m；

表情可见：5m；

表情模糊：6m；

认识表情最大距离：12m；

认识面部最大距离：24m；

分清动作最大距离：140m；

可区别人、物的最大距离：1200m；

可利用视觉信号通信距离（狼烟、烽火）：1650m。

2. 听觉尺度

生命的世界就是声音的世界，声音是信息载体的一种形式，人类社会是人群共居的社会，通过声音人们可以了解社会信息、自然信息和人体自身的信息。没有声音从某种程度上说就与其他人、与社会失去了交流的一个重要渠道。因此没有声音会使人产生恐惧感、令人不安。

声音的传播距离，即听觉尺度，与声源的声音大小、高低、强弱、清晰度及空间的广度、声音通道的材质等因素有关。与空间距离相对应的听觉尺度对于人与人之间的信息交流非常重要。它指出了在正常会话时的距离，超过某种程度则会影响人的正常交流。根据豪尔的研究：

会话方便的距离小于 3m；

耳听最有效的距离小于 6m；

单方向声音交流可能，双方向会话困难小于 30m；

人的听觉急剧失效距离小于 30m。

人们在会话时会有意识的调整自己的声调，与关系密切的如近距离对话时会小声耳语，当超过 3m 对群体讲话时会提高声调，超过 6m 时会大声变调，这是对空间扩大时的补偿。因此，人在会话时的距离是视情况而定的，并不是绝对的物理量推导关系。根据经验，人在会话时的空间距离关系如下：

1 人面对 1 人，1～3m^2，谈话伙伴之间距离自如，关系密切声音也轻。

1 人面对 15～20 人，～20m^2，这是保持个人会话声调的上限。

1 人面对 50 人，～50m^2，单方面的交流，通过表情可以理解听者的反应。

1 人面对 250～300 人，～300m^2，单方面交流，看清听者面孔的上限。

1 人面对 300 人以上，300m^2～，完全成为讲演，听众一体化，难以区别个人状态。

听觉尺度与视觉尺度共同影响人际交流的距离。

3. 嗅觉尺度

气味渗透于空气中，无人可以不受影响，自然界无污染的空气充满乡土的绿色芬芳，沁人心脾。现代大都市的生活污染、生活垃圾的腐臭等严重侵害和破坏了原生的自然环境，现代人的生活环境和古代人生活环境相比有了很大的不同。现代人的鼻子嗅到的气味比原始时代、古代、中世纪等有很大的差别。现代人的物质生活有了很大的改进，但嗅觉能力并没有提高，反而有了退化。现代人的生活环境确保了生活的安定性和安全性，对环境由于经验的原因怀有充分的安心感，已经没有像古人那样经常对远方的敌人或未知因素保持紧张的警惕性的必要。对于食物的选择也主要凭经验，这使嗅觉的使用率逐渐下降，嗅觉能力减退。人类嗅觉的主要用途是对日常生活环境中的气味和人类自身的体味的信息知觉。如环境气味带来的对环境状态的判断，食物的味道与食欲、香水和体味产生的对人的心理感觉。因此嗅觉仍然是人类借以获得外界信息、调整自己行为方式的重要辅助手段。

气味也是人与周围环境、与他人交流的重要渠道。根据豪尔的研究，人对不同的气味的感知距离如下：

洗发、洗浴香波的气味所及距离：45cm；

性的气味所及距离：90cm；

气息、体味的所及距离：90cm；

脚臭（这是人体中最强烈的气味）2.7m。

在有些国家，搭乘公共汽车有一定的人数限制，这既是为了礼仪，也是为了不缩小人之间的距离。从这个意义上说，所谓保持礼仪的距离也是避免人们相互之间因气息的干扰而带来不快或困扰。

6.1.4 领域性

“领域性”是从动物的行为研究中借用过来的，它是指动物的个体或群体常常生活在自然界的固定位置或区域，各自保持自己的一定的生活领域，以减少对于生活环境的相互竞争。这是动物在生存进化中演化出来的行为特征。人也具有“领域性”。来自人的动物本能，与动物有不同。因为“领域性”对人已不再具有生存竞争的意义，而更多的是心理上的影响。与“个人空间”所不同的是“领域性”并不表现为随着人的活动具有可移动的特点，它倾向表现为一块个人可以提出某种要求承认的“不动产”“闯入者”将遇到不快。Newman 将与人类有关的“领域性”定义为：“使人对实际环境中的某一部分产生具有领土感觉的作用。”领域性在日常生活中是常见的，如办公室中你自己的位子，住宅门前的一块区域，见图 6-7，在许多房间，一家之长可能会有其他人不得占据的座位。尽管这些有时是公共区域，如果你以为可以随便的占用那可就大错特错了。

6.1.5 幽闭恐惧

幽闭恐惧在人们的日常生活经历中多少是会遇到的，有的人重些，有的人轻些。如坐在只有双门的轿车后座上、乘电

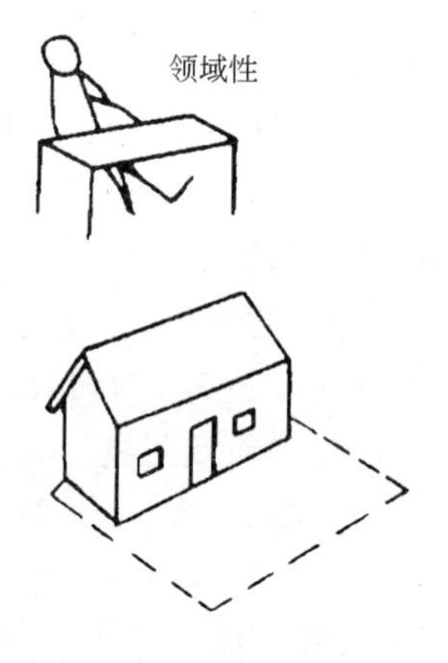

图 6-7 领域的表现

梯、坐在飞机狭窄的舱里，总是有一种危机感。会莫名其妙地认为“万一”发生问题会跑不出去。原因在于对自己的生命抱有危机感，这些并非是胡思乱想，而是有其道理的。原因在于这几个空间形式断绝了人们与外界的直接联系。

现代建筑空间的构成日趋复杂庞大，这种相对隔绝与封闭的空间也相对多起来。这就会产生问题，如何解决这些问题，避免人们产生危机感？有人对开窗的问题进行了研究，发现窗对于人的影响并不在于采光、通风，因为这些都可以通过其他的人工方法解决，窗使在封闭空间的人与外界发生了联系。由此可见与外界的联系对人的重要性。因此人们在处理这类封闭空间时总希望能有某种与外界联系的途径。如在电梯中、浴室中安装电话。

6.1.6 恐高症

自从人类的祖先离开丛林来到地上后，发展了新的平衡感觉，他们已不再能优哉游哉的荡于林间树梢，对高处产生了本能的恐惧感。登临高处，会引起人血压和心跳的变化，人们登临的高度越高，恐惧心理越重。在这种情况下，许多在一般情况下即使是合理的或足够安全的设施也会被人们认为不够安全。如栏杆的高度是否够高、是否牢固。在这里人们衡量的标准主要的是心理感受，还有一个值得考虑的问题，5 层住宅和 40 层住宅房间的尺寸一样，但对人的感觉来说层数越高越觉得空间狭窄，这是因为离开地面会产生一种与世隔绝的孤独感。还有可能是通向四周的通路被截断之故。

6.2 人的行为与空间环境

6.2.1 行为与空间的对应

人与空间事件发生关联的行为是怎样展开的，可以通过“逆向研究法”，即通过观察行为处理不当或失败的例子，分析其因果关系，找出正确答案。例如像火车站排长队的售票处，在这里由于排队等候过长使人处于心理的非常状态，加之人多，密度大，出入不便，造成了拥挤混乱。利用对这种处理不当的环境的观察，发现人们表现出来的行为特点，通过分析，就可以在将来的设计中通过行为分析发现环境处理不当的问题。

常见的行为混乱现象：

1. 车站售票处或检票口；

2. 电影散场时的出口处；

3. 商业街交叉处的人流混乱；

4. 公共汽车站、自行车存车处；

5. 大型医院的各种手续办理处、药房。

从这里可以发现，出现混乱的现象有一定的规律性。存在混乱就一定是空间的计划在某些方面存在缺陷，这种潜在存在缺陷的环境设计很常见。凡处理失败的例子，都是由于在某些方面处理不当引起的，如预计空间不足、缺少必要的分散配置、缺少空间信息导向等。空间环境设计成败的几个因素如下：

1. 机能配置计划；

2. 规模计划；

3. 流线计划。

以火车站为例，为了消除检票口附近的混乱，在设有明确信息导向标志的检票口前，为旅客提供充分的候检空间。这属于机能配置计划；使售票厅面积放宽，增加售票口数量，属于规模计划；改变入口的位置、使之更合理、更符合人流行为的需求，按照人流习惯去组织流向，减少人流交叉，这是流线计划。

属于规模计划和流线计划的问题，对建筑师和室内设计师来说一般比较注意，虽然也有很多的问题，但相对较好。而属于技能配置的信息导向问题却注意的较少，但通过对许多的公共环境中，如医院、车站等人流行为的观察发现，很多的混乱都是由于人们流动的混乱、迟疑、停留、聚集、反复交叉流动造成的，而这些行为的终极原因大多数都是信息导向标志有缺陷。在车站、机场、医院这些地方人们的流动多是有目的的，但如果无法通过合理适当的信息标示获得目的地的位置，迅速简短的到达目的地，就会增加流动的频率、反复次数、交叉次数，同时等于相对增加了单位面积的人流量、人员密度，就连带产生了一系列由于人员密度高、疲劳产生的人的心理和行为的变化，造成混乱。

诸如这种对于空间属性的不确定，造成的人员焦急、忙乱的情况还有很多，如在公共汽车站，几条线路停靠在一起，当车同时进站时，对于陌生人来说，由于短时间内不易判断清楚，也会造成混乱行为。类似的问题在道路交通中也有，许多的交通事故实际是由于交通标示设计或位置设置不合理，造成人的迟疑、出错，进而为了挽回人为的违章，造成了交通混乱甚至事故。从这些例子可以看出人的行为与环境之间有着密切的对应关系。

6.2.2　人的状态与行为

人的行为是通过状态的推移来表现的。人的生活及围绕它的周围世界时刻都在变化着，这种状态变化在不发生故障的时候是正常的，当这种状态在生活中受到影响时就会变为异常状态。异常状态时人的行为会发生改变；当状况进一步恶化时，进入非常状况，使人感到极度不安、出现恐慌情绪。这样，在生活中存在着正常、异常和非常三种状态，并各自表现出不同的行为特点。其中异常与非常状态下的人群行为特征对公共环境非常重要。

6.3　行为特性

6.3.1　行为的把握

怎样把握人在空间里的行为，首先是将行为分类，以行为与空间的对应关系作为研究的主要内容，主要有几个方面：

1. 人在空间中的秩序

在具有一定功能的空间里，尽管每个人都不一样，但人的行为仍然会显示出一定的规律性。如在特定的时间、特定的地点，总会有相似的人群活动规律。例如在交通站附近广场上停留者的行为，将近80%的人是在候车。而这种秩序又是有时间性的，如在早晨的上班高峰，其他时间就不一定呈现这种状态。

2. 人在空间中的流动

流动是人们日常活动的经常状态，有目的的办事从一个地方走到另一个地方；游览参观中的流动；购物中的有目的但无规则的流动；休闲与游逛中的无目的的流动。不论是出于什么状态，人们在流动时总会受到周围空间环境的影响，而调整或改变流动的特性。这种流动状态与空间环境的对应关系是对建筑环境布局、形态作出评价的基础之一。

3. 人在空间中的分布

人类之间不像动物界里势力范围划分得那么清楚，但我们已经知道人们彼此之间的空间距离，相应于当时的活动内容是保持一定的。在一定广度的空间里，被人们占据的某个空间位置即空间的定位。受到所处空间的环境结构构成的影响，人是有明显的分布规律的。通过观察，如对车站、广场、校园等地停留人群的观察，可以发现人们在空间的分布特性。

6.3.2　人在空间的流动

人的流动类型根据在空间里流动的人力的特性可以分为（见表6-1）：

人的流动类型分类 表 6-1

人流的内容	图像	行为	平均步行速度(m/min)
F1:具有行为目的的两点间的位置移动		避难、通勤、上学	80～150
F2:伴随其他行为目的的随意移动		购物、游园、观览	40～80
F3:移动过程即行为目的的移动		散步、郊游	50～70
F4:流动停滞状态		等候、休息、咽喉地带	0

1. 目的性较强的流动人群；

2. 无目的性的随意流动的人群；

3. 移动过程即为目的人群；

4. 停滞休息状态的人群。

第 1 种有目的的人流，其流动的方向、经过的路线是一定的，一般在空间上总是选择最短的路程。特别是他的方向性，从两个有密切功能关联的空间环境之间，可以看到相当大的定向人流。

第 2 种是没有确定的目的地，为完成另外的任务而随意移动的人流，其方向、经由路径没有一定的选择。在日常生活中看到的人流大体上都会有这种流动方式，不一定就选择最短的路线。有的索性就选择相邻的空间，或在某些信息的诱导下而流动。

第 1 种的流动因个人差别而引起的特性比较起来不算太大；第 2 种的流动则会因性别、年龄、天气的关系引起流动线形完全不同。

第 3 种就是以旅游为目的的人，这些人对途径的地点努力寻找丰富的意义，经过的路线和顺序是计划上事先确定的，这种计划的是否周密，对于经过途中的舒适性、意外性和疲劳等这些心理上的因素有重要的影响。

第 4 种很难说是流动，应该看作是流动过程中的间歇或因其他因素（观察、疲劳）对流动的干扰。他是否会发生，其大小如何？这个问题成为实际确定空间规模、形态的重要依据。

对于人们的流动特性可以通过观察对其进行定性定量，以作为交通空间与流动线路的设计依据。流动性的指标可以通过步速、步距和步数来表述。公式为：步数＝步速/步距×时间。流动性与空间的关系有几个指标：流动密度、流动系数和断面交通量。

关于流动密度，是着眼于单位面积中人数与流动性的关系，约翰·杰·弗鲁因（美）提出了步行者空间模数的概念，用每个人拥有的空间单位来表示。他对不同的路面按通行能力分成 6 级，见图 6-9。

步行速度与人流密度有直接的关系，这里举例的是自由步行速度水平。

流动系数是表现人流性能的有效指标，他表示在空间的单位宽度、单位时间内能通过的人数，是最明确表示人们与空间对应状态的关键数值，见图 6-8。

断面交通量是在单位时间内通过某一地点的行人数量。掌握了这个，空间的利用图形就明确了，就能够评价通路的宽度是否合适，特别确定大型建筑环境通路的宽度是否合适，了解断面交通量、高峰时间十分重要，见图 6-10。

6.3.3 人在空间中分布

即使是偶然观察到在公共场合等待的人们，你也会发现人们确实在可能占据的整个空间中不均匀的散布着，他们不一定在最适合上车的或干其他事的地方等待，人总是偏爱逗留在柱子、树木、旗杆、墙壁、门廊和建筑小品的周围，用心理学的术语来说这些物品对人存在着吸引半径。斯梯里思（Stilitz）观察了伦敦地铁各个车站候车的人以及剧场门厅的人们，图 6-11 发现人们总愿意站在柱子附近并远离人们行走路线的地方。在日本，卡米诺对铁路车站进行了类似的研究。对北京火车

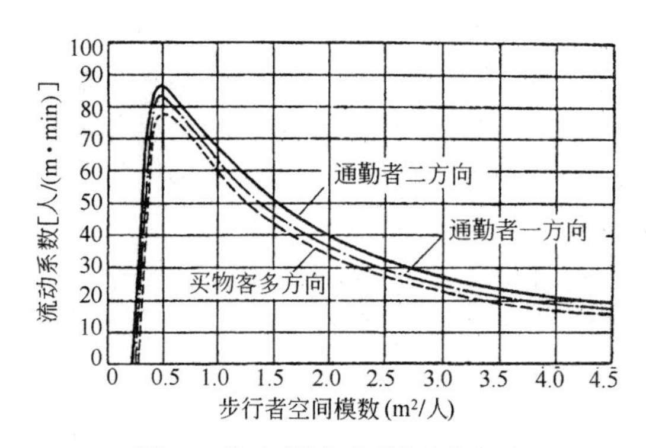

图 6-8　流动系数与人群密度的关系

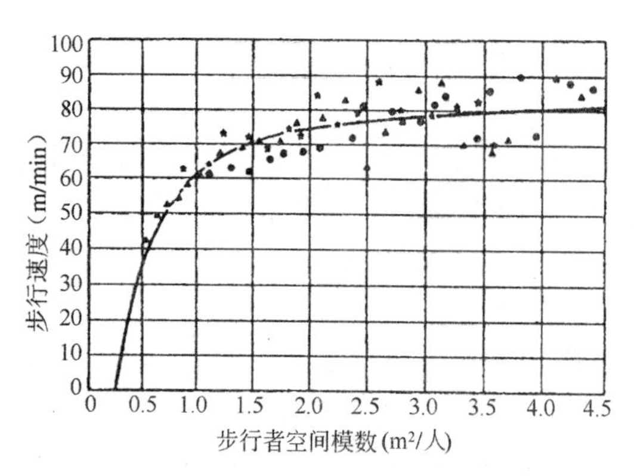

图 6-9　步行速度与人群密度的关系

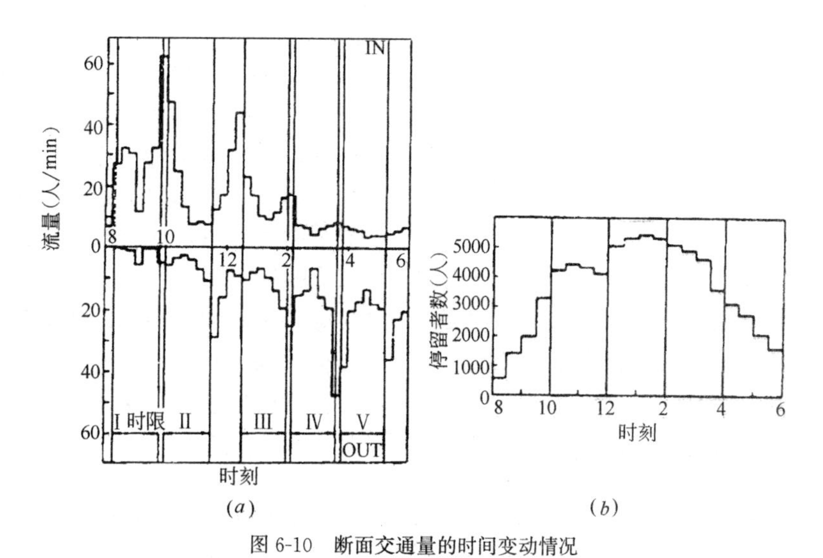

图 6-10　断面交通量的时间变动情况

(*a*) 进、离校园者的时间变化（正门+ 东门）；(*b*) 校园内停留者的时间变化（正门+ 东门）

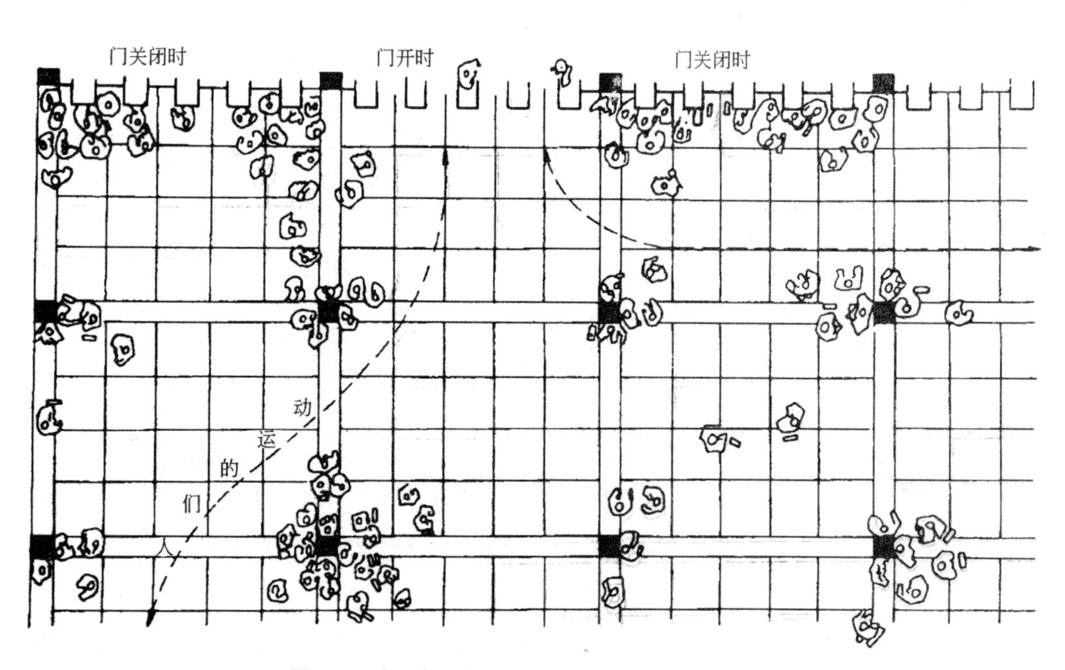

图 6-11　在日本一个火车站上人们等车时所选择的位置

站的观察也得出了类似的结果。从这些研究中可以看出人们总是设法站在视野开阔而本身又不引人注意的地方，并且不至于受到行人的干扰。而在广场中，柱子和旗杆是非常醒目的，即使是这样或者是有人流的干扰，人们仍然偏爱选择有依靠的环境，如表 6-2。

人在空间里的分布图形　表 6-2

分类	图形	行为
聚块图形	∴ ∵	井边聚会、儿童游玩
随意图形	· · ·	步行、休憩
扩散图形	· · · ·	朝礼、授课

还可以看出人们，成群的人以十分明显的方式占据空间的位置。图 6-12 表示了其中明显的一种模式。即在选择餐馆的座位时，从图中可以看到人们愿意坐在靠边桌旁而不是中间的桌子。在有些餐馆这已成为常事，因此连服务员的负责餐桌也按此规律分排，因为小费的多少与顾客人数有关。很难说人的这些习性是先天还是后天的。很可能与人的防卫本能有关，阿尔普顿提出过类似的假设：人偏爱具有庇护性又具有开放性的地方，这是生物进化的结果，因为这些场所提供了可进行观察，可选择做出反应，如有必要可进行防卫的有利位置。

人们在空间中选择位置还与和他人的相对位置有关，见图 6-13 和图 6-14。在一项研究中表明，在非正式谈话时人们更愿意面对面坐，除非距离大于相邻的时候。艾古勒（Argyle）的研究有助于解释这一点，他们发现有些事物对于谈话是否顺利地进行有重要的作用。如头部的运动及双方眼睛的对视对于控制谈话的情绪和节奏是很重要的。这表明人的位置对谈话方式有影响。

如果说对视和头部的运动确实影响相互交流，那么角度也成了人际关系的一个重点，有研究表明如果人们视线相对而无角度，则人际距离的差异就非常明显，人

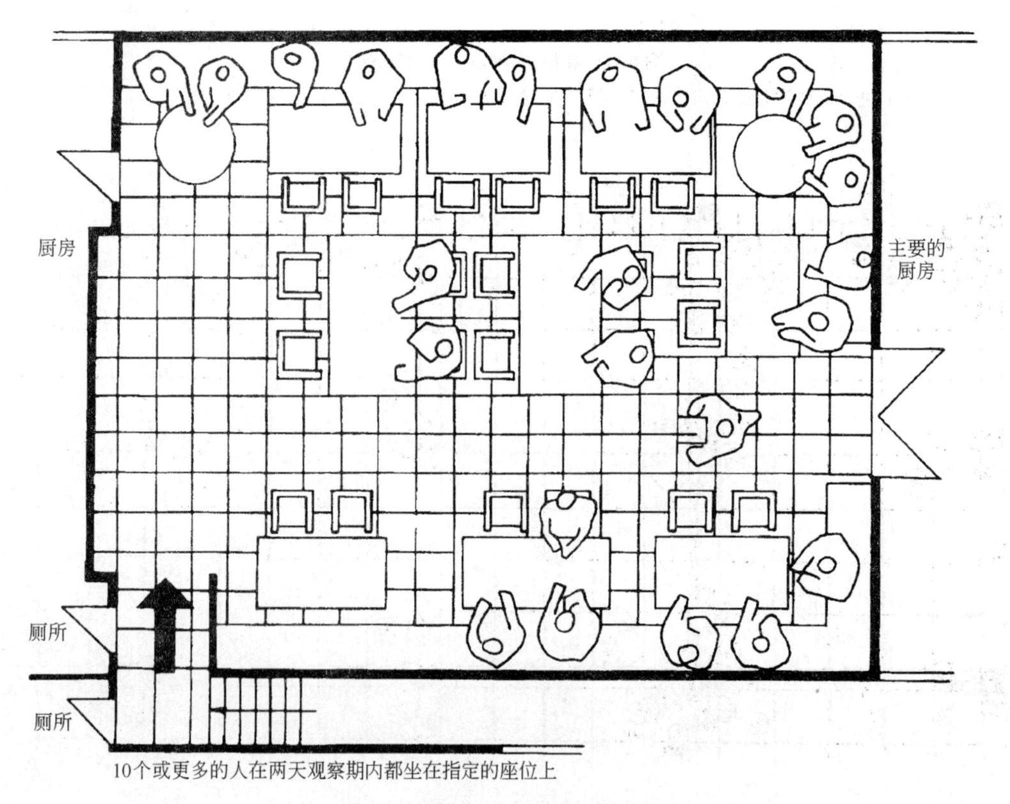

图 6-12　在餐馆中人们选择位置的频度

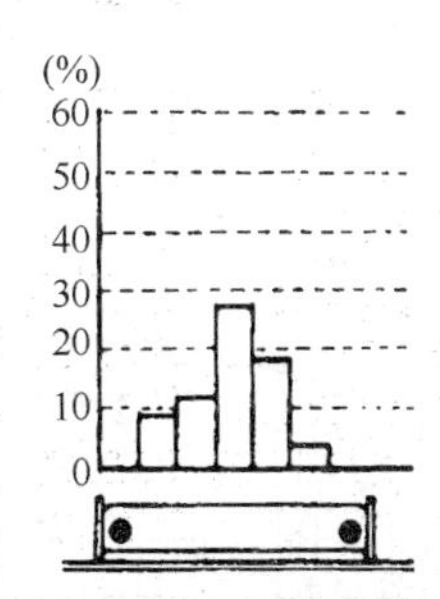

从两端开始站满的长凳座位的占据方式根据观察得出的地铁电车中容易获得的座位位置*3

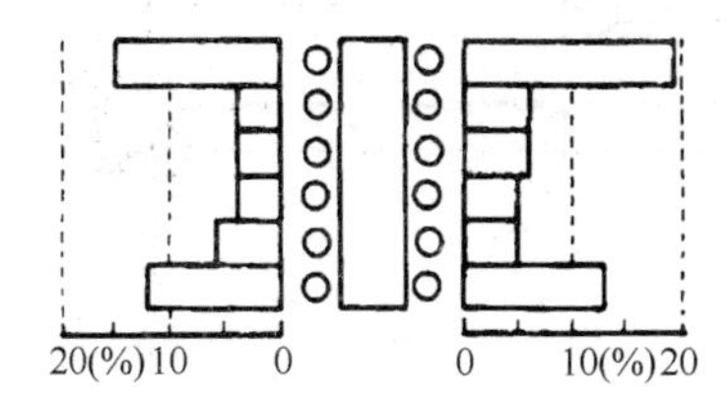

阅览室中座位的占据方式(根据R・索玛的调查)最早到达阅览室的10人选择的座位*

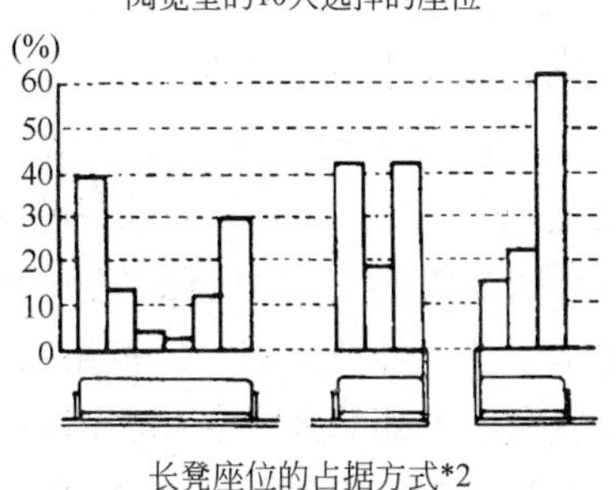

长凳座位的占据方式*2
根据观察得出的地铁电车中容易获得的座位位置

图 6-13　个人选座位的规律

布置	条件1（会话）	条件2（协作）	条件3（同时作业）	条件4（竞争）
	42	19	3	7
	46	25	32	41
	1	5	43	20
	0	0	3	5
	11	51	7	8
	0	0	13	18
合计	100	100	100	99

选择布置的实验对象的百分比(%)

图 6-14　在矩形桌子的座位的选择
（根据 R・索玛的调查）＊1 在各种条件下选择布置的实验对象的百分比。

们以空间距离来逃避，如果存在有角度则人际距离就不明显了。索墨的研究证明了角度对于人们相互关系的影响。人们之间相互作用的方式是与不同的座位安排相适应的。他发现如果用长方桌进行谈话，一般情况人们最愿意选择桌子的任意一角的两侧，当两人竞争时则愿意长边相对而坐，在双方合作时他们的最佳选择是相邻而坐。在他们不需要任何交流时则对角而坐。互相不认识的人总是试图离他人尽可能远，当空间不允许时则采取角度的改变，以避免目光的接触。在正式的场合，领导人的位置往往位于桌子的一端，而实验证明在非正式场合，说话最多的人或用其他方式支配他人的人倾向于坐在桌子的一端。人们现在终于明白了在国际会议为什么会如此关心和讨论桌子的形状。各国的议会大厅都取圆形、扇形、半圆形布置座席，主要显示议员权利的平等；联合国安理会会议大厅的席位取圆形也体现平等意识。有些国际会议根据参加国家和组织的多少布置成双边、三边或多边等不同形式。

6.4　人的行为习性

人在日常生活中，常常带有各自的行为习性。所谓习性就是表现出的某种惯性，习惯成自然，变成大多数人都存在的某些共性。

6.4.1　左侧通行与左转弯

除了少数的国家，在一般的街道的交通规则都是右侧通行，然而在没有交通规

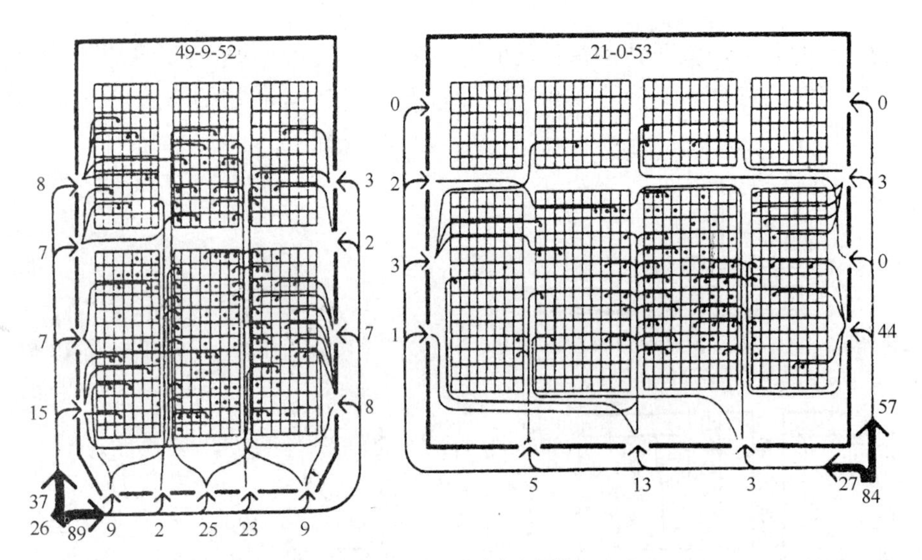

图 6-15　电影院内左回转

则干扰的道路上，如步行街上却经常可以看到很多人变成了左侧通行。一般的人流在路面密度达到 0.3 人/m^2 以上时，人们常采取左侧通行的方式。在单独步行的时候沿道路左侧通行的则更多。

除了行走时的左侧通行现象，在公共场所观察人的行为路线及描绘的轨迹来看，明显的会看到左转弯的情况比右转弯的情况要多。在电影院不论入口的位置在哪里，多数人沿着观众厅的走道成左转弯的方向前进。图 6-15 所示的调查结果看起来是很明显的。此外，观察美术馆观众的动线，其中左转弯的人是右转的 3 倍。在体育运动中赛场的跑道也是左回转的情况多，如田径、速度滑冰、赛车等。这种倾向于左侧的行为现象，有一种说法是基于人的左侧比较弱（心脏的位置），基于保护安全的本能而取左侧为重。尽管有关的假说还没有科学的证据，但左侧为重的心理与行为特点却是客观存在，因此，在空间的布局和动线的安排上尊重人的行为特点，有助于提高建筑空间的功能效率。

6.4.2　捷径效应

在任何情况下，人都不喜欢舍近求远，在清楚地知道目的所在位置时，或者有目的的移动时，总是选择最短的路线。所谓捷径效应是指人在穿过某一空间时总是尽量采取最简捷的路线，即使有其他因素的影响也是如此。帕森和劳密斯对穿过矩形展室的观众所作的观察表明了这一特征。观众在典型的矩形穿过式展厅中的行为模式与其在步行街中的行为十分相仿。观众一旦走进展室，就会停在头几件作品前，然后逐渐减少停顿的次数直到完成观赏活动。由于运动的经济原则（少走路），故只有少数人完成全部的观赏活动，图 6-16。

作为实际环境影响人的行为的另一些例子是 Melton 所报告的某些参观者在展

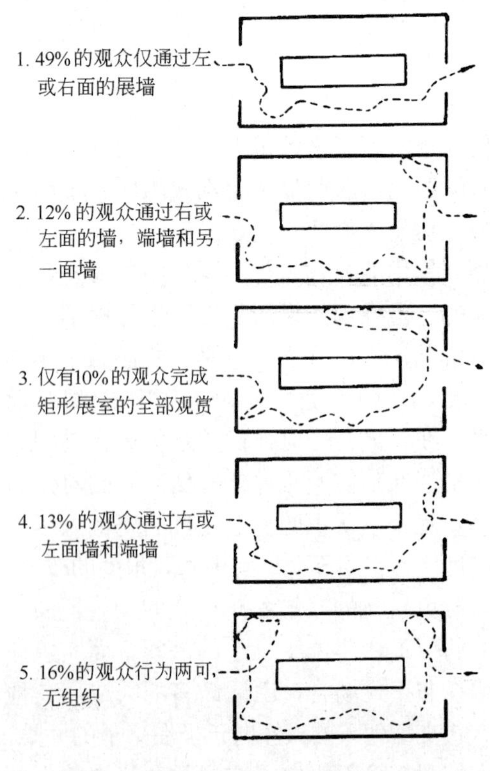

图 6-16　参观者穿过四面有展品的展厅的路径

览馆中的行为的研究，特别是在观看艺术品或其他项目时的移动和花费的时间与房间的布置和展出方法之间的关系。例如在展览馆中 75%以上的参观者在进入一个展览室后向右转。这种倾向可能可用这个事实来解释，即直接在一个展览室入口右边的区域是最有效的展览区，反过来，在入口左边的区域是效果最小的地方。如果这个陈列室有一个与入口相对的出口，大部分参观者只看沿着朝向他们第一个转弯的陈列室一边的对象。

在交通繁忙的交叉路口，人们可以抄近路就是最好的例子，在这里总是有很多的人不顾交通规则和交通标志及设施的导引，自顾自地沿着违章的但是却是最短的线路行走，尽管可能会带来很多的问题（如违章、安全等）仍然如此，可见人的本能的力量——节约体能消耗的作用。这不是说违章有理，但是那些不考虑人的行为特点的环境设施设计所带来的问题就是如此。

有些国家，如日本，十字路口的人行横道线采取对角斜穿的方式，缩短了路程，比较符合人的抄近路的行为特征。法国巴黎的新城区德芳斯，采取人走地面、车行地下的方式，使人们不必为了避让交通车辆而受到各种限制，造成上上下下、左拐右拐的走很多的冤枉路。这些都是在环境设计中尊重人的行为特点的例子。

从上述的研究中可以看出，在人与人之间的相互作用、人的行为方式中空间环境的形态起着很大的影响作用，正如阿尔特曼指出的：可以认为空间的使用既由人决定，同时又决定人的行为。

6.4.3 识途性

当不明确要去的目的地所在地点时，人们总是边摸索边到达目的地，返回时又常循着来路返回，这种情况是人们常有的经验。在大型的公共空间里，当你追踪初次来访的外来者时，会发现他会到各处去询问，回来时按同一路线返回。一般来说动物在感受到危险时，有沿着原来的路返回的习性。而人类也是一样，这种本能称作识图性。当危险或不安全的状态出现时，为了自身的安全，选择不熟悉的路径，不按原来的道路返回，利用对路径的熟悉，便于安全的逃脱。

6.4.4 空间环境与人际交流

人类的行为模式与空间的构成有密切的关系，这类研究中最早的是由费思汀格（Festinger）等进行的，他们研究了空间的不同布局中发生的人际交流的类型，他们发现那些位于住宅群体布局中央的人有较多的朋友，类似的研究也在办公室、教室及其他地点进行。库利哈拉在日本进行了研究。图 6-17 是根据他的研究画成的，该图表明了在医院中床铺位置不同的人们之间熟识程度。而且清楚地表明了空间对人际交流的影响。

6.4.5 非常状态的行为特性

由于突发灾害，人们事先无任何思想准备，使人陷入惊慌失措之中，立刻处于非常状态下。除了具有前述的习性外，还会具有非常的行为特点。如恐慌、躲避的本能、向光的本能、追随的本能等。

一些人当发生灾害等异常现象时，一旦确认危险时由于本能的反射会不顾一切地向远离的方向逃逸。这是躲避的本能。

趋光的本能实际上是因为人只有在有光线的情况下，才能借助视觉去迅速地了解周围的状况，尤其是在处于危险或其他的紧急情况下就更是这样。因此在黑夜中、在事故或灾害造成的断电无光的情况下任何一点微小的光线都会使人极力的靠近。

在非常状态下，大多数人容易陷入惊慌，缺乏镇静和冷静判断的能力，多出现盲目追随的倾向，甚至争先恐后不计后果的逃生，具有盲目性。这种随大流的倾向就是追随的本能。

人在非常时期的行为特点总的来说具有突发性、盲目性、非理智性，了解这一点，对公共环境应对突发事件的设施条件的考虑是非常重要的，因为正常理性的规则、秩序在这里是不存在的。因此要考虑人的本能行为设计对应措施。如设置灾害照明起到对人的心理安抚；交通流量考虑突发事件而不仅仅是日常正常状况等。

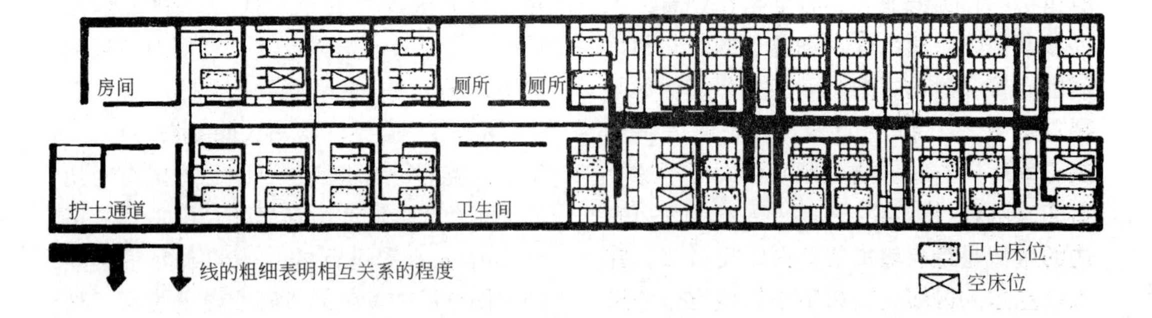

图 6-17　医院中友好关系的类型

6.5　室内环境与行为计划

室内环境行为计划，就是从行为分析开始来探索环境设计。每一种环境，都是供人们完成某些行为而存在的，反过来说，一系列的行为需求才决定了环境设计。就建筑物而言，每一栋建筑物，每一建筑空间都有其存在的使用功能要求，否则建筑物也就没有存在的必要了。

就建筑功能而论，每一类型建筑物都存在核心功能，这是决定建筑物性质的功能；同时也存在辅助功能，在完成核心功能的同时必须完成辅助性功能。我们对核心功能一般都比较熟悉，也比较重视，在进行建筑设计或室内设计的过程中都能比较注意。然而对辅助功能就不那么注意，甚至完全被忽视。究其原因，与人们对环境行为学缺乏了解不无关系。以下就某些空间实例来探讨行为计划环境设计中的意义。

6.5.1　卫生空间

设想一下，有一位身穿大衣，手提旅行包的旅客，准备乘火车回家探亲。在候车室候车时，想要上厕所。这是常有的行为要求，任何一个候车室一般都设有室内室外公共厕所，基本的核心功能是能够满足的。下面来分析一下人在卫生间行为图式：

（1）公共厕所的出入口，不仅提供普通旅客出入方便的必要设施；还要考虑老年人、儿童、残疾人出入方便，缓坡踏步、坡道和必要的借助扶手。

（2）在进行入厕操作之前要解放双手，要把手提的旅行包放下来，要将大衣脱掉，要求提供旅行包放置设施、挂衣的设施，而这些设施必须在入厕者可视范围内、并保证清洁，不得放在脏污的地面上。

（3）应提供方便的适合不同体态的人选用的大小便器，并保证其私密性，对老年人与伤残人厕位间应设安全借助扶手；厕位间地面应平整防滑，不得设门槛或台阶；不该用明露的沟槽式便器；厕位间还应提供卫生纸。

（4）入厕后要洗手，应提供洗手盆和皂液，可能的话提供烘手设备。

（5）人们需要整容化妆，要提供整容镜，人们穿好衣服，携带好旅行包，出门，完成了整个行为过程。

在上述描述中（3）则称为核心功能，当前社会生活中仅仅注意了这一点，而对于（2）、（4）、（5）辅助功能则极少考虑。这就使虽然有了公共卫生间，但是远远不能适应满足人们入厕行为要求，这种设计应该说是不合格的设计。

我们中华民族素有美食王国之称，食文化扬名中外，在服务行业里，各种餐饮服务大小酒家、餐厅、饭馆，随处可见。然而在厕所文化上却差距极大。饭店和厕所同属生活之必需，应同步发展，每家饭店都应备有为顾客服务的卫生间，否则就不应批准开业。我国的社会公共卫生间是个薄弱环节，口碑不佳，距离现代社会标准差距尚远，这需要全社会共同努力提高厕所文化。

6.5.2 教室空间

教室是学校的核心，没有教室也就不存在学校。但这并不是说学校除了教室没有别的功能内容了，学校还会有各种实验室、教研室、研究室、办公室、体育馆、图书馆等等。每一种空间，都有自己的核心功能和辅助功能。为了简化说明，我们仅以教室空间为例，分析其行为内容：

一般教室设计往往只考虑要配置学生用桌椅，教师用讲台课桌和黑板，有了这些设施就可以上课了，教师可以讲课了。这些可以说是核心功能提出最基本要求，是教与学行为所要求的最基本条件。若展开来分析这种教室面对的是小学生、中学生还是大学生？是专用教室还是通用教室？是上大班（合班）课还是小班课？教室内还有哪些附属设施？这些问题必须给予回答，而且会有相应的不同答案。

在幼儿园，不论日托或长托，每一幼儿都有自己专用的衣帽箱或衣钩，以便存衣物。然而进入小学、中学，大多数学校教室就只剩下桌椅了，不论带多大的书包，穿多厚的衣服都要由孩子自己来消化安置，或者始终穿在身上，或者坐在屁股底下，严重的干扰孩子的课堂活动，甚至分散注意力。

在大学，不论有没有专用教室，衣帽都是随身走，无处存放，这就使课堂秩序受到影响，也限制了肌体的自由活动。

有的专业，由于专业特性，需要借助图板、绘图工具，也需要相应的特殊桌椅；有的教学过程需要借助幻灯或投影仪，不仅要装设可调性窗帘，还要装设记录用桌面局部照明设施，这一切都是课堂教学行为所要求的。

作为教室环境适当供水，提供给师生以洗手和清洁用水也是必要的。特别是中学生中午常常自己带饭，就餐前后都应洗手，然后进餐，然而现实的多数学校教室并不具备这种条件。

所以在教室里提供存衣橱柜、贮藏设施、供水、照明、多用电源插座等是不能忽视的。

学生用桌椅应是可调性的，而不应统一为一种规格，特别是小学和中学，孩子处于发育成长期、身长不断长高；而且一个班级内高矮也往往差异很大，这就要求桌椅设施随着身长的变化相应调高或调低，以确保学生身体发育正常。桌椅的尺度不当会影响学生的视力发育，桌面过高缩短了桌面与眼睛的距离，将导致近视，过低又会影响孩子的坐姿，导致脊柱弯曲。

黑板是课堂师生活动的焦点。学生几十双眼睛注视着它。黑板的好坏直接影响教师授课情绪，也影响学生视觉效果和课堂吸收质量。黑板最好采用升降式，可整板升降，也可采用软质卷帘升降式。升降式黑板不论对教师板书、对学生抄录都有比较充裕的时间和空间，有利于学习。

6.5.3 餐饮空间

不论在家庭或在社会上的餐厅和饮品店，其行为程序大致是相同的，其行为图式构成如下：

（1）若在家庭进餐，一切都较简单，随便找个位置就可以进餐了；若在快餐厅进餐，较多的是自助餐，交款取货，自找位置或坐或站；若在普通餐厅，人们对就餐位置的选择十分重视，人少，仅仅为了就餐，则希望选择一个比较僻静，不惹人注目的位置，或靠窗或靠墙；若人多并有交谊内涵时，则喜欢选择较封闭的包间，私密性较强，便于交流。

在这一程序中常常遇到大衣、雨具、手提物无法安置的麻烦，若处于包间，一般不会有困难，均备有衣挂、沙发可供利用。而在快餐店或大餐厅仅备有就餐桌椅，人们脱掉的外衣、雨具和手提包袋则要用餐者自己照顾，这从服务设施来看是不够完善的，应提供有人管理的挂衣间或自控寄存箱柜。这样的行为需求，虽属辅助行为，但是不可避免的，应予合理解决。

（2）净手也是必要的程序，在服务较好的餐饮店，餐前提供湿巾净手，否则应提供净手用的洗手间及其配套设施，其位置应醒目易找并保证卫生清洁。

(3) 就餐用家具，应针对就餐者人数提供有多种选择的可能性，机动性强；不相识的人同桌共餐，相互会感到尴尬，应尽量避免。一般的营业性餐厅，不宜采用多人用圆形餐桌，只有当举办大型集会时才有可能采用大型圆桌会餐。餐桌的尺度也应可调，以便满足不同顾客需求。

(4) 餐后付款可以由服务员代办，也可到收款处，由顾客自行付款。若属于后一种方式，在收款台前，应留有一定的空间并附带顾客用操作平台（放置手提物品），收款台不宜紧邻通行走道边缘，避免拥挤相互接触。

上述 (1)、(2)、(4) 仅为与顾客直接发生关系的就餐辅助行为，餐前餐后以及就餐过程中的服务行为不包括在内，但是在进行室内设计时，应综合考虑，不可偏废。

餐厅室内桌椅布置，不宜过分拥挤，不仅保证顾客行为自由，还要保证服务行为方便，服务人员送餐以及撤除餐具不得与顾客流线冲突，来去必须封闭式运送。这是餐饮卫生所要求的。

6.5.4 医疗康复空间

普通医院病房是人们患病后的特殊居住空间，是在医院监护下的居住空间。它同时兼有两种行为内容，其一为居住行为，其二为医疗行为。医院病房的居住行为因病情和体能心态差异很大，有的生活完全可以自理，有的需要借助（某些工具），有的需要监护（专人护理）。医疗行为也因疾病种类、年龄、性别差异会有不同医疗措施。

现在的普通病房，其居住行为从本质来说与家庭居住行为并无太大差异。其不同是因为身处患病状态，身居病房主要休养恢复健康，而去除了其他的家庭行为。较多时间是卧床休息或进行适度的体育锻炼或散步。

每天接受医护人员的监护治疗，做必要的体态测试、医生诊断、遵医嘱服药等等。经过一段时间的医疗，康复后出院，完成了住院行为。

病房的核心功能设施是患者用病床。除病床之外尚应备有沙发和贮柜。病床布置都应采取三面临空，便于医护操作，临空距离不能太小，要保证轮椅进出自如。每床都应有自己专用的休息座椅或沙发和柜橱。为了保证个人的私密性，利用滑动式挂帘创造围合的私密空间是必要的。

病房的门口尺度宜大，不应小于 1.22m，以便抢救时出入方便，利于床铺推移进出。

附属设施还包括一系列医疗用器械和电源插座，每床头照明电源、呼救按钮、对讲终端和抢救备用电源。临门和室内临墙走道，墙脚离地 30cm 高处应设足光照明，以备患者夜里下床照明，同时不致影响他人休息。

病房附设的卫生间最好紧邻病房，有些病房卫生间设计采用双门，一门开向病房供患者出入，一门开向走廊供清洁人员或急救人员出入，同时在走廊一侧墙上开设观察窗，医护人员可从走廊观察发现卫生间内的异常变化，随时抢救。这种设计对老年病房非常适用，构思细微，值得重视。

室内环境行为是室内设计的依据。每一种建筑类型，其室内环境，都有自己的行为内容，都有其核心行为，也存在辅助行为。类型与类型间既有差别，又有共性。本章中只举出几种类型，远非全部，但是可从几种类型例中找出分析思考行为的途径和方法，为室内设计提供依据。

对人的行为进行预测，从而进行环境设计，不仅在建筑行业形成正常规律，其实在其他行业也如此。飞机机舱设计、轮船船体设计、火车车厢设计，汽车车厢设计，都应充分考虑各自的空间环境，进行周密的行为计划与设计。其中最突出的是不论乘客处于什么位置，随处随手都可以握到扶手；凡地面高低处都提供警示标志；座椅靠背设呼停按钮；座椅是弹性的，扶手包以软化材料，避免金属感不舒服；车厢自动售票，自动报停显示站名和时间，车厢环境体现出安全、健康、方便、舒适、卫生的基本要求，的确是个文明的车厢。

本章小结

人体工程学不仅仅研究人的生理因素，也关注人的心理与行为对人造系统的影响，本章主要介绍人的心理与行为与室内环境相关问题。重点介绍了个人空间、人在空间中的行为特性等室内环境设计关注的问题。

本章关键概念：

心理空间：个人空间、领域性、人际距离。人在空间中的行为特性：捷径效应、人在空间中的分布、识图性、空间与人际交流等。

第 7 章　室内环境与环境评价

7.1　室内环境

人类的生活环境中的一个重要部分是由他们所使用的各种房屋（住房、办公室、工厂、公共建筑、学校等）所组成的。在这一关系中人们愈加意识到设计师等通过环境设计来影响人们的行为和反应，如学者们论及房屋的“意义”对于行为的影响。并且这些观点流传的结果是创造了“建筑心理学”这个名词，在这个领域中也开展了学术性的研究。

房屋和有关的设备以及其中的家具和其他东西的设计和排列决定了人们所生活的实际空间，并且它们对于人的行为、舒适情绪和其他主观反应产生很显著的影响。

7.1.1　出入口

建筑物出入口，是人们进出建筑物的必由之地。一栋建筑物可能设若干个出入口，各出入口可能各有不同的功能要求。出入口是建筑物内外联系桥梁。就建筑设计而言，各出入口是设计的重点部位，往往通过出入口的处理达到某种意境，获取某种艺术效果。传统的或古典的设计概念，往往在建筑物出入口之前设置高台，以突出建筑主体的庄重、宏伟，人为的加设许多台阶踏步，而不顾使用者出入是否方便。这里突出的是艺术理念要求，而非以人为本，人要服从建筑、适应建筑。这种传统观念沿袭至今并仍在发挥制约的作用。

现代建筑设计观念，则强调突出以人为本，人是建筑的主人，必须以方便使用者为前提进行设计和评价效果，这也是人体工程学基本要求的体现。现代建筑室内外高差很低，常常只有一个踏步高，有的有 2～3 步；而沿街商业建筑室内外地坪差最多只有一步，有的只有缓坡。这样容易进入，便利人们进出，同时也会提高商业利润，顾客不会因地坪高差而拒入。

出入口的功能就是要保证人们安全、方便的出入建筑物。而出入者有老人、儿童，有健康者也有残疾人，要为不同的人提供平等的使用机会。出入口的数量、尺度应经过科学计算来确定，并充分估计到非常状态下人们安全疏散的行为特征，去规划设计出入口。要有方便轮椅进出的坡道和门口。

特别要指出建筑物的经营管理者，务必保证门口经常处于全能开放状态，不得只图管理方便，而将多数门口封闭，仅留单门通行，也不得仅开放主入口，而将次入口锁封。有的火灾伤亡悲剧发生在处于恐慌逃生状态的人流，因疏散门口不畅，或被锁闭出不去，相互拥挤而造成严重后果。

7.1.2　地面

地面应包括两个方面，其一是供人们活动的水平面——厅室的地面；其二是作为交通通行的路面——走廊、走道、坡道地面。

地面是对人体活动的支撑面，首要一点是安全不滑。厅室应平整不滑，而且耐磨，具有良好的摩擦力；走道地面还应具有一定的弹性。近年来许多高档磨光石材运用于大型厅堂，看似美观，但人们行走时往往提心吊胆，不敢投足，担心滑倒跌伤；有的为防滑另铺地毯罩面，这就完全失去了铺贴石材的意义。正确的做法是应用粗糙防滑材料，安全必须置于美观之上。

不论室内地面、走道地面都必须保证平整，不允许出现超过 3mm 的垂直高差。根据经验超过 3mm 的高差，人行走时会产生绊脚或挡鞋的感觉，这对老年人则比较危险，容易导致摔倒跌伤。同理，门里门外不应设门槛；公共建筑通行地面还应设方便盲人的导盲板块。不论室内地面或室外地面，小面积小范围的高低迭落都应避免，尤其对于老年人出入使用的房间应绝对避免。那种下沉式或凹陷式卧室地面设计是不可取的，形似新颖，然而使用极其不便。

人与建筑环境的关系，接触最多、最直接的就是地面，所以地面设计选材对于人的感觉效果影响十分突出。

地面的选材，以木质地面为最佳，不论条木地面或拼花地面，不论在南方或北方都广受欢迎，尤其在北方更为首选。木质地面保温隔热，有一定的弹性，吸声，油漆后易于清洁，且比较美观，除了住宅卧室外，会议室、舞厅、体育活动室也经常采用。

硬质石材、陶瓷地面，不宜用于卧室，尤其在北方严寒地区更不宜用于人们久居的房间。公共流动性大的厅室应用较多。

地毯一般认为比较温暖柔软、富于弹性、吸声，特别是在交通走道部位，由于吸声、不滑，使用方便。但是化纤质地毯在一定时间内会散发令人讨厌的气味，在遇有火灾时往往会散发毒气，故应慎用。地毯属于柔性地面材料，一般来说足感较好；但厚型地毯对老年人腿脚不便者，常会产生绊脚缠鞋现象；薄型地毯则不会有这种弊病。不论哪一种类型的地毯都是由纤维织成长短绒毯状，自然成为藏污纳垢吸尘表面，也是细菌滋生繁殖的空间，特别是在南方梅雨季节，地毯的弱点则更加显露。在北方干旱、少雨，风砂、尘土较大的地区也不宜采用地毯，除非有良好的密闭性空调设施，与室外隔绝。

从性能来说，塑胶地面接近地毯的弹性，又比较易于清洗，在国外应用较多。这种材料可以现场浇筑，也可以预制后现场铺贴。其表面光平，有一定的弹性韧性，吸声隔热，不吸尘，细菌不易找到藏身之处。可直接铺贴于硬质垫层表面，是较受欢迎的地面材料。

7.1.3　墙面

从广义来说，任何一栋建筑物，一个房间都是个容器，或由容器组成的组合体。容器中或住人或盛物，这墙壁就构成容器的四周而已。这容器即建筑空间，是给人们提供的活动场所，人在其中从事各种行为活动。在这里也体现了“主人”的地位，建筑物仅仅是服务于人的外壳。

墙面在室内空间构成中处于主要角色，室内环境气氛主要决定于墙面，由于人眼直接面对墙面，人们对墙面的重视是很自然的。人直视墙面，墙面与人的视觉形式发生关系，但是在人体高度范围内的墙除视觉联系外，也会有触觉关系。人们会抚摸、倚靠、碰撞，在这种接触时希望墙面具有一定的柔性、弹性、光平，不会对人体产生伤害。在人体高度以上墙面，人们则没有这种要求。除上述要求之外，墙面与人体也还有听觉联系，要求墙体具有隔声能力，墙面具有吸声或反射的能力。根据不同的使用功能，要求墙面或吸声或反射声。墙体的墙面材料应根据不同空间功能，选用不同的材料。

在选材时，必须注意防火要求以及火灾发生后的防毒气要求。现代建筑装修已经普及，大量的新型建筑装修材料应用于室内装修，大大提高了居住环境质量，从而改善了生活质量。但是，在这个过程中常常伴随产生一些烦恼，出现装修材料散发的某些化学分子的气味污染，慢性的影响健康，对此应予以高度重视。在选择材料和粘结料时，注意选用无毒无味材料。

纤维质或仿纤维质的贴墙饰面材料经常被选用，软化了墙面与人体的硬性联系，增加几分亲切感，不论视感或触感都令人感到舒服。

色彩的科学运用和恰当的组合，会改变室内的空间气氛。结合气候特征，运用色彩的物理心理效应，用以调解室温，这已成为人们生活中的常识。所以北方寒冷地区居民喜用浅米黄色，冬季感到温暖，夏季又不感到过热；而南方地区则喜用浅草绿或浅蓝灰色，以降低室内的温度感，见表 7-1。

颜色的心理作用　　表 7-1

颜色	距离知觉	温度知觉	情绪
蓝		冷	静
绿	远	冷到中性	非常静
红	近	暖	激动
橙	近	暖	激动
黄	近	暖	激动
棕	近、幽闭	中性	激动
紫	近	冷	攻击心理、不安宁、疲劳

7.1.4　顶棚

就视觉概率而言，人们直视机会顺序是地面、墙面，然后才是顶棚。只有当人们倒在床上才会有机会较多的去望顶棚。在医院做的心理调查中有的患者提出顶棚的设计应更丰富一些，更有趣味一些。这反映了人的特定行为特点对建筑环境界面的心理需求。

顶棚分为两类，较低的，如一般的生活空间，住宅中的居室、饭店的客房、商务的办公室等；较高的如许多的公共空间，例如会议厅室、观演厅堂、展览、体育活动场馆等。对于前者来说空间高度常在 2.8m 上下，最多不超过 4m，本来就低，一般来说不宜在楼板下再做降低室内净空的顶棚。净空降低实质上是降低了空气质量，容纳的清洁空气少了，空气污染的密度增大。必须吊顶时，应尽量减小被吊的空间。有利于空气的流动和室内卫生。

在室内装饰设计中，设计师从美观的角度考虑得比较多，比如对顶棚的照明方式的设计，对照度的合理利用考虑得不足。如筒灯，光源都含在顶棚里，有效利用的光不足 1/5，再如凹槽式的灯槽，灯具暗藏在灯槽内，通过反射、折射投光，有效利用的光只有 1/4，很多的灯光被顶棚吃掉了。灯具多、耗电量大，却没有效果。不仅照明效果受损失，而且大大增加了热量的散发，使室内过热，增加了空调系统的负荷。增加了能耗。

顶棚的色彩与材质选用也有很多的影响因素，浅色的顶棚有利于反光，有利于室内采光或照明的利用。从心理上来说，白色感觉轻，有上浮感，对扩大空间有利。反之则会头重脚轻，产生压抑感。材质的选用常会因一些人的功能要求，如声学、防污、保温等因素而采用各种材料。

7.1.5　门

门的宽窄高低和开启方向都不可忽视，门的宽窄因门的功能而要求不同，最小的生活用门也应保证轮椅的进出方便，给老年人和残疾人提供便利。门开启的最小净宽不小于 800mm，高度不小于 1.9m。公共空间及通道上的门应根据人流股数计算决定门宽和门数。

外门和公共区域、人数较多的门应向外开启，一般的室内门为了节省空间可以使用推拉门，但在主要疏散通道上不要使用，建筑的入口可以使用旋转门但必须与平开门并列。

门的密封性也是一个应该引起注意的问题，许多的新建筑，为了美观的原因大量使用无框玻璃门，常常不考虑地域气候问题，这种门缝隙较大，难以避风防寒，给室内维持正常的温湿条件造成困难。一般使用什么形式的门还要综合考虑。

门上的开窗形式也很有讲究，开窗的位置、窗的形状、窗的大小会引发人使用中的各种问题，如观察的方便与否、私密性问题、门两侧的活动的相互干扰与否等，这些主要与人的视线观察角度及位置有关。

门上的各种五金零件的采用也很重要，安装的位置、使用的灵活性和五金的质量可靠性都对使用有至关重要的影响。

7.1.6　窗

窗户的性能历来只考虑采光和换气，但是由于近年来建筑跨度的增加、人工照明技术的发展和空调设备的普及，为了采光而设计的窗户的意义已经降低，采光已经不是首先要考虑的问题了。这种结果，并不是说已经不需要窗户了，眺望风景、变换室内气氛、歇息眼睛、获取外界信息等，窗户的功能逐渐演变成重视视觉功能。因此，窗户存在的意义变得更大。通过调整窗户可以改变室内空间的开放性，对于建筑过密和房间狭小的状态恶化的今天显得更加重要。

房间开放性：

房间的开放性是通过视觉观察获得的空间大小的感觉，我们称为开放感。开放感的下限像在暗室中一样。其上限在地球上，暴露在一望无际、没有遮拦的沙漠、草原上，天空像是边界。因此上限是有相对限度的，对于每个空间不同。开放感是相对比较产生的相对感觉。

日本的乾正雄与宫田纪原对开放感的概念进行了指标化研究。实验使用一个 1/20 的办公室模型模拟试验。见图 7-1，室内容积从 115～499m³ 分为 5 个等级，窗台从 1～3m、窗口宽度从 0～22.8m 分为 8 个等级，室内的照度从 25～1600lx 克斯分为 7 个等级，天空灰度分为 3 个等级。让受试者评估各种变化状态的模型空间，并用数值表示出开放感，见图 7-2。

实际上窗户的这种作用也是受很多因素影响，虽然开口的大小具有决定的作用，但窗的形式、位置、窗外情况都会影响感觉的不同。如果窗外的建筑离得很近、透过窗户看到的天空很少的话，开放感也会大打折扣，窗户的有效机能也很难发挥出来。开放感与舒适感有很大的关联，一般来说开放感大一些的房间，其舒适满意度也要大些。当然不同功能的房间对开放性的要求不一样，例如寻求安定感、私密性的房间就不需要太大，而公共空间、活动空间则大一点比较好。

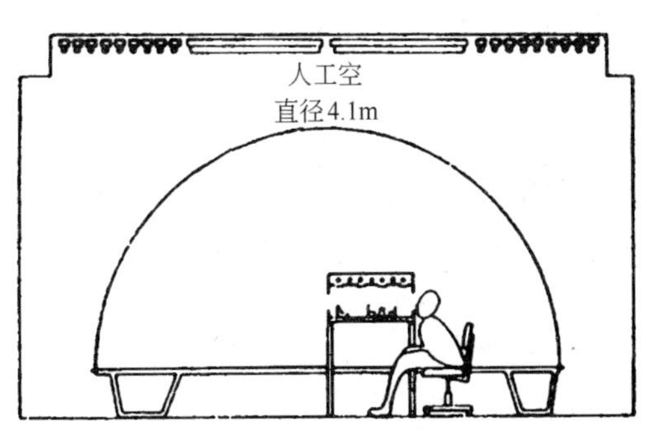

图 7-1　开放感实验装置的配置

房间的开放感与窗口的位置断面形式有关，图 7-3 是根据看得到的地平线的城市景观和全被建筑物立面遮挡的近景景观所得到的不同的开放感。这两种景观都说明了窗户开得大一些，其开放感变得更明显，脱离正常视点的窗户不利于产生开放感，这种情况尤其是从高窗眺望地平线的城市景观时就更明显。

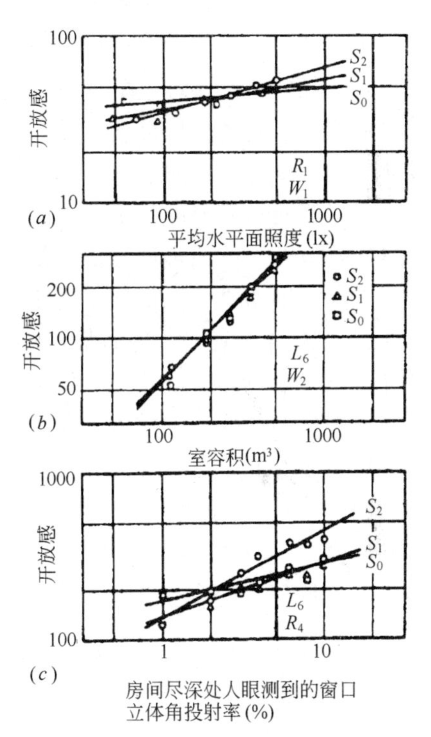

图 7-2　L、R、W 与 S_p 的关系

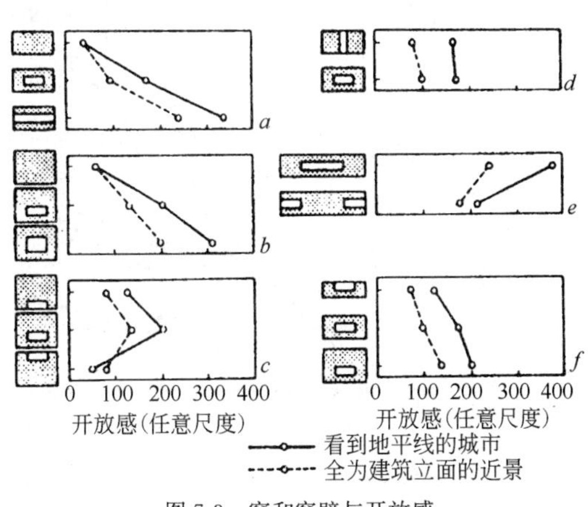

图 7-3　窗和窗壁与开放感

这里介绍一下马卡斯（Markus・T・A）的窗口景观理论。按他的论点，景观的构成有天空、大自然和城市的横向远眺、地表面及在地表面的活动等。在获得户外的信息时，最好三个信息都能看到。因此，像荷兰的 17 世纪窗和英国的乔治亚窗（即竖长窗）是有利的。特别是楼层高、窗台低时就更有利。

7.1.7　楼梯

一般讨论室内设计时，往往不太注意楼梯空间，也很少有人认真进行设计。然而在实际的生活中楼梯却极为重要，楼梯设计是否科学合理，不仅直接影响使用效果，而且会直接导致伤亡事故。

上下安全、方便省力、感觉舒适。是楼梯设计的核心。踏步坡度的选择非常重要。试验表明，随着楼层高度、楼梯坡度的变化，人的血压、心跳次数、疲劳程度和心理感应都会有明显的改变。由于爬升体力消耗，有 2/3 的人表现脉搏加快，楼梯坡度加大，脉搏次数也增加。血压增高与年龄、身体素质有关。随着楼层增高、楼梯坡度增大，身体的疲劳感明显增强。

当前许多的楼梯是以健康人在正常条件下通过为依据的。然而老年人、儿童、孕妇、伤残者等受到集体特定条件的限制，适应能力大大降低，比如血压的变化，对于大多数人不至于大到危险程度，但对于患有动脉硬化、心血管病的老年人，确实存在发生意外的危险。不论在国内还是国外都发生过因楼梯坡度不当，使人摔落而亡的悲剧。特别是必须考虑在夜间停电紧急疏散的时候，人们处于惊惶失措状态，因此，楼梯的设计必须考虑任何人员和任何状态下安全保障和方便性。我国现有老年人口 1.2 亿人，残疾人口 0.7 亿人，共计占社会人口的 16%。社会的各个领域应该为他们参与社会活动提供平等的机会。

楼梯踏步尺寸的选择应该综合楼层数量来考虑。楼层数越多，踏步坡度应该越缓。从图 7-4 中可以看出楼层、楼梯坡度与使用者生理感受的关系。对于老年人来说，由于身体机能的减退，抬腿高度会逐渐降低，有的老年人上下楼梯会两只脚共踏一只踏板，这就要求设计者对老年人的楼梯尺度要另行考虑。就老年公寓、老人院等老年建筑，楼梯踏步的尺度应控制在高度不大于 140mm，宽不小于 300mm。然而现实生活中对这个关系重视不够，设计者与投资者较多注意的是节省一点楼梯间面积，忽视了使用者的安全要求（图 7-5）。

楼梯扶手与栏杆是楼梯不可分割的构件，他的安全有效性是值得考虑的。考虑到老年人、残疾人参与社会活动，楼梯应设置双侧扶手，而且扶手必须保证每米能

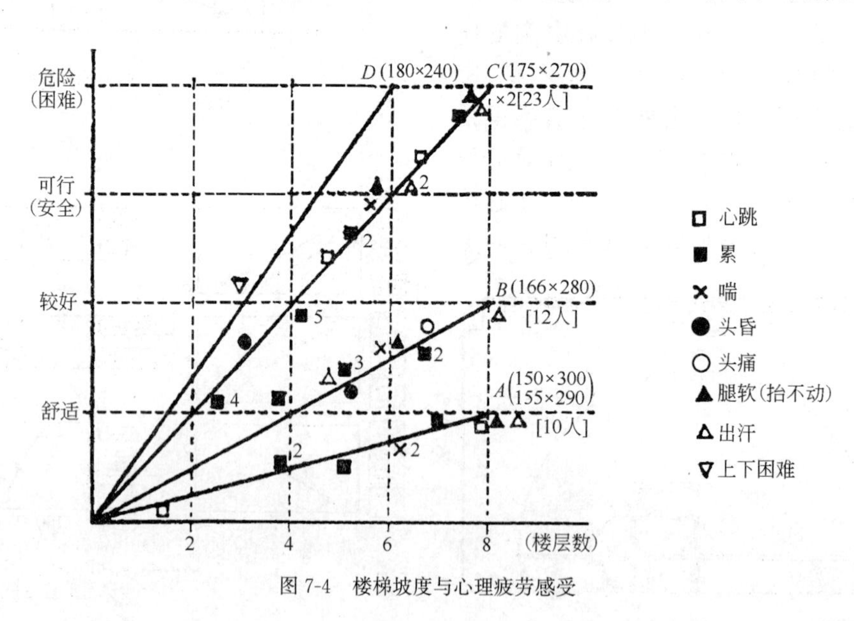

图 7-4　楼梯坡度与心理疲劳感受

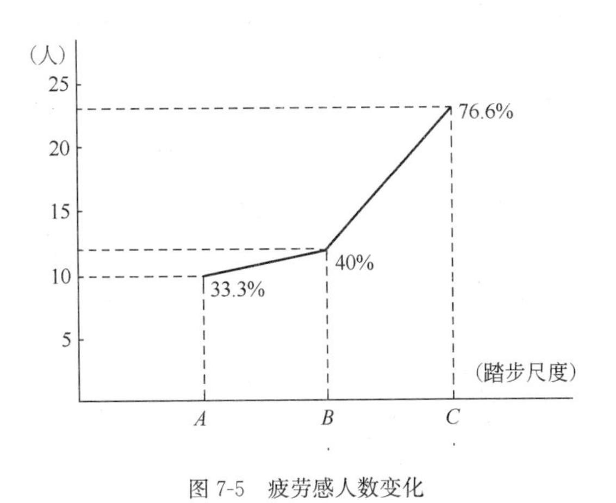

图 7-5　疲劳感人数变化

承受 300kg 的侧推力，扶手断面应控制在直径 35～40mm，以便能扶能握。

7.2　办公室的工效学

愈是向现代化靠近一步，愈要要求提高工效。办公室也不例外，因为工厂是生产工业产品的，而办公室是处理信息的。现代化程度愈高，处理的信息量也就愈大，工效学必不可少。用最简单最基本的方式可以这样说：工效学在办公室中应用的最终目的，是在能得到的手段和给定的条件所赋予的“限制”下，使工作效能和工作的满意程度达到最大。要达到这个目的，必须受到许多有关因素的影响：

(1) 工作本身及其有关的负责范围、执行的功能和作业、所包含的决策和活动、要求效能水平、需要的熟练程度和知识等；

(2) 组织结构及其执行的政策和方式；

(3) 工作环境包括照明，温、湿度，噪声等因素；

(4) 办公室中工作所需的陈设和设备：即工作和显示、信息贮存、处理、恢复和复印设备、通信设施、座位等。

(5) 工作区域的大小、排列和位置以及每个区域内人员和设备的布置；

(6) 执行工作人员：他们固有的智力、基本的能动性，以及当时的体力和情绪等。

在工厂或商业环境中关于提高工作效能和工作满意的努力，主要是为工厂工作人员考虑的：他们的工作、要求、效能、安全、舒适等。用时间和流动的方法来建立标准，同时也借以发展进行某项工作的较好的方法。人们对工作环境进行了研究，经过改进照明、降低噪声、增加安全来提高效能，生产工人是注意力的集中点。自从工厂引入自动化以后，生产工人的数量和责任降低了。与此同时，由于购置、生产、销售、广告等工作的大量增加，产生了书面工作的上升，因此注意力转移到文书工作人员身上，他们处理问题时必须使用大量的纸张。各种办公用的机械和设备发展了，例如复印机、个人电脑、网络等，帮助文书、打字员和其他处理书面资料人员的各种方法和工具已经发展出来了，用自动资料处理设备来代替或辅助白领工作人员进行工作。由于文书人员和其他处理书面资料人员的数目减少了。从文书人员到经理，各级白领工人的角色和要求已经起了变化，并且将继续变化着直到人们从重复的常规工作中解脱出来，而用电气机械的各种设备来进行。例如销售和财产清单的数据，公司经理只要按一下鼠标就能得到，将这种数字在 VDU 上显示出来，或用打印设备打印出来。图表只要用网络瞬间就可传递，并在网络的任一端显示或复印出来。以计算机为基础的管理信息系统，可使一个公司的总裁在选择一种特定的行动过程以前，探索与决策有关的各种方案。但是对于办公人员的要求和试图以最好的方式来满足他们，却很少给予注意的。除了在总经理的办公室中发现表示他的地位高的象征以外，白领工人的要求被认为是简单的：一个办公桌，桌上有几只抽屉，一把或两把椅子，一个书架，一个文件柜，一部电话，也许还有一个桌子，并有足够的空间配合这些陈设，这个空间可在一个大的集体办公的区域内，也可以是一个专用办公室，这取决于他的地位，并不是根据他的工作要求而定的。凡此种种极少给予注意，但还是有些研究可以借鉴。

关于各种类型的办公室（大的和小的，自然美化的和传统的）的赞成和反对的辩论已经很多了。并且曾经有过一些研究涉及这个问题，虽然人们一定会说他们的结论即使不是相互抵触的，也多少有些模糊不清。

1. 办公室的大小和社会习性

有某些证据表明小的办公室比大的办公室有利于产生彼此之间的社会密切关系，这是由 Wells 所进行的一项关于人与人之间关系的研究结果所反映的。在这项研究中要求大的和小的办公室中的每个工作人员说明他（她）愿意选择在一起工作的人。表 7-2 综合了由开敞的办公室和小的办公室中的个别人员所选择的在他们自己的部门中工作的人员。

开敞的办公室和小办公室 表 7-2

	在自己部门中选择人员的(%)	在自己部门中相互选择的(%)
开敞的办公室	64	38
小办公室	81	66

虽然在较小的面积内工作的人员之间比开敞的面积内有较大的内聚力，但是我们也应注意到还有许多并未被任何人选择的孤立的人员。

2. 办公室的大小和表现出来的偏爱

虽然较小的办公室比开敞的区域倾向于具有较多的工作组的内聚力，但是显然对于较小的办公室并无广泛的偏爱。Manning 在一项研究中要求英国的一组办公室工作人员，对于 5 种不同的办公室布置表示他们的喜爱，这 5 种办公室的开敞程度不同，但是发现这些工作人员将布置得最靠拢的列为第一，而将最开敞的列于最后，其他则处于两者之间。相反，Nemecek 和 Grandjean 根据瑞士 15 个大空间的办公室中对 519 个工作人员的调查发现并无这种形式的偏爱。例如问题之一是："你是否愿意接受在一大空间办公室中的另一项工作?" 回答中的 59% 说"是"，37%说"否"，4%表示无意见。可以补充一点，男人对于大空间办公室的判断比女人较为赞成。这项调查的另一个方面是要求被试说明，他们认为大办公室的优点和缺点是什么。涉及的主要因素如下（将所有的反应用%来表示）：

优点：较好的交换信息（40%），人员之间的接触（28%），工作的流水、监督、纪律（15%）。

缺点：干扰注意力的集中（69%），不能进行私密的交谈（11%）。

3. 自然美化的办公室

近年来一窝蜂地对于办公室的自然美化的想法发生兴趣。这种想法起源于德国，这是一个大的、开敞的、经过自然美化的环境，它是围绕着它里面的组织而规划设计的。在一起工作的人员实际上的位置是在一起的，布置的几何关系反映了工作组的结构。不同工作组的区域是用植物、低而可移动的轻质隔断、橱柜、书架等物分隔。对于自然美化办公室的影响的现场研究不多，其中之一是由 Brookes 所进行的。他对一个较大的零售公司的 120 名雇员进行了调查。这家公司决定建造一幢新的总部办公大楼，故这项研究实际上是一次探索性的试验。他将三个部门的现有空间改装成一个自然美化的办公室，在原来的布置中，这些部门是分开的，把几个经理和管理人员放在单人的小办公室或是用隔墙分开的小室中。雇员们在改装以前和改装以后各九个月分别完成一次语言差别的问题调查。这些是用 13 维（因素）来比较。比较的结果反映出在美学价值方面的判断普遍上升，而在功能的效率方面却下降。感觉到噪声水平上升，私密性降低。而抱怨的主要原因是视觉上的分心。然而在表现出来的团结一致方面有积极的变化。虽然这些雇员们明显地寻求一种比较友善的气氛，Brookes 觉得这种自然美化的设计对于他们来讲可能过于标新立异了。概括地说，调查者这样表示："它看起来很好，但是工作起来较差。" 而其他类似的调查也没有成功地证明自然美化办公室在效率方面有显著的好处。这样的结论虽然并不必须说明应该避免采用自然美化的办公室，但是它们至少提出了关于这类办公室布置的普遍问题。

4. 有窗或无窗

虽然我们不一定需要用窗来采光和通风，现在的问题是它们是否在如满足Manning所谓的“对于某些与外部世界接触或者对于昼光的需要的价值”。与此有关的资料不多，但是Wells进行的一项研究把这个题目有一点儿弄清楚了。他的研究的一方面是要求文职工作人员估计在他们的工作位置上的总照度，其中百分之多少是来自昼光（从窗来的）。他发现那些位置在离窗较远处的工作人员明显地过高地估计他们位置上的昼光的百分比。这些结果给人的印象是与占支配地位的意见认为昼光对于一个人的眼睛较人工光为好是一致的，人们一般似乎希望在他们工作时得到昼光。

大的或小的办公室，自然美化的办公室，有窗或无窗，虽然关于这些以及办公室的其他方面的资料仍然十分缺乏，所得到的研究结果给人以一种模棱两可的印象，并且至少缺乏对某种期望或假想的支持。在反映这种事情混乱状态时，需要记住某些设计特征的影响的测量，部分是由人的主观反应组成的，例如偏爱、看法和美的印象等。这些行为的判据，例如工作效能是很难用文件来表示的，但是与此同时，工作人员对于某种工作环境赞成的倾向，这对它们可能具有某些长期的潜在价值。此外，虽然人们可能宁愿选择一种特殊的工作环境，他们具有相当的适应性，这种适应能力使他们可以调节适应各种各样的环境。

5. 办公室中值得注意的有关效能的因素

（1）较好的组织；

（2）尽量减少多余的移动；

（3）环境与设施的有效性；

（4）信息的快速处理；

（5）在一项工作、商讨或电话交谈中可传达的信息；

（6）能看到或直接接触到会谈的资料；

（7）在会谈中不太拘于形式，并且在讨论中对参加者有较多的刺激，可以得到更好的有用的工作面；

（8）对于破坏和重建工作面所花的时间较少；

（9）可以得到比较有用的工作面；

（10）不浪费时间而可获得整洁的环境；

（11）不易忘记重要的活动；

（12）工作中体力上的疲劳较少。

6. 视觉显示装置（VDU）使用的工效学问题

VDU在办公室中的使用越来越普遍了，它替代了秘书的作用，并且效率极高。由于它的大量应用而影响到文书人员的就业机会。在VDU的操作者中有五种主要的因素引起或加重疲劳：（1）视觉方面的因素；（2）姿势方面的因素；（3）环境方面的因素；（4）工作设计方面的因素；（5）个人方面的因素等。因限于篇幅不可能对VDU的问题做过于深入的阐述，只能略提一些要求说明我们如何才能避免过度的疲劳。

（1）VDU的映像应该清晰而稳定。字体的清晰与字体的大小、字之间的间隔、字体的形状等有关。在正常观看距离的最理想的字高为20分（以弧度量）。推荐的字宽为高的70%～80%。其稳定性与荧光屏上的像的闪烁和摇晃有关。要保证清晰除了荧光屏本身的质量外与眩光，屏上的反射像和适应的亮度水平也有密切关系。这取决于环境中的亮度分布和光源的位置。

（2）VDU的工作位置应仔细设计以便适当地考虑使用者的人体特征、设备和作业要求。不同的作业对于工作位置提出相当不同的限制，一个满足一般需要的工作位置多数不能与大部分作业的特殊要求相协调。保证有足够的空间以便使用者在操作VDU时使用其他有关的辅助工具、文件和工作人员个人所属的物品，此外也应便于存放手上进行的工作和刚完成工作的资料。

(3) 键盘与屏幕应该分开，并且屏幕的角度应能调节，可调节的屏幕角度、键盘位置和座位的高度，不仅是为了满足不同使用者和作业的需要，同时也是为了能提供某些机会，以便个别人员可改变他的姿势，避免疲劳。这种可调节的设备必须使用起来简单而且牢固。

(4) 对于原始文件应提供文件架，这样可改进键盘、屏幕和原始文件的位置和视距等的关系。重要的是这种装置要易于使用。文件架的角度为45°。

(5) 视觉环境应仔细设计，提供足够的但不是过量的照明，避免过分的亮度对比，并且保证一个舒适的无眩光的工作环境。桌面上的照度为300～500lx，这对于许多VDU作业（也包括纸面上的工作）是一个合适的折中处理。VDU的位置应离开窗户，既不要直接面对着它，也不要背着它。视觉休息的区域应包括在照明或室内装修设计中。

7.3　厨房中的工效学

厨房是家庭中的工作环境，合理与效率为首位。作业流程合理、减少交叉与重复动作、减少因不合理流程增加的额外工作，减少能耗与疲劳。

舒适合理的人体尺度，减少静态施力，避免不适动作，提高效率。

舒适合理的形状，保证效率与安全。

合理的储物空间，方便存取，提高效率、便于整理。合理分类，避免交叉污染，卫生安全。

合理的视线与照明，便于观察，现色性。

合理的使用材料，安全性，易维护性、可靠性。减少危害、减少工作量。

舒适的设备，细节的处理可以使工作更轻松。

色彩，美观问题、对色彩观察的影响，心理影响。

通风设备，空气温度、清洁度。

厨房是家庭生活的重要环节，对于家务劳动来说更是为大家所关心的。应该与工业环境一样地需要根据工效学原理来处理，以控制环境的条件、设备的设计以及工作位置的布置。但是这个问题很少被人们所注意。由于近年来旧式的使用固体燃料的炉灶已为可燃气体的新式炉灶所取代，家用电器用具，如洗衣机、电冰箱等也已列为一般家庭的厨房必备设施，故厨房中的工效学研究已提到日程上来了。因为虽然新的厨房设施增加了，但是厨房的面积不会增加多少，在一小块面积上进行各种各样的作业，并且可用的工作面积甚至变得更小，相反新增的设备和装置却比以往提出更多的工作面积的要求。因此可能也是由于这些原因，厨房是家庭中发生事故最多的地方。

厨房中的活动：

厨房中的活动日益多样化，制备食品只是它的各种活动中的一个方面。因家用设备的日益增多，在卧室、起居室中不宜进行的活动就塞进厨房。双职工的增加，也使厨房兼作其他活动的场所，这不仅是我国的情况，其他国家亦类似。表7-3为英国调查所得的厨房中除了制备和处理食品以外的活动。

厨房进行的活动　　表7-3

活动	公共区域住宅	私有区域住宅
熨衣	74%	65%
洗衣	98%	83%
游戏	28%	35%
娱乐	42%	20%

注：公共区域中有77%的主妇，私有区域中有79%的主妇在厨房中备有并使用洗衣机，并且50%以上的主妇每周使用她们的机器三次或三次以上。并且公共区域中83%的主妇，私有区域82%的主妇在厨房中干燥衣服，75%的家庭都有旋转的干燥机来干燥衣服，而另一种最普遍的方法是用不加热的干燥架。

活动的多样性亦带来了各种不同的环境特征。表7-4为调查中对厨房中认为不满意特征的百分率。

厨房中认为不满意的特征 表 7-4

公共区域的住房	私有区域的住房
45%缺少足够的通风	44%贮藏的容积
45%厨房中的噪声	33%开窗的困难
43%结露	32%工作面的面积
33%开窗困难	31%缺少通风
31%贮藏的容积	30%照明不佳
25%门的位置	30%不易接触到
19%工作面的面积	28%噪声
	26%结露
	23%布置不佳

从表 7-4 中可以看出她们不满意的特征中有关室内气候条件的项目最为突出，例如：缺少足够的通风、开窗困难、结露等；其次是噪声；然后是贮藏的容积以及工作面的面积等问题。由于我国的烹调方式和生活习惯的不同，在热工方面的意见可能会更多，此外还有油腻烟熏等的问题使环境条件更为恶劣。然而有关厨房的室内气候状况的资料极少，无法提供参考。

根据英国对 262 户厨房的调查结果可以看出他们工作的深度。在这项调查中他们实测了：室内空气温度梯度的分布、黑球温度的分布、室内空气速度的分布、相对湿度的分布、和室内外噪声级的测量。有关气候资料给出了三个工作位置（工作面、洗涤盆、炉灶）上 1.3m 和 0.3m 处的数据。从结果的分析来看大致可发现下列问题。

从热的舒适要求来看，如果对于坐着工作的人的舒适温度以 15.6～20℃之间为宜时，当室外空气温度等于或大于 15℃时，室内温度就已达到或高于这个标准。

关于室内空气温度梯度的分布是指 1.3m 和 0.3m 处的温差，亦即脚部和坐姿时的头部之间的温差，在调查中亦发现有较大的梯度，尤其是当室外温度较低（0～10℃）时炉灶处可达 4.8℃，而允许的梯度为 3℃，并且与建议的梯度方向（即脚处的温度高于头部处的温度）相反。

在 1.3m 处的黑球温度代表了厨房中人取坐姿势时头部接受到的辐射热量。Bedford 曾建议人们坐着工作，当黑球温度在 16.7～20℃之间时应有 70%的人在舒适方面感到满意。但在调查中发现当室外温度超过 15℃时，黑球温度就超过坐着工作的舒适水平。

空气速度也测量了三个工作位置两个高度处的风速。从实测记录看其平均风速只有 0.03m/s，并且不管空气温度多少，最大的平均风速不超过 0.15m/s，但是我们对于风速的要求却是：风速小于 0.1m/s 时感觉不到空气在动；当空气温度大于等于 20℃时，空气速度从 0.1m/s 增加到 0.4m/s。提高了一种新鲜感觉，并不产生令人注意的气流。

湿度方面显然是令人满意的，都在 40%～70%之间。

当家用设备的噪声级加到从其他声源产生的噪声级就吵扰了厨房中的主妇，使情况达到严重的程度。一般的电冰箱所发出的噪声级大约在 40～50dB，而室内空调的噪声级为 70dB 左右，洗衣机、洗盘机以及其他噪声特大的设备的噪声级在 80～90dB 之间。因此厨房的环境条件中最易被人意识到的是噪声。因为洗衣机的大量普及并且较大的比例每星期使用 3 次或 3 次以上的，将来如果再普及了干燥机以后（如这个 262 户调查中所示的情况）噪声的影响就更为突出了。

7.4 室内环境评价

生活的质量在很大程度上是我们全部生活环境所包含的广泛而几乎没有限定的各种特征和方面的函数。这种日常生活所包含的是我们对下列东西的使用：房屋（住宅、公寓、学校、办公室、工厂、商店、剧院等）及其有关的设备；居住区本身（包括其美学上的特征、娱乐设施、文化和休息）；交通设施；周围环境（包括自然环境本身和我们自己所造成的污染）。Wells 曾指出：各人的环境“元素”永远不是如一个房间或一栋房屋那样简单，而是我们全部环境的许多相互作用的特征的综合，生活环境中的这些方面都对人类具有一定影响，它的好坏视情况而定。

对于这些问题的大规模的研究显然是要涉及许多学科，但是其中有很多方面将落在“人体工学”这门学科的肩上。然而它们与人体工学研究的传统领域有若干差别，这些差别对于人体工学这门学科提出了挑战。首先所涉及的“系统”与一些硬件相比，是比较无定形的，并且没有很好地限定。第二，与评价有关的判据似乎比较困难，不像在系统的效能判据（例如计算机系统所用的）或生理的判据（例如宇航员）中主要感兴趣的那一些，也许在生活环境中主要考虑的判据似乎是更加主观的，主要集中于对人的价值的满足以及人的满意方面所能达到的。当然这种考虑在人们之间的社会相互作用具有重要的意义。

7.4.1　生活环境的主观要求

如果我们要求若干人提出关于他们用来评价他们的生活空间的人造特征的标准（判据）的意见时，我们必然会收到各式各样的反应，但是它们的种类不外乎下列这些：

1. 活动（办公室、工厂、医院中的工作；家中制备膳食；运动和游戏的对垒等等）的效能。

2. 实际的方便（人们用的东西的便利；接近于要去的各个地方）。

3. 流动的方便（从一地至另一地，利用公共或私人交通设施、走、自行车等有效地流动）。

4. 身体上和情绪上的健康，以及人身的安全和防卫。

5. 身体上的舒适（温度、座位的舒适、防止噪声等）。

6. 足够的实际空间（例如在工作中、在空中或旅行中与工作位置有关的足够的空间，为满足私密性所提供的条件）。

7. 社交往来（要求的社会接触和互相交往机会；个人和团体的交往）。

8. 美的价值和喜爱。

9. 个人价值的满足（选择活动和环境以满足人们自己的个人价值的机会，例如休息、娱乐和文化）。

10. 经济上的考虑。

同样可将整个环境的特征进行分类，它可能与上述判据（即因变量）中的一个或几个有密切的关系。它们为：

1. 房屋设计的特征（结构上的特征，例如房间的大小和布置，窗和门的数量和大小，门厅和走道，建筑风格等）。

2. 实际环境（家具和其他设施、装饰等的特性和布置）。

3. 周围环境（周围室外的环境、室内照明、温度控制、噪声控制等）。

4. 居住区（设计、布置、大小、休息和文化设施、购物设施、美的方面等）。

5. 服务和有关的设施（保健服务、交通运输服务和设施、公共服务和有关的设施、休息的设施等）。

将这两者合在一起，就能构成某种由因变量和自变量构成的列阵（表 7-5）。看了这个列阵就可能明白，这些元素中只有某些个具有有意义的影响，特别是那些一个自变量的特定特性（例如房间的布置）对于一个特定的判据（例如流动的方便）具有影响时。

人们可预见到很多年以后的可能性，当研究可以使它能够宣称这个列阵中的某些个别元素（即自变量的参数）达到要求的判据值即为满足时，这些参数将成为设计的判据。当然某些判据我们早已有了，例如周围环境的变量中的照明、噪声和温度等。但是某些判据却是根据已经过了时的规范（例如城市建筑法规）、根据习惯或以某种方法得来的经验法则，以及根据某些可能有内在正确性的信念或假设。

与设计判据有关的一个复杂的问题价值系统和喜爱方面的个别差异。例如人们对私密性程度的喜爱，在工作中或在家庭中相互作用的偏爱，以及对于装修、间断时间的利用和使用他们的住所方式（住宅、房间、屋顶阁楼）的喜爱。因此在生活环境中必须有变化以提供这种个别差异的需要。

因变量和自变量构成的列阵　　表 7-5

因变量(判据)	自变量														
	房屋的特征			实际环境特征			周围环境变量			居住区的特征			服务和有关的设施		
	1	2	其他	1	2	其他	1	2	其他	1	2	其他	1	2	其他
活动的效能															
实际的方便															
流动的方便															
健康和安全															
身体的舒适															
实际空间															
社交往来															
美的价值															
个人的价值															
经济的考虑															

从很广泛的意义上讲，我们生活环境可以看作为由环境（即住宅、房屋、城镇等）的客观特性和能得到的服务（交通运输服务、保健、休息和其他服务）的组合。

7.4.2　建筑环境评价

人类的生活环境中的一个重要成分是由他们所使用的各种房屋（住房、办公室、工厂、公共建筑、学校等）所组成的。在这一关系中人们愈加意识到设计师等通过环境设计来影响人们的行为和反应，例如 Wools 和 Canter 论及房屋的“意义”对于行为的影响。并且这些兴趣流传的结果是创造了“建筑心理学”这个名词，在这个领域中也开展了学术性的研究。

房屋和有关的设备以及其中的家具和其他东西的设计和排列决定了人们所生活的实际空间，并且它们对于人的行为、舒适情绪和其他主观反应产生很显著的影响，然而人们从不同的角度来对待实际的空间的。其中一个角度叫作“个人的空间”，这是直接在每个周围的空间，通常是具有看不见的边界，在边界以内不允许有“闯入者”进来。这种空间在某种意义上说是可以移动的，每个人不论走到哪里都带着它走。但是好像具有可伸缩的灵活性，个人空间的大小也是文化背景函数。

人们实质上对于任何刺激物的知觉是分别用几种“维”来表示的。我们可用某种维（例如愉快和舒适）来感知房屋和环境的。关于这个问题，Wools 和 Canter 鉴别了人们一般在评价他们所处的实际环境时反映出来的某些维。他们在这项研究中用了一种语言差别量表来说明一个人对刺激物的估计，共用了 49 对形容词，这些形容词被认为是与描述一幢房屋中的房间有关。这项工作中提供给被试（非建筑系学生）的是 24 张单线的线条图，要求被试们用 49 个量表来描述每一个房间。然后将所有的反应进行统计处理，以鉴别它们是趋于“走向一起”或者形成组。最后鉴别出 8 个这样的组，这些叫作“看法上的维”。其中三个似乎特别重要，故列于表 7-6 中，并举出一对形容词作为说明。

维　　表 7-6

维	举例说明的形容词
活动性	快————慢
融洽	清楚的————模糊的
友善	欢迎————不欢迎

人们对于任何给定的房间在形成每个

维的几对形容词上的反应，用作导出该维对这个房间的评分的依据。

在这个研究的后一阶段，要求另一些被试们对8个房间作出判断，这些房间是各种窗、桌子布置和顶棚的不同组合。表示被判断为最友善和不友善的两种组合。与最友善的房间有关的特征为：倾斜的顶棚；窗从顶棚开到地板；以及一组椅子中间设有一只桌子介乎其中。

虽然上面的讨论涉及人们对以图的方式表示的房间特征的主观反应，但 Wools 和 Canter 也报告了在两个不同的房间中访问的部分人员的某些“行为上”的差别。其中一间为办公用的贮藏室，另一间为秘书的办公室，此两间房间内的家具完全相同。因此这至少给人们一个启示，即人对房间的特征的感觉可能在行为上有相同的反应。

居住建筑中许多方面涉及人体工程学，例如拥挤、卫生、私密性、健康等。在 Steidl 所进行的关于家中工作的“困难”的研究中，表7-7，他要求208个主妇按照她们感觉到的家中各种工作的难度来评定住房和设备等因素，将工作分成所谓“高度认知的”作业（主要是指那些包含脑力活动的）和“低认知的”（主要是指那些体力劳动的）作业。这些特征中的某一些是与住宅和有关的设备的设计联系在一起的，如表7-7所示。

调查评价表 **表7-7**

特征或因素	满意(使工作较少困难)		不满意(使工作较多困难)	
	高认知工作	低认知工作	高认知工作	低认知的工作
工作面	28	17	80	21
贮藏空间	32	14	58	28
设备、供应质量	105	109	91	69
设备、供应易得性	80	50	39	39
设备、作业的位置	24	23	22	28
家具、陈设	15	35	22	32
空间数量、房间数目	92	76	135	53
房间的布置	56	23	25	10
温度、光线、通风、声音、安全	35	18	40	24
住宅结构质量、年龄	15	24	20	21
其他	24	14	48	36
合计	506	465	580	361

Becker 报告了一组关于多户住宅中人体工程学方面的问题，资料是从纽约州城市和郊区的公共住房开发计划中收集到的（三幢高层住宅和四幢低层住宅）。数据是从对257个居民的访问和591个居民的调查表以及访问开发计划的经理中整理出来的。这个调查的结果为：

（1）低层住宅略比高层住宅为人们所喜爱（低层的满意率平均为93%，而高层则为87%）。

（2）一个住宅开发区的外表对大多数居民（67%）来说很重要，形状、布局和房屋体形的变化增加了它们的“个性”，这很受人们的欣赏；强烈地不喜欢由直线组成的以及对称的形式。

（3）居民们喜欢门厅，这在视觉上很受人欢迎。

（4）房间大小和布置的各种变化居民们认为同样满意，但是对于较大的房间更满意一些。

（5）较多的居民喜欢分开就餐区（39%），或者一个分开的就餐区和一间大的在里面用餐的厨房（28%），起居/用餐合并的区域（19%），或者起居室带一间大的在里面用餐的厨房（18%）。虽然大多数居民喜欢要有一个分开的餐室，但对83%的居民来说，他们不愿意为了一个分开的用餐区或为一个多用途的房间而放弃任何起居室的空间，换句话说，居民们大概发现起居室是多么必需的（不论多大），他们不能想象缺少它。

上面是企图从主观的要求方面来讨论人体工学对于室内设计的影响，由于这方面的资料极少，也可能没有接触问题实质，只能以此作为工作的开端，导致更多的人来注意这个课题的研究工作。

7.4.3　POE 概述

当一个人处于任何现实环境，常常根据主观的感觉评价环境，主要依据是直觉的。这种评价也就是人的第一印象所得出的结论。这是最初级的，也是最肤浅的评价，往往是不全面、不深入，也是不够科学的。近年来 POE（Podt-Occupancy Evaluation：居住后评价）的概念逐渐引起人们的重视。POE 一词的使用始于 1960 年代的中期，有关 POE 的研究与发展最多也不超过 30 年。

POE 居住后评价，从概念来说还不稳定，特别是还没有确定的定义，其大意可以表现为：对处于经过设计的居住环境中的居住者（个人、集团、机构）进行动态效果（机能的、心理的）验证。对“居住者进行动态效果”调查是将居住后的生活运作的实际场面作为对象进行评价，POE 一词与以模拟手段事先对建筑计划与设计进行的性能与效果预测研究 PDR（Pre-Design Research）的概念恰好相反。

对居住后环境评价（POE）是对建筑环境与居住者两个方面获取科学、系统的反馈信息的一种方法，所取得的成果，就其应用的时间长短，反映不同的目的和作用。

如时间较短，其成果会反映出居住环境的问题所在和居住者的要求，把握住这些便可以对其存在的理由与原因进行分析，随后以此为根据对空间与设备进行改善、对管理运营方法进行改革、对居住者的生活和要求标准做相应的变动，使之达到相互谐调、圆满的目的。这可以看成是近期目标或称为微观目的。

时间稍长一些，应用持续反映出来的 POE 的结果，对于公司和组织机构的经营方针的决策、周期成本的降低会产生重要的作用。这可以看成是中期目标或称中观目的。

时间再长一些，通过对居住环境的建筑资料的积累，逐渐构成资料数据库，依此可以制定公共的标准和指针，以便应用于以后的设计计划，这是远期目标或称为宏观目的。

POE 始于欧美，1960 年代对其有效性开始被认识，主要是一些大学里的研究者，对集体宿舍、医院、学校等比较近身的对象进行了小规模的研究。

到了 1970 年代，POE 得到广泛重视。由于方法论比较成熟，使得详细的 POE 可在各处实施，就研究和应用对象而言，不论种类和规模都进一步扩大，公共设施、学校、医院，还有公共住宅和老人院（养老院）等居住空间也开始受到重视。

到了 1980 年代，POE 达到了实用和应用阶段。在美国和加拿大作为设施管理的一环、POE 采用于军营、邮局、监狱、医院等的管理部门。民营企业对 POE 的关心也在急速提高，并开始对办公室环境实施 POE，见图 7-6。

为了适应高度信息化，维持高生产效率和高效率运用资源（人力、土地、建筑物、设备、空间）建立综合性科学的管理系统是非常必要的。

7.4.4　POE 的相关要素

POE 的相关要素，像办公室一类综合性的 POE，对其作业环境和工作者，必须对两个方面的众多相关因素给予充分的重视。把握的要素有以下几个方面（图 7-7）：

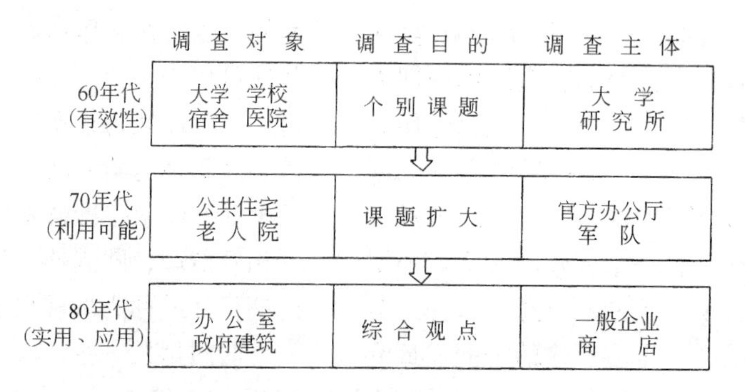

图 7-6 POE的历史

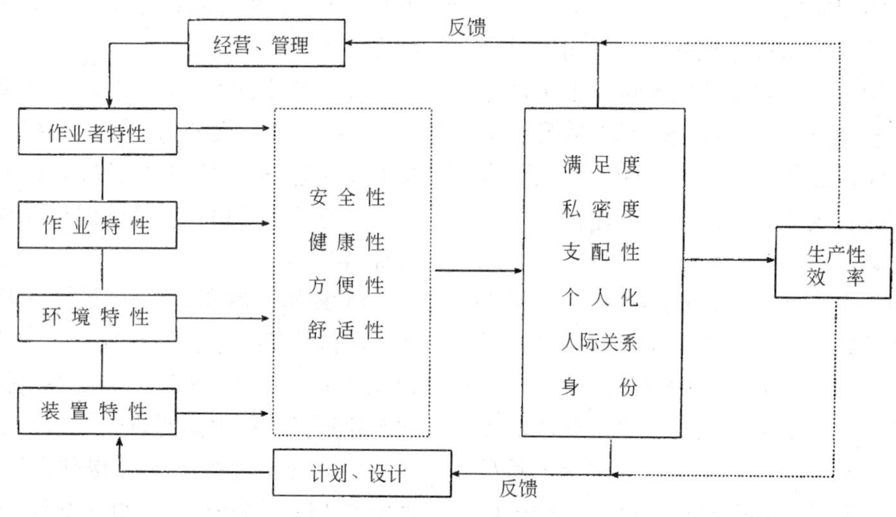

图 7-7 POE的相关要素

(1) 环境特性

内容包括可通过物理手段测定与评价的声、光、热、空气等的环境特性。

(2) 装置特性

经设备、家具、装饰等作为物质存在的环境与空间构成的要素。

(3) 作业特性

工作者作业的种类、频度、持续时间等工作的量与内容的要素。

(4) 作业者特性

工作者的年龄、性别、分担任务等个人的或集团的特性。

此外还有对环境的舒适性和满足感有很大影响的要素，如办公精通或公司所处的城市环境和经济、社会、文化的背景，个人的价值观以及爱好等也要考虑进去。

7.4.5 POE的测定

POE的概念首先产生于美欧等一些国家，而主要是心理学家，所以欧美的POE活动都比较重视心理测定，但是从技术观点考虑，反馈信息和物理测定也同样重要，两方面相互补充完善，成为获取信息的手段，见图7-8。

(1) 物理测定

物理测定方法，像距离、尺度、个数使用比较简单的工具就可把握测定；对照度、噪声、温度、湿度、空气污染等的测定则要使用计量仪器进行；对室内设置、景观等则要借助于录像、摄影设备进行。

(2) 心理测定

心理测定方法，则可以采取面对面采访和不见面听取记录的办法询问被采访者的要求、满意度、评价；还可以用问卷法、通信其他方法（按照有一定形式的方法收集心理测验的资料等）在这里可以利用语言反应，也可以利用语言反应形式，例如制成心象图、观察形形色色的状态，对各种记录分析等。

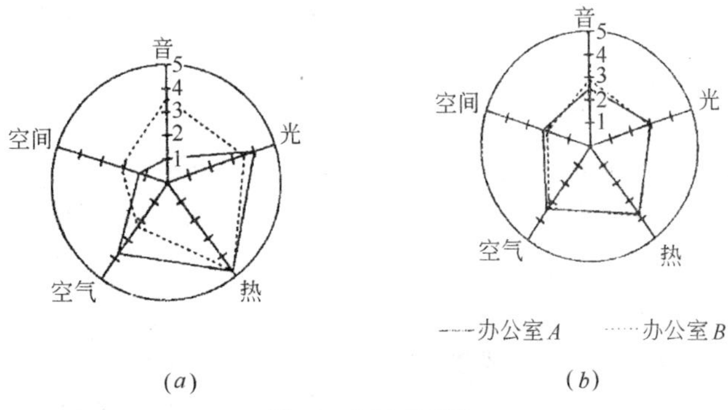

图 7-8　POE 的测定

(a) 物理评价（测定结果）；(b) 心理评价（同卷结果）

7.4.6　室内环境舒适性

室内环境的舒适性，不论对于居住者还是该房屋的管理者都是很重要的。以办公空间为例，若室内环境很舒适，其工作人员很满意，工作效率就高，对企业管理者都是不利的。所以近年来对室内环境的舒适性，越来越受到重视。

影响舒适性主要原因，涉及很多方面，如从可以通过数值表现和评价的吵闹、明亮、温暖、凉爽等到几乎不可能客观评价的工作场所地位、收入、人际关系等。在这里仅就声、光、热、空气和空间按其物理性分类，与之相关联的影响舒适性的主要因素做些简要介绍。

室内环境的舒适性，还潜含有安全性、健康性、方便性和艺术性。工程技术安全（地震、防火、荷载）要求是最基本的要求，不需要格外强调，但是由于室内环境设计不当而危害居住者安全，则是必须注意的课题。健康性是现代人更关心的一个侧面，不允许环境污染影响健康，健康不仅限于生理性的，也会有心理健康要求。方便性亦称便利性，环境中的各种尺度、设施，都必须保证方便利用，只有方便才会感到舒适。由于人们的文化素质不断提高，对自己所处的居住环境更有精神上的美学要求，要求达到某种意境和创造某种格调。

1. 声环境的舒适性

办公空间声环境的舒适性，主要研究以下两点，一点是噪声和振动对工作是否产生妨碍，妨碍到什么程度；加另一点看会话和馆内播音等所需要的声音听起来是否清晰。此外还有 BGM（Back Ground Music 背景伴声）是否适度，也会影响作业效率和精神力恢复的效果。

为了对这种舒适性的程度，做出具体的判断和评价，应考虑以下一些指标，因为这些因素影响着声环境的舒适性。

（1）工作中的噪声——工作过程发生的声音；

（2）暗噪声——伴随工作中的噪声以外的声音；

（3）强大噪声源——发生特殊强烈的噪声源；

（4）混响时间——室内声音的响度程度；

（5）声音清晰度——声音的易听度；

（6）馆内播音的易听度；

（7）BGM 的适当性；

（8）振动有无。

前列各因素中的（1）、（2）、（3）、（7）、（8）将会影响工作和舒适性；而（4）、（5）、（6）则影响声音的听取难易。

2. 光环境的舒适性

对光环境最基本的要求项目有明视性（作业面看得清，会使工作安全，提高效率）、舒适性（保持良好的氛围，愉快的光照便于工作、居住）、演出性（强调人与物的观赏性，看起来更显眼）和象征性（利用照明灯和照明对象，暗示存在和某种意境）等等。

为了满足这些要求，不仅限于以照度为代表的量的方面，还包含视野内的明暗、眩光的方向性、阴影的效果、光色效果、反射影响等质的方面，另外自然光的影响也包含在内。对以上诸方面进行近期制是必要的。

影响光环境舒适性的主要因素，就全室光环境评价的相关项目有以下内容：

（1）作业面照度的平均值；

（2）作业面照度的均匀度；

对局部的光一般评价，如处在窗口部位前的人像等立体感的一些特殊现象评价；

（3）阴阳造型，窗口侧光使人体半明半暗；

（4）剪影现象，迎光观看处于背光的人像；

（5）VDT 的观看方法；

（6）照明器具的乳光性；

（7）光源的光色；

（8）光源的演色性，指因光源使物体的色彩看起来有变化，对这种色彩观看的评价指标就是演色性。

在所有项目中最基本的是同明视性的关系，特别是作业面的照度与均匀度最为重要。最近考虑到工作性质，照明器具的乳光性和 VDT 的观看方式等也成为受重视的项目。

前述影响光环境舒适性的主要因素，属于明视性方面的因素有（1）、（2）、（3）、（4）项；属于照明器具方面的有（6）、（7）、（8）项；而（5）项具有双重性。

3. 热环境的舒适性

室内热环境是由室外的自然条件和建筑物的隔热性能、气闭性、太阳辐射屏蔽性等建筑物性能，以及供暖和通风换气等的设备性能，共同综合作用构成的环境。

创造室内适当的热环境最重要的任务就是缓和或隔断外部自然条件因季节变化造成的影响，以便使室内人的活动感到舒适，更好地发挥效率，这就是对空间性能的整顿。所以室内热环境评价的目的，是根据工作室内热环境处于哪种状态，同时也可以说是在对人体进行舒适与否的判断评价。

热环境的舒适与不舒适感，也影响到健康、效率和生产质量，它是构成空间性能的重要环境因素之一。

影响舒适性的因素，属于温热要素，有以下 4 项：

（1）温度（室温）；

（2）湿度（相对湿度）；

（3）气流；

（4）辐射温度；

属于人体方面的要素有 2 项：

（5）着衣量；

（6）活动量；

一般情况下室温最受重视，其他主要因素对人体也有影响，在实际热环境中，对这些因素必须考虑相互之间的关联作用，采用综合评价的观点是非常重要的。还有，最近对人体的关心也在增强，如：

男女差；

个人差。

PMV（Predicted Mean Vote 预想平均报告）和 SET *（Standard New Effective Temperature 标准新有效温度）作为综合评价指标采用的机会增多，尤其从重视舒适性的观点来看，强调考虑不均匀性：

（7）上下温度分布；

（8）辐射温度不均匀性；

（9）室温的变动；

（10）气流的不均匀与变动。

4. 空气环境的舒适性

空气，是人们维持生命所不可缺少的氧气供应的最重要的环境因素。空气遭到污染，将影响人体的安全与健康甚至威胁生命。因而，必须充分注意维持氧气的浓度和空气的清洁度。尤其是最新的建筑物，其气闭性进步了，空气污染的机会增加了，维持舒适的空气环境的必要性也在提高。

涉及空气环境污染的物质是非常多的，其中多是无色无嗅的气体，人体直接感知不出来。这说明客观的把握与评价空气环境的水准，对避免未知危险，保证人体舒适与健康是十分重要的。

空气环境的控制项目：

（1）氧气，氧气浓度降低或浓度过剩都将成为问题，都说明空气中含有污染物质。主要的空气污染来源于燃烧和吸烟产生的物质；建筑材料和OA（办公自动化）机器等产生的物质，以及伴随人体活动而产生的物质，有这样三部分。

燃烧和吸烟产生的物质：

（2）一氧化碳（CO）；

（3）二氧化碳（CO_2）；

（4）氮氧化合物（NO）；

（5）硫氧化合物（SO）等；

（6）甲醛（CHO）；

（7）臭氧（O_3）；

（8）氡（Rn）；

（9）石棉等；

伴随人体活动产生的物质：

（10）二氧化碳（CO_2）；

（11）浮游粒子状物质（粉尘）等。

此外吸烟过程中还会产生尼古丁和焦油。

5. 空间环境的舒适性

办公室内空间的舒适性，是由建筑与室内设计、家具、陈设、设备及其以外的各种相关因素构成的。例如，属于外部的，建筑物周边的城市环境和围绕社会的经济环境、社会环境；还有属于内部的，工作人员所属的单位机构及其相关制度、薪酬待遇，还有人际关系等关联因素。

在这里，建筑与设备或家具与陈设等有形的物体，被看成是空间环境构成的中心因素和评价的对象；而与外部环境、公司机构或工作者个人成熟状况等相关的，难以数值化、定量化的项目，或者在建筑环境中直接采取对策比较困难的因素，原则上作为无法控制因素对待。在这个领域研究性的积累还不多，基础资料很缺乏，全部假设都是属于建议性的，即是建立在建议性这个侧面的。

因此，这里的要素构成与其他环境要素的场合不同、关于评价方法和具体的目标值的表述，将以评价的见解和实态等的概论作为重点。

就空间的测定而言，不需要特别的测定仪器和测定方法，与其他要素相比较不太需要专门的知识，这点是它的特征。但需要对面积的测量方法和数量的计算制定特别的规定和注意事项。

关于空间的测定、大致可区分为物品的数量计算、长度测定、编号与复核。第一就是对盆栽植物、装饰物和办公用机具数量的把握；包括在职人（桌）数等；第二对空间自身的大小（广度）和容纳量及建筑与家具、办公设备类的定量性把握，这里包括各种面积、顶棚高、窗面积率、桌面尺度等的测定；最后的测定办法，是对更详细的空间环境要素进行分类复核。如对椅子的附加功能判定，对室内色彩按编号登记复核，对设备器具的调节能的判定等等。

影响舒适性的要素分为两个方面。对于办公室环境，建筑要素即为由墙壁、地面、顶棚、窗和空调、照明等以及设备器具、家具、陈设等（物）的因素构成的，因此比较强调（物）的因素。但是，工作人员的生活、行为本是在由（物）围合而成的（内部空间）展开的，在这里感受到的舒适性，即决定了空间的好与坏。

历来的空间评价，大多是停留在以声、光、热、空气等空间的能量和物质的状态为评价对象。然而办公室空间的舒适性，还受到其他许多因素的影响。我们这里讨论的空间评价，不仅限于把握上述物理性的环境因子，而是将其他部分因素也作为评价的对象。

影响空间环境舒适性的心理作为评价的对象。

（1）人均占地（工作室）面积（办公空间的大小）；

（2）人均占有面积（桌子周围直接支配的领域）；

（3）窗口面积率；

（4）顶棚高；

（5）盆栽植物密度；

（6）装饰密度；

（7）室内色彩；

（8）地毯；

（9）办公室配置形式；

（10）桌面占有度（整理秩序程度）；

（11）恢复精神空间。

影响空间环境舒适性的操作效率关系因素：

（1）桌子、椅子的档次（等级）；

（2）OA 机器密度；

（3）电话机密度；

（4）小型接待（集会）场所；

（5）人均收纳容积（文献贮存空间）。

人均占有面积。

办公室配置形式。

空间自身的大小（广度）和形态是直接支配环境舒适度的基本影响因素，对其评价是借助于有关空间形态评价项目（窗、顶棚高度、办公室配置）、有关机能空间（恢复精神、小型接待场所）的有无评价项目等许多的观点来完成的。

空间配置中的家具、陈设和设备的质与量，是影响操作难易的主要因素，这些构成了一个重要的评价项目群。

像室内色彩、植物盆栽密度（绿化度）、装饰密度主要是视觉评价因素。而地毯的质地则主要是触觉评价因素，对心理的心情产生影响。

这样看来，作为空间环境评价要把握的项目是非常多的，涉及的内容和水准多种多样。作为评价标准，多数情况下积累很少，大体上的目标也根据不足，所以很有把握地制定并不容易。当前处在标准的研究制定阶段。评价项目在数量上来说是没有止境的，在这里可大致区分为心理性的舒适（心情）要素和机能性的舒适（操作难易）要素，正如本节前面所介绍过的内容。

6. 影响舒适的其他环境要素

除了此前我们讨论过的影响室内环境舒适性的一系列因素之外，还有很多的重要影响因素。

对办公室空间的环境评价理论的探索，也就是人对环境要求的理论，到现在所处理的环境要素都是经过简化整理而成的。根据心理学家马兹罗（1908～1970年）的理论，人的各种要求是具有优势顺序的，从生理的欲求、安全的欲求、爱情的欲求、受尊敬的欲求，到实现自我的欲求（发挥自己的潜力）。而这五种欲求又是按阶段性产生的，例如实现自我的欲求是在直到受尊敬的欲求为止，四个欲求都得到满足的阶段产生的。还有，一个人某种欲求曾一度满足过，当他还没有充分满足那种欲求时，他会为了达到较高的欲求，而充分发挥自身的耐力或潜能，也就是人们常说的内驱力。

像这样在广泛追求的人的欲求中，当然也包含像在作为人工建造的建筑环境中满足不了的欲求。在办公室的工作环境里很难完成，或者只会转化为完全不同的形态，像爱情的欲求和受尊敬的欲求汇合在一起则为“圆满地人际关系欲求”，剩余的三种欲求至今都还没有提出要素来。

与舒适性相关的其他环境要素：

（1）生理欲求系的环境因素

1）进餐设施、化妆室、供热水室系评价；

2）室内空气质量项目——微生物、病原菌、变态反应原等；

3）业余工作时的空调运转；

4）方便身体障碍者的设计考虑。

（2）安全欲求系的环境因素

1）火灾以及地震等受灾者的安全；

2）漏雨、冷冻机器的漏水与结露；

3）触电、漏电、燃气泄漏时的安全。

（3）圆满的人际关系欲求系的环境因素

1）工作场所（单位）的人际关系；

2）居住者在工作单位所处地位或收入。

办公空间的象征意义。

（4）实现自我欲求系的环境因素

1）工作现场单位间信息传递体系的效率；

2）将来机构变更时建筑的可变性；

3）室内播放电波时接受的可能性；

4）工作的内容与量。

7.4.7 室内环境评价的程序

下面以某一办公室为具体对象来讨论

POE的实施程序：

（1）明确调查目的。

（2）向调查对象管理负责部门说明用意，请求协助：

1）调查对象办公室的选定；

2）相关资料的收集与整理。

（3）现场的预演性调查。

（4）测定及问卷实施计划的确立。

（5）测定及问卷实施的准备。

（6）测定及问卷的具体实施。

（7）调查结果的资料（数据）整理与分析。

（8）资料汇总形成结果报告书。

调查的准备工作十分重要，也相当复杂。从大类来讲，先按声、光、热、空气、空间五种环境类别分别制定计划；每一类别又分为物理测定与心理问卷两个侧面，分别进行测定的工具、仪器设施和记录表格准备，问卷的记录表格准备。这些表格的制作应目标明确、详尽、易填，不产生误解。内容宜详尽，便于事后取舍。除了测定用工具外，还要有录像、摄影设备，全方位的将现场摄录下来。

调查的实施，就是按计划步骤进行测定、问卷和拍摄，充分把握原始数据资料，为下一步数据整理汇总提供依据。

调查结果资料汇总，是在整理与分析的基础上产生评价结果图表，见图7-9，该表由结合后形成的数据记录表与按综合记录制成的玫瑰图（雷达图表）两部分组成。每一环境都按物理评价与心理评价分别进行，形成相互对照的两套图表。最终再将五种环境的评价数据汇总成综合评价结果。图形包括的范围越大，外形越完美，评价结果越高越满意。将物理测定结果和心理问卷结果分别按优劣顺序分做5个或7个级别定出评价点，记入表格，同时标入雷达图。循此方法可以获得声、光、

① 评价结果

a. 物理评价（测定结果）

要素	评价点	
	A	B
声	1.0	3.5
光	4.0	3.5
热	4.7	4.7
空气	3.7	2.3
空间	1.3	2.1
综合值*	2.9	3.2

b. 心理评价（问卷结果）

要素	评价点	
	A	B
声	2.4	2.8
光	3.0	2.9
热	3.7	3.8
空气	3.4	3.3
空间	2.2	2.0
综合值*	2.9	3.0

*综合值为各要素评价点的平均值

② 雷达图表

a. 物理评价（测定结果）

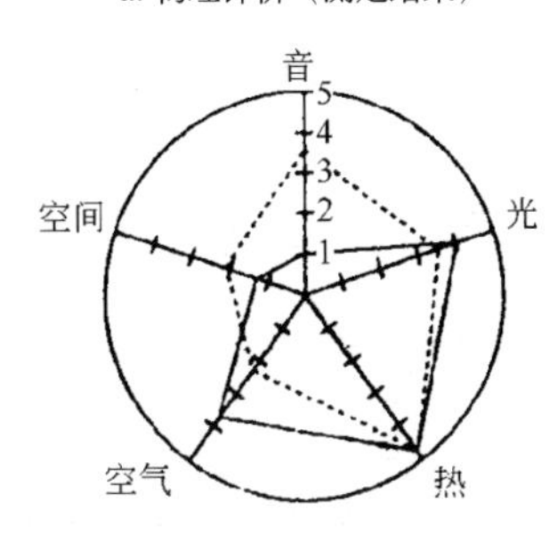

b. 心理评价（问卷结果）

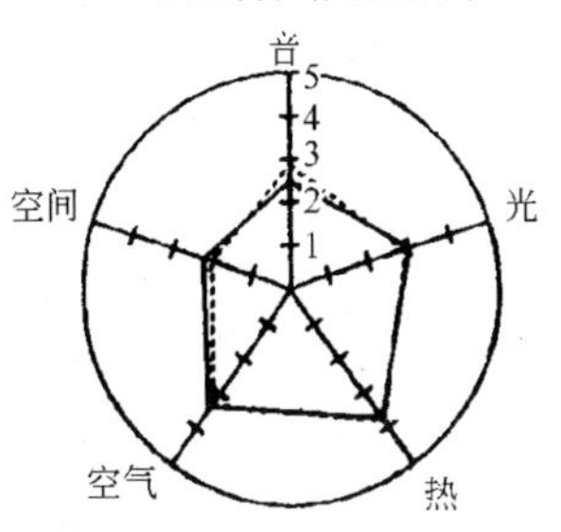

—— 办公室A　······ 办公室B

图7-9　评价结果综合表示图（特例）

热、空气、空间环境等各构成因子的评价结果。最后将各分子评价值汇总，成为综合评价结果。图中实线图形表示办公室A，虚线图形表示办公室B，两个办公室评价结果是有相当大的差别的。根据表现出来的差别，就可以对相应的构成因子进行分析，明确了调整改善的方向。

结合评价结果显示，办公室A的声环境、空间环境不够理想，希望得到改善；而办公室B空间环境希望得到改善。

最后形成文字说明性的环境评价结果报告，至此室内环境评价工作宣告完成。

本章小结

本章主要介绍室内环境评价的概念及相关问题。重点介绍了入口、门窗、墙、顶、地等室内环境关注的评价要素，介绍了室内环境中与人体活动、操作性等工效学问题关联更紧密的办公室、厨房等环境的评价问题。最后，介绍了用后评价（POE）的方法。

本章关键概念：

室内环境评价及主要的室内环境类型中的评价要素，办公空间的工效学、厨房的工效学，用后评价（POE），用后评价（POE）的方法。

附录：人体尺寸

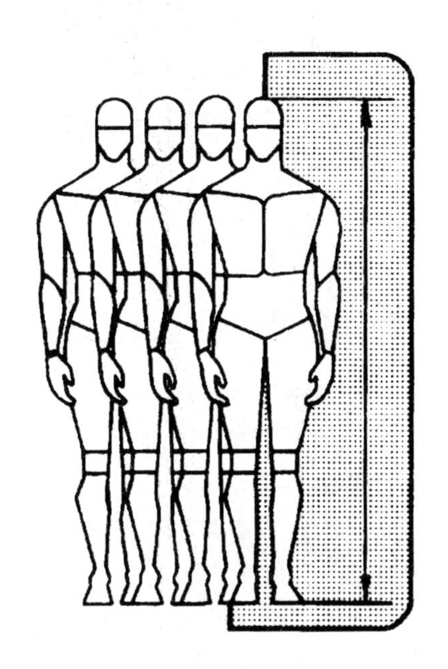

附图 1　身高

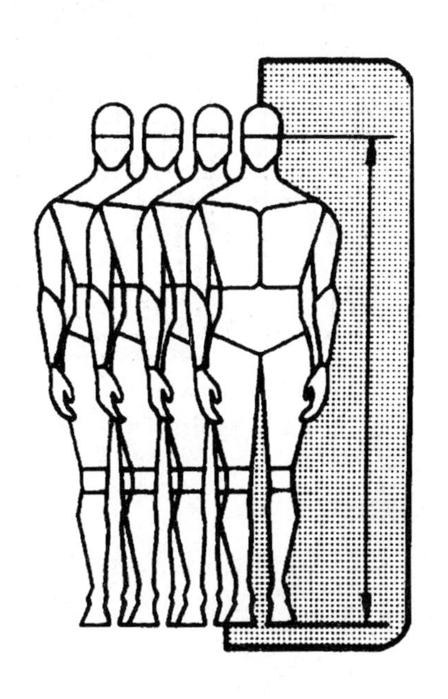

附图 2　眼睛高度

身高

定义：身高是指人身体直立、眼睛向前平视时从地面到头顶的垂直距离。

应用：这些数据用于确定通道和门的最小高度。然而，一般建筑规范规定的和成批生产制作的门和门框高度都适用于99%以上的人。所以，这些数据可能对于确定人头顶上的障碍物高度更为重要。

注意：身高一般是不穿鞋测量的，故在使用时应给予适当补偿，如附图 1。

百分点选择：由于主要的功用是确定净空高，所以应该选用高百分点数据。因为顶棚高度一般不是关键尺寸，设计者应考虑尽可能地适应 100%的人。

眼睛高度

定义：眼睛高度是指人身体直立、眼睛向前平视时从地面到内眼角的垂直距离。

应用：这些数据可用于确定在剧院、礼堂、会议室等处人的视线，用于布置广告和其他展品。用于确定屏风和开敞式大办公室内隔断的高度。

注意：由于这个尺寸是光脚测量的，所以还要加上鞋的高度，男子大约需加 2.5cm，女子大约需加 7.8cm。这些数据应该与脖子的弯曲和旋转以及视线角度资料结合使用，以确定不同状态、不同头部角度的视觉范围，如附图 2。

百分点选择：百分点选择将取决于关键因素的变化。例如：如果设计中的问题是决定隔断或屏风的高度，以保证隔断后面人的私密性要求，那么隔离高度就与较高人的眼睛高度有关（第 95 百分点或更高），其逻辑是假如高个子人不能越过隔断看过去，那么矮个子人也一定不能。反之，假如设计问题是允许人看到隔断里面，则逻辑是相反的，隔断高度应考虑较矮个子人的眼睛高度（第 5 百分点或更低）。

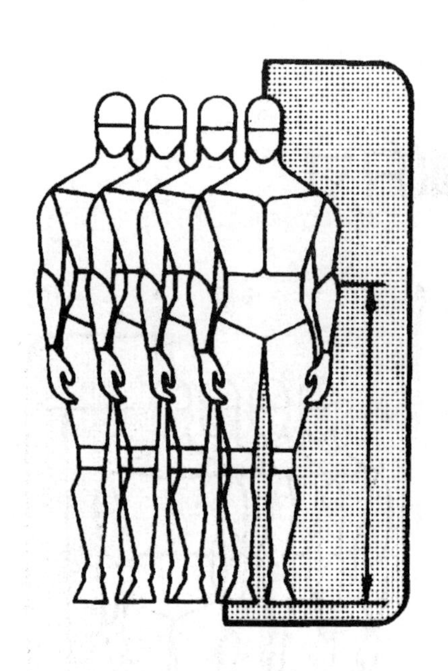

附图 3　肘部高度

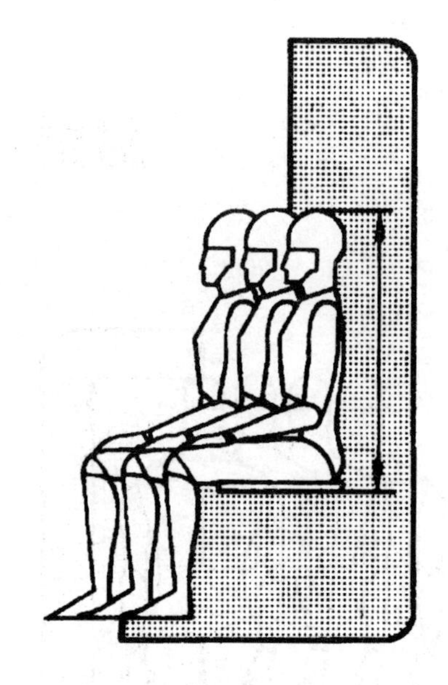

附图 4　挺直坐高

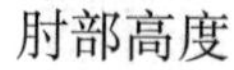

肘部高度

定义：肘部高度是指从地面到人的前臂与上臂接合处可弯曲部分的距离。

应用：对于确定柜台、梳妆台、厨房案台、工作台以及其他站着使用的工作表面的舒适高度，肘部高度数据是必不可少的。通常，这些表面的高度都是凭经验估计或是根据传统做法确定的。然而，通过科学研究发现，最舒适的高度是低于人的肘部高度 7.6cm。另外，休息平面的高度大约应该低于肘部高度 2.5～3.8cm。

注意：确定上述高度时必须考虑活动的性质，有时这一点比推荐的、低于肘部高度 7.6cm 还重要，如附图 3。

百分点选择：假定工作面高度确定为低于肘部高度约 7.6cm，那么从 96.5cm（第 5 百分点数据）到 111.8cm（第 95 百分点数据）这样一个范围都将适合中间的 90%的男性使用者。考虑到第 5 百分点的女性肘部高度较低，这个范围应为 89～111.8cm 之间，才能对男女使用者都适应。由于其中包含许多其他因素，如存在特别的功能要求和每个人对舒适高度见解不同等，所以这些数值也只是假定推荐的。

挺直坐高

定义：挺直坐高是指人挺直坐着时，座椅表面到头顶的垂直距离。

应用：用于确定座椅上方障碍物的允许高度。在布置双层床时，进行创新的节约空间设计时，例如利用阁楼下面的空间吃饭或工作都要由这个关键的尺寸来确定其高度。确定办公室或其他场所的低隔断要用到这个尺寸，确定餐厅和酒吧里的火车座隔断也要用到这个尺寸。

注意：座椅的倾斜、座椅软垫的弹性、衣服的厚度以及人坐下和站起来时的活动都是要考虑的重要因素，如附图 4。

百分点选择：由于涉及间距问题，采用第 95 百分点的数据是比较合适的。

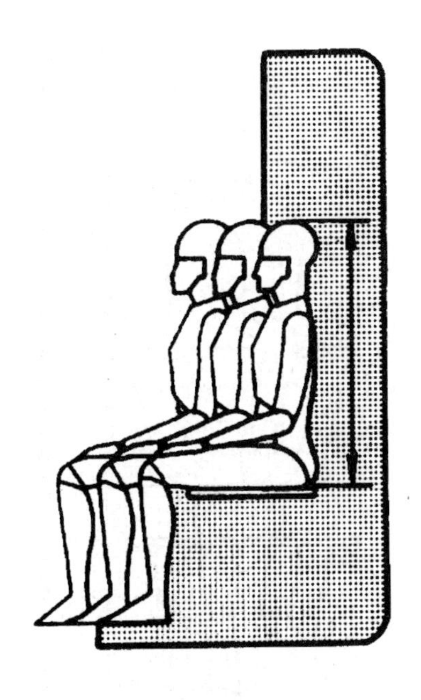

附图 5　正常坐高

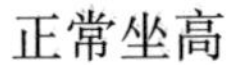

正常坐高

定义：正常坐高是指人放松坐着时，从座椅表面到头顶的垂直距离。

应用：可用于确定座椅上方障碍物的最小高度。布置双层床时，进行新的节约空间设计时，例如利用阁楼下面的空间吃饭或工作，都要根据这个关键尺寸来确定其高度。确定办公室和其他场合的低隔断要用到这尺寸，确定餐厅和酒吧里的火车座隔断也要用到这个尺寸。

注意：座椅的倾斜、座椅垫的弹性、衣服的厚度以及人坐下、站起来时的活动都是要考虑的重要因素，如附图 5。

百分点选择：由于涉及间距问题、采用第 95 百分点的数据比较合适。

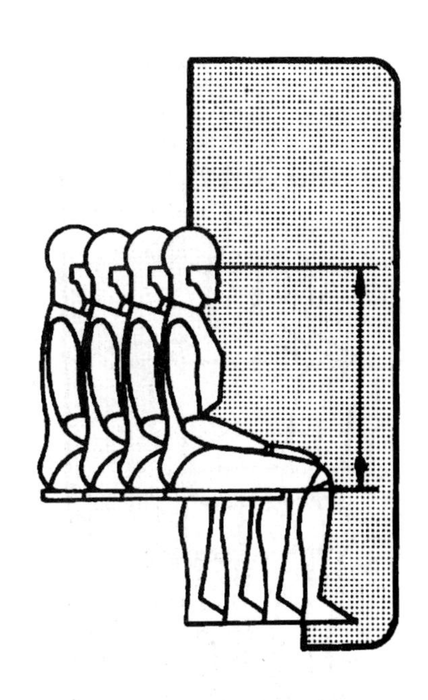

附图 6　坐着时的眼睛高度

坐着时的眼睛高度

定义：眼睛高度是指人的内眼角到座椅表面的垂直距离。

应用：当视线是设计问题的中心时，确定视线和最佳视区要用到这个尺寸，这类设计对象包括剧院、礼堂、教室和其他需要有良好视听条件的室内空间。

注意：应该考虑本书中其他地方所论述的头部与眼睛的转动范围：座椅软垫的弹性、座椅面距地面的高度和可调座椅的调节范围，如附图 6。

百分点选择：假如有适当的可调节性，就能适应从第 5 百分点到第 95 百分点或者更大的范围。

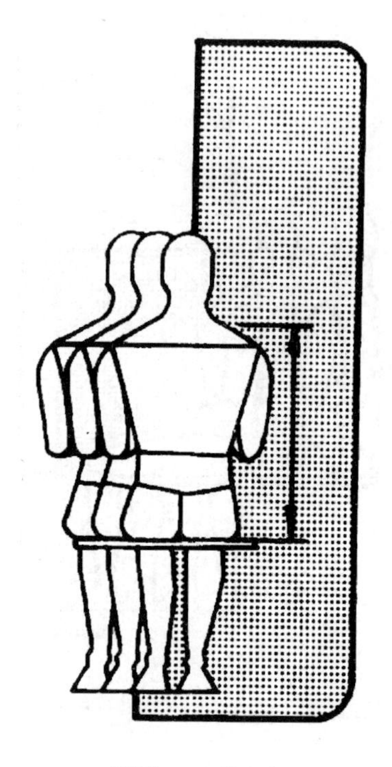

附图 7　坐着肩高

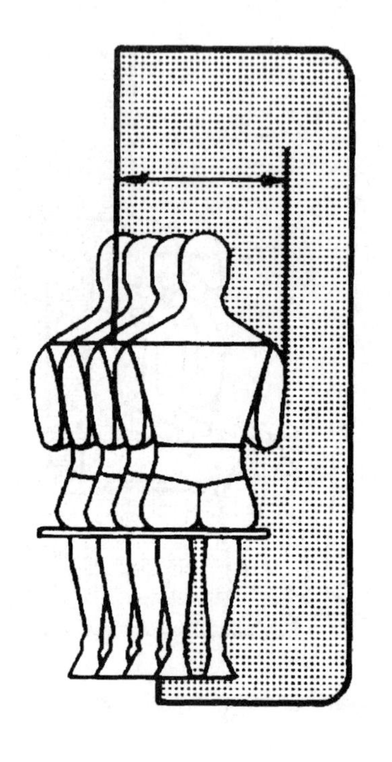

附图 8　肩宽

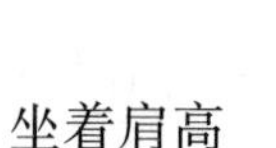

坐着肩高

定义：这个肩高是指从座椅表面到脖子与肩峰之间的肩中部位置的垂直距离。

应用：这些数据大多数用于机动车辆中比较紧张的工作空间的设计中，很少被建筑师和室内设计师所使用。但是，在设计那些对视觉听觉有要求的空间时，这个尺寸有助于确定出妨碍视线的障碍物，也许在确定火车座的高度以及类似的设计中有用。

注意：要考虑座椅软垫的弹性，如附图 7。

百分点选择：由于涉及间距问题，一般使用第 95 百分点的数据。

肩宽

定义：肩宽是指两个三角肌外侧的最大水平距离。

应用：肩宽数据可用于确定环绕桌子的座椅间距和影剧院、礼堂中的排椅座位间距，也可用于确定公用和专用空间的通道间距。

注意：用这些数据要注意可能涉及的变化。要考虑衣服的厚度，对薄衣服要附加 1.9mm，对厚衣服附加 7.6mm。还要注意，由于躯干和肩的活动，两肩之间所需的空间会加大，如附图 8。

百分点选择：由于涉及间距问题，一般使用第 95 百分点的数据。

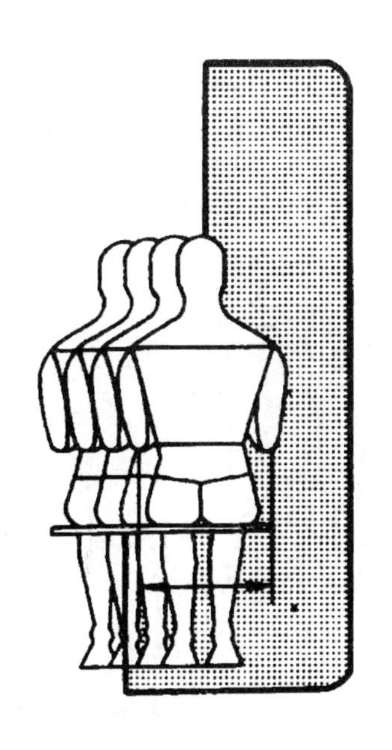

附图 9　两肘之间宽度

两肘之间宽度

定义：两肘之间宽度是指两肘屈曲、自然靠近身体、前臂平伸时两肘外侧面之间的水平距离。

应用：这些数据可用于确定会议桌、报告桌、柜台和牌桌周围座椅的位置。

注意：应该与肩宽尺寸结合使用，如附图 9。

百分点选择：由于涉及间距问题，应使用第 95 百分点的数据。

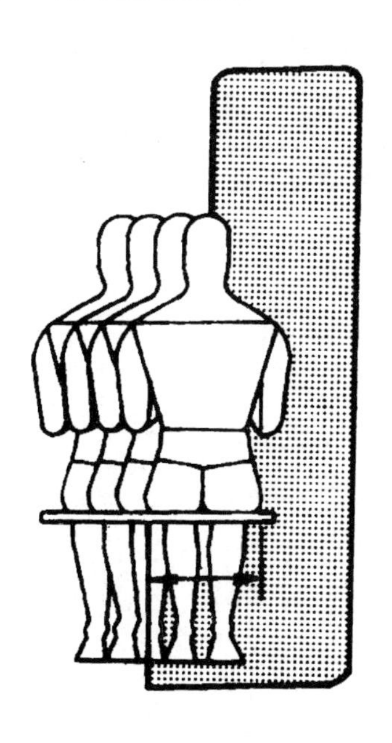

附图 10　臀部宽度

臀部宽度

定义：臀部宽度是指臀部最宽部分的水平尺寸。这个尺寸也可以站着测量，这时就成为下半部躯干的最大宽度。本书表格中的尺寸是坐着测量的。

应用：这些数据对于确定座椅内侧尺寸和设计酒吧、柜台和办公座椅极为有用。

注意：根据具体条件，与两肋之间宽度和肩宽结合使用，如附图 10。

百分点选择：由于涉及间距问题，应使用第 95 百分点的数据。

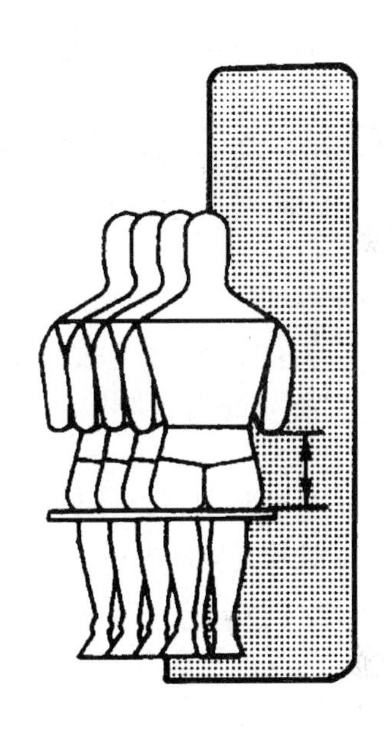

附图 11　肘部平放高度

肘部平放高度

定义：肘部平放高度是指从座椅表面到肘部尖端的垂直距离。

应用：与其他一些数据和考虑因素联系在一起，用于确定椅子扶手、工作台、书桌、餐桌和其他特殊设备的高度。

注意：座椅软垫的弹性、座椅表面的倾斜以及身体姿势都应予以注意，如附图 11。

百分点选择：肘部平放高度既不涉及间距问题也不涉及伸手够物的问题，其目的只是能使手臂得到舒适的休息即可。选择第 50 百分点左右的数据是合理的。在许多情况下，这个高度在 14～27.9cm 之间。这样一个范围可以适合大部分使用者。

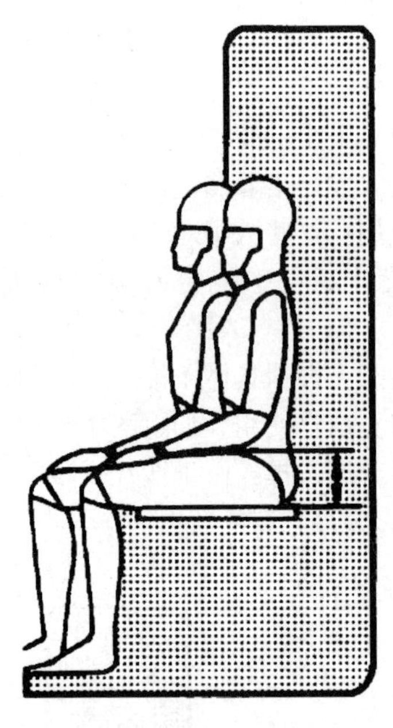

附图 12　大腿厚度

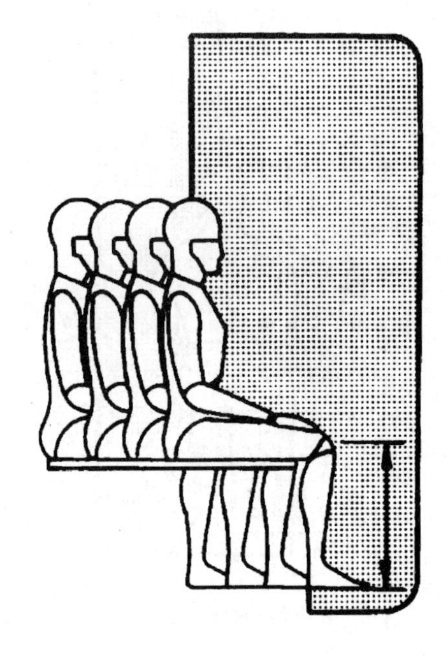

附图 13　膝盖高度

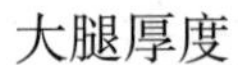

大腿厚度

定义：大腿厚度是指从座椅表面到大腿与腹部交接处的大腿端部之间的垂直距离。

应用：这些数据是设计柜台、书桌、会议桌、家具及其他一些室内设备的关键尺寸，而这些设备都需要把腿放在工作面下面。特别是有直拉式抽屉的工作面，要使大腿与大腿上方的障碍物之间有适当的间隙，这些数据是必不可少的。

注意：在确定上述设备的尺寸时，其他一些因素也应该同时予以考虑，例如膝腘高度和座椅软垫的弹性，如附图 12。

百分点选择：由于涉及间距问题，应选用第 95 百分点的数据。

膝盖高度

定义：膝盖高度是指从地面到膝盖骨中点的垂直距离。

应用：这些数据是确定从地面到书桌、餐桌、柜台底面距离的关键尺寸，尤其适用于使用者需要把大腿部分放在家具下面的场合。坐着的人与家具底面之间的靠近程度，决定了膝盖高度和大腿厚度是否是关键尺寸。

注意：要同时考虑座椅高度和坐垫的弹性，如附图 13。

百分点选择：要保证适当的间距，故应选用第 95 百分点的数据。

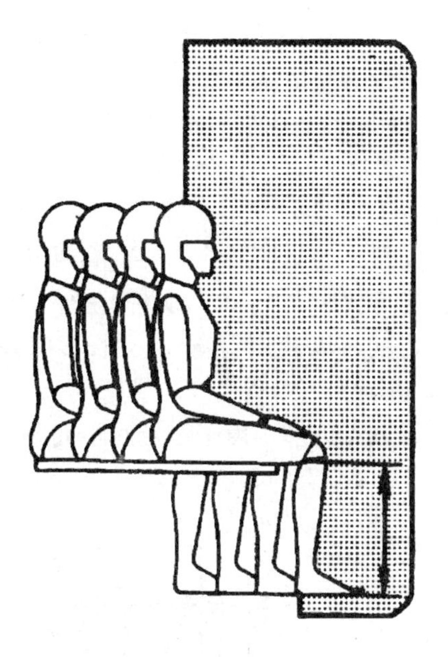

附图 14 膝腘（腿弯）高度

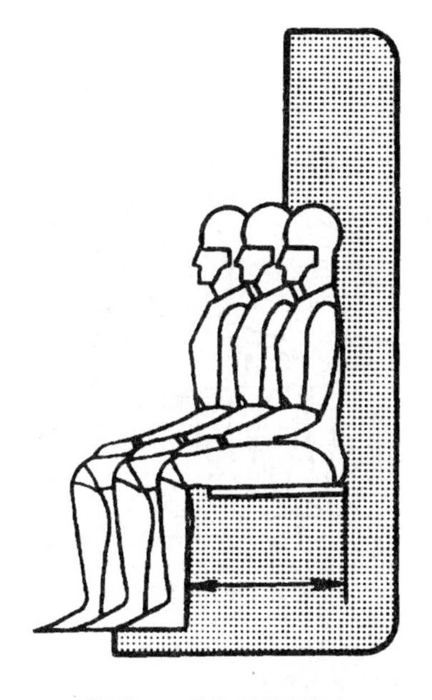

附图 15 臀部-膝腿部长度

膝腘（腿弯）高度

定义：膝腘高度是指人挺直身体坐着时，从地面到膝盖背后（腿弯）的垂直距离。测量时膝盖与髁骨垂直方向对正，赤裸的大腿底面与膝盖背面（腿弯）接触座椅表面。

应用：这些数据是确定座椅面高度的关键尺寸，尤其对于确定座椅前缘的最大高度更为重要。

注意：选用这些数据时必须注意座垫的弹性，如附图 14。

百分点选择：确定座椅高度，应选用第 5 百分点的数据，因为如果座椅太高、大腿受到压力会使人感到不舒服。假如一个座椅高度能适应小个子人，也就能适应大个子的人。

臀部-膝腿部长度

定义：臀部-膝腿部长度是由臀部最后面到小腿背面的水平距离。

应用：这个长度尺寸用于座椅的设计中，尤其适用于确定腿的位置、确定长凳和靠背椅等前面的垂直面以及确定椅面的长度。

注意：要考虑椅面的倾斜度，如附图 15。

百分点选择：应该选用第 5 百分点的数据，这样能适应最多的使用者，臀部-膝腿部长度较长和较短的人。如果选用第 95 百分点的数据，则只能适合这个长度较长的人，而不适合这个长度较短的人。

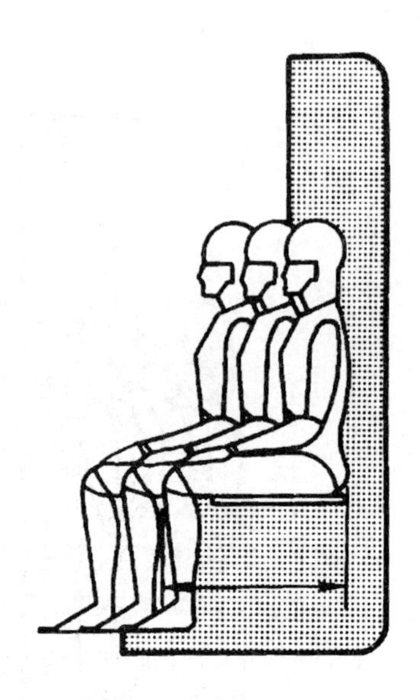

附图 16　臀部-膝盖长度

臀部-膝盖长度

定义：臀部-膝盖长度是从臀部最后面到膝盖骨前面的水平距离。

应用：这些数据用于确定椅背到膝盖前方的障碍物之间的适当距离。例如：用于影剧院、礼堂和做礼拜的固定排椅设计中。

注意：这个长度比臀部-足尖长度要短，如果座椅前面的家具或其他室内设施没有放置足尖的空间、就应用臀部-膝盖长度，如附图 16。

百分点选择：由于涉及间距问题，应选用第 95 百分点的数据。

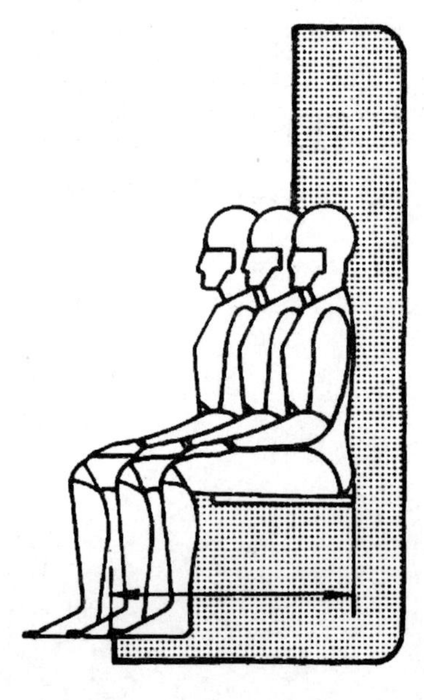

附图 17　臀部-足尖长度

臀部-足尖长度

定义：臀部-足尖长度是从臀部最后面到脚趾尖端的水平距离。

应用：这些数据用于确定椅背到膝盖前方的障碍物之间的适当距离。例如，用于影剧院、礼堂和做礼拜的固定排椅设计中。

注意：如果座椅前方的家具或其他室内设施有放脚的空间，而且间隔要求比较重要，就可以使用臀部-足尖长度来确定合适的间距，如附图 17。

百分点选择：由于涉及间距问题应选用第 95 百分点的数据。

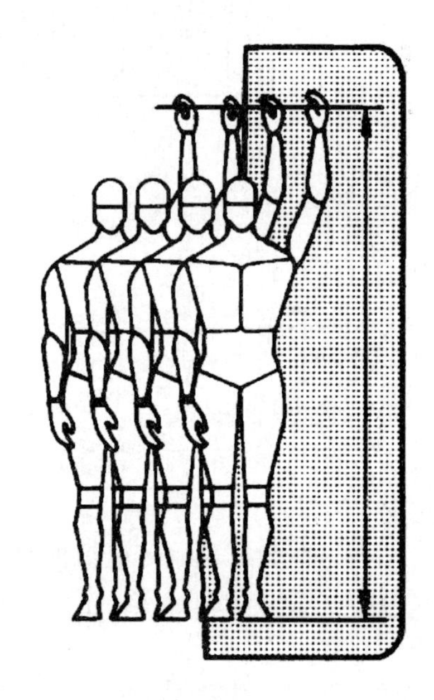

附图 18　垂直手握高度

垂直手握高度

定义：垂直手握高度是指人站立、手握横杆，然后使横杆上升到不使人感到不舒服或拉得过紧的限度为止，此时从地面到横杆顶部的垂直距离。

应用：这些数据可用于确定开关、控制器、拉杆、把手、书架以及衣帽架等的最大高度。

注意：尺寸是不穿鞋测量的，使用时要给予适当地补偿，如附图 18。

百分点选择：由于涉及伸手够东西的问题，如果采用高百分点的数据就不能适应小个子的人，所以设计出发点应该基于适应小个子的人、这样也同样能适应大个子的人。

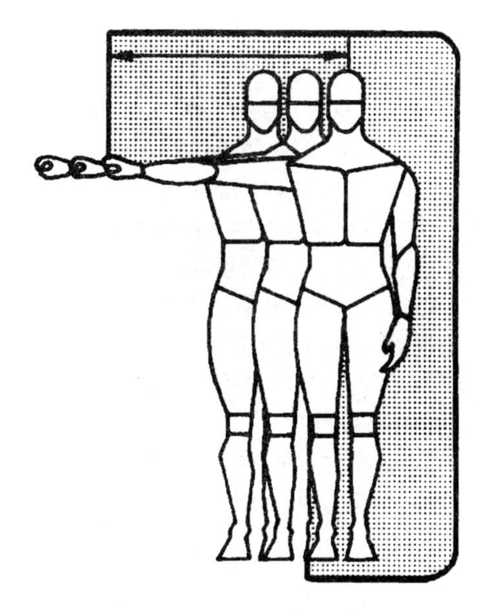

附图 19　侧向手握距离

侧向手握距离

定义：侧向手握距离是指人直立、右手侧向平伸握住横杆一直伸展到没有感到不舒服或拉得过紧的位置，这时从人体中线到横杆外侧面的水平距离。

应用：这些数据有助于设备设计人员确定控制开关等装置的位置，它们还可以为建筑师和室内设计师用于某些特定的场所，例如医院、实验室等。如果使用者是坐着的，这个尺寸可能会稍有变化，但仍能用于确定人侧面的书架位置。

注意：如果涉及的活动需要使用专门的手动装置、手套或其他某种特殊设备，这些都会延长使用者的一般手握距离，对于这个延长量应予以考虑，如附图 19。

百分点选择：由于主要的功用是确定手握距离，这个距离应能适应大多数人，因此，选用第 5 百分点的数据是合理的。

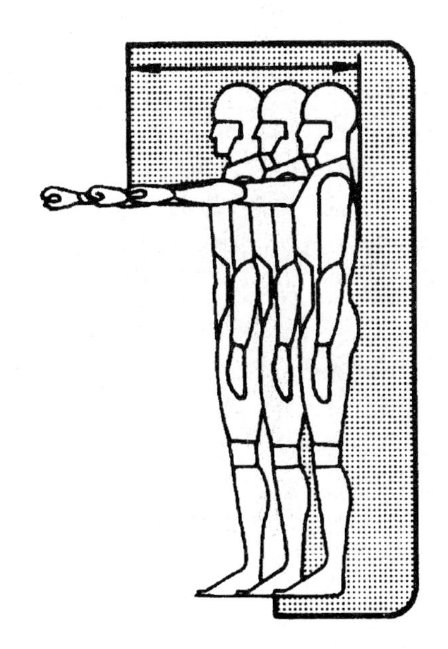

附图 20　手臂向前平伸

手臂向前平伸

定义：这个距离是指人肩膀靠背直立，手臂向前平伸，食指与拇指尖接触，这时从墙到拇指梢的水平距离。

应用：有时人们需要越过某种障碍物去够一个物体或者操纵设备，这些数据可用来确定障碍物的最大尺寸。本书中列举的设计情况是在工作台上方安装搁板或在办公室工作桌前面的低隔断上安装小柜。

注意：要考虑操作或工作的特点，如附图 20。

百分点选择：与侧向手握距离相同，选用第 5 百分点的数据，这样能适应大多数人。

主要参考文献

1 魏润柏，S.A康兹著．人与室内环境［M］．北京：中国建筑工业出版社，1985

2 （日）宇野英隆著．人与住宅［M］．徐立非译．哈尔滨：黑龙江科学技术出版社，1983

3 （英）肯特．建筑心理学入门［M］．谢立新译．北京：中国建筑工业出版社，1988

4 （日）芦原义信著．外部空间设计［M］．尹培桐译．北京：中国建筑工业出版社，1985

5 龚锦编译．人体尺度与室内空间［M］．天津：天津科学技术出版社，1987

6 霍维国编．室内设计［M］．西安：西安交通大学出版社，1985

7 常怀生．环境心理学与室内设计［M］．北京：中国建筑工业出版社，2000

8 （日）小原二郎等．室内空间设计手册［M］．北京：中国建筑工业出版社，2000

9 （美）蒂利等．人体工程学图解［M］．北京：中国建筑工业出版社，1998

10 赵洪江编译．普通人体工程学［M］．长沙：湖南科学技术出版社

11 《室内设计中人的因素》讲义．杨公侠．上海同济大学

还有一些参考资料因年代太久无法查出出处，对被引用者谨表歉意。